FIDIC

新版合同条件
导读与解析
（第二版）

（根据2017版合同条件修订）

张水波　何伯森　编著

中国建筑工业出版社

图书在版编目（CIP）数据

FIDIC新版合同条件导读与解析：根据2017版合同条件修订／
张水波，何伯森编著. —2版. —北京：中国建筑工业出版社，2019.10（2024.8重印）
ISBN 978-7-112-24418-8

Ⅰ.①F… Ⅱ.①张… ②何… Ⅲ.①建筑施工－经济合同－研究
Ⅳ.①TU723.1

中国版本图书馆CIP数据核字（2019）第245857号

　　本书包括了对FIDIC 1999年出版的四本合同条件与2017年出版的其中三本主要合同条件的导读和讲解。首先对红皮书的条款逐一进行详细讲解，然后对黄皮书与银皮书中与红皮书不同的条款进行详细讲解，最后是对"简明合同格式"的讲解。对于每一条款，讲解的内容包括：学习该条款应掌握的核心内容，该条款导读，每一子条款的导读，子条款的具体规定；对每一子条款内容的讲解和评析，包括1999版与2017版的对比分析，并提出了在实际应用中应注意的要点。

　　书的最后是3个附录，包括红皮书1999版与2017版相关合同条款对照；FIDIC合同五项黄金准则；以及英国工程法学会工期延误与干扰索赔准则。

　　本书可用于国际工程承包公司、国际工程咨询公司、工程建设项目的业主、设计、监理、施工、安装等单位的合同管理和项目管理人员以及法律、金融、保险、财会人员学习使用，也可作为高等院校工程管理专业合同管理课程的参考用书。

责任编辑：朱首明　张晶
责任校对：赵菲

FIDIC新版合同条件导读与解析（第二版）
（根据2017版合同条件修订）
张水波　何伯森　编著
*
中国建筑工业出版社出版、发行（北京海淀三里河路9号）
各地新华书店、建筑书店经销
北京锋尚制版有限公司制版
建工社（河北）印刷有限公司印刷
*
开本：787×1092毫米　1/16　印张：28½　字数：521千字
2019年12月第二版　2024年8月第二十四次印刷
定价：68.00元
ISBN 978 – 7 – 112 – 24418 – 8
　　　（34571）

《FIDIC新版合同条件导读与解析》（第二版）是基于第一版修订而成。第一版是根据FIDIC1999年出版的系列合同条件，由我与何伯森教授编写而成，于2003年由中国建筑工业出版社出版。在出版后的15年内，本书受到我国国际工程管理理论界和实业界的关注，每年都重印，至今已印刷了19次，成为学习国际工程合同管理的基础性读物。由于当时编写时的认知局限，有些地方写得比较薄弱，甚至含义没有表达清晰，个别地方还出现了疏漏，热心的读者也曾来信提出。但由于近年工作的繁忙和各种压力，加上得到FIDIC会很快出版系列合同条件的第二版的信息，因此一直没有着手进行修订，我们对这本书的热心读者一直心存歉意。2017年底，系列合同条件在国际工程市场上使用了18年后，FIDIC终于正式发布了其中三本主要合同条件的第二版：《施工合同条件》《生产设备与设计—建造合同条件》《设计—采购—施工与交钥匙项目合同条件》。我也正好得到国家出国留学基金委的支持，于2018年下半年前往英国剑桥大学做高级访问学者，便利用这段宝贵访学中的业余时间，结合FIDIC 2017年出版的系列合同条件，对《FIDIC新版合同条件导读与解析》进行了实质性的修订。

从系列合同条件2017年第二版前言中所述，我们看到出版的目的主要体现在四个方面：（1）在程序等要求方面规定的更加细致和明确；（2）在索赔程序等方面，将业主和承包商双方一视同仁并与争议解决单独分开；（3）增加争议避免机制；（4）在质量管理以及承包商合同符合性验证方面提出更详细的要求。从第二版的内容来看，的确体现了FIDIC的修订初衷，澄清了1999年第一版中没有规定清楚或保持沉默的地方，增加了条款的操作性。但在行文方面，有些条款的确显得冗长和繁琐，可读性较差。

关于对FIDIC合同范本的应用问题，国内外学者都发表了不同的评述意见，也有不少存在这样或那样的误解。根据笔者的观察，FIDIC合同近来年在国际上的确得到了广泛应用，尤其是在中东、东南亚、欧洲、非洲等地区的国际项目上更为明显。世界银行等多个开发银行贷款项目也大都强制或推荐使用FIDIC合同范本。通过最近30年的发展，FIDIC的影响力越来越大，学者们对其研究越来越多，这从近20年来国际上发表的关于FIDIC合同的著作和文章的增长数量可以看出，但这并不意味着，在国际各个国家和地区的项目都使用FIDIC合同范本。事实上，在一些国家和地区，都有他们的自己的标准范本。即使传统上提倡采用FIDIC合同条件的国际金融机构，如世界银行、亚洲开发银行等也参照其他合同范本编写了自己的某些合同范本（如世界银行的Conditions for Contract for Procurement of Plant Design，Supply，and Installation），并包含在其标准招标文件中。除FIDIC合同范本外，国际上还有其他知名专业机构编制的合同范本。英国有ICE、NEC、JCT、IChem、CIOB等各类范本、美国有AIA、AGC、DBIA等范本，甚至国际商会也出版了系列合同范本，包括"大型工程交钥匙合同范本"（ICC Model Turnkey Contract for Major Projects），这些范本也在世界各地也有不同程度的使用，只是没有FIDIC合同范本在国际上的影响力大。我们学习FIDIC合同范本，主要是了解国际工程中通行的合同规则，帮助我们理解国际工程合同的一般知识，提高国际工程管理水平，并不意味着国际工程项目都严格执行FIDIC合同的规定，即使采用FIDIC合同条件的项目，合同双方通常通过专用合同条件，对FIDIC的通用合同条件加以修改，甚至改得面目全非。要想真正提高国际工程合同管理水平，除了FIDIC合同范本外，若条件允许，最好还要学习一些国际工程合同的基本原理，并广泛涉猎一些其他高水平的工程合同范本，相互借鉴，才能对国际工程合同融会贯通。

  关于FIDIC合同条件的各个版次的演变，应该说是FIDIC从当时的建筑市场的历史背景和需求出发而编写的，再加上主要起草人的编写思想，每个版本有其自身的特点。就红皮书而言，在1992年第四版修订版之前，FIDIC主要参照英国ICE合同条件并结合国际市场的特点编写的，起草的成员主要为律师，因此，在条款语言上严谨，甚至啰嗦，但有些关于工程的关键问题却没有编写清楚。到了1999年FIDIC系列合同条件第一版，其主要编写人员为工程师出身的合同专家，因此，其编写脱离"律师语言"风格，趋于简明，该套范本主要起草人Peter Booen先生曾对笔者言，他要编制的是一套工程师可读的合同范本。该套合同范本编写主线也更加"项目管理化"，但有些措辞没有表述清楚，尤其在EPC合同中，对采购方面的规定比较薄弱。2017年FIDIC系列合同条件第二版的语言风格则又朝"律师语言"上靠近了，但很多问题得到了澄清和具体化，应该说有一定的改进，但某些条款的规定（如将"工程师"、"业主的代表"的角色"分裂式"定位）似乎不妥。综合来看，笔者个人认为2017年第二版更加优化了，但其优缺点的判断最终需要通过在国际工程市场实践中加以检验。

根据过去的经验，在2017年系列合同条件第二版发行后，我们预计1999年第一版仍将会在国际市场持续应用一段时间。同时，读者又希望了解2017版系列合同条件的变化内容，为未来的应用提供知识储备，因此，笔者对2003年已出版的《FIDIC新版合同条件导读与解析》部分内容进行了修订，并增加了FIDIC 2017年第二版系列合同条件的解析内容，并将两个版本进行对比分析。在本书修订过程中，我们很高兴地看到，在本书第一版我们解读与评述有疑问的很多地方，FIDIC在2017年系列合同条件第二版中大都有了修订和完善。

本书第二版的编排与第一版类似，在每一条以及每一子条款前面给出该条或子条款的编制背景，作为导语，同时对2017版系列合同条件的主要变化做出概括性说明。接下来对1999版的各个条款规定的核心内容逐一列出，然后，在相应条款后面，对2017年第二版系列合同条件修订和增加的内容进行补充列出。若2017年第二版修订的内容太多，则对整个条款的核心内容全部列出，最后对两个版本的整体条款进行评述和解析，这样有利于读者将两个版本对比分析，更具有可读性。若条款名称有变化，但规定的内容大致相同，则在条款名称中，既标出1999年第一版条款标题，也标出2017年第二版条款标题，方便读者对比阅读。若条款编号不属于同一条，本书以1999年第一版的对条款编号顺序列出。由于绿皮书在2017年仍没有修订，因此，本书中对其基本不动，只是对原来第一版中的个别不当措辞进行了修改。

本书的编制目的仍与第一版一样，主要为从事国际工程商务合同专业人员，学习FIDIC合同范本的初学者提供一本简单易懂的导读性读物，同时也供从事国际工程的其他技术人员、财务人员和项目管理人员等参考使用。因此，在行文上为了增加可阅读性，某些措辞和约束条件并没有体现的太严谨，主要是让大家对FIDIC合同范本有一个整体把握，具体问题还需要对照原文进行具体分析。

本书第二版的修订工作主要由我自己负责，原书中的六个附录更换为三个新的附录。中国港湾工程公司的张帅军帮助我整理了附录1与附录2。在修订过程中，我的同事陈勇强教授、吕文学教授、王秀芹副教授、高颖博士阅读了部分内容，提出了不少宝贵意见，他们都是天津大学全球工程经营研究学术团队的骨干成员。另外，本书很多条款的评述意见也得益于与南开大学何红锋教授、君合律师事务所周显锋律师、中伦律师事务所的周月萍律师、国际工程技术研究院邱闯院长的多次讨论，在此一并感谢。限于水平和时间，书中不妥之处欢迎大家批评指正。

本书第二版的及时出版也得到本书的责任编辑朱首明的大力支持，朱编辑的敬业态度和责任心也使本书增色不少。在过去的20年中，朱编辑是我们多本著作的责任编辑，也是我们在出版界的老朋友，在此我也衷心感谢朱编辑多年的支持！

最后，《FIDIC新版合同条件导读与解析》（第二版）的出版，也是对何伯森教授的纪念。先生是本书第一版作者之一，也是我的学术和人生导师。先生为我国国际工程管理专业的开拓者和奠基人，虽已逝去，但其前瞻性的学术思想，对事业不懈追求的精神以及家国情怀，将永远激励后辈学子继续前行！

张水波，天津大学

2019年6月

请关注：天津大学全球工程经营公众号

全球工程经营公众号

一、FIDIC的角色

　　FIDIC是"国际咨询工程师联合会"的法文（FEDERATION INTERNATIONALE DES INGENIEURS CONSEILS）缩写，其相应的英文名称为International Federation of Consulting Engineers。FIDIC 成立于1913年，它是一个非官方机构，其宗旨是通过编制高水平的标准文件，召开研讨会，传播工程信息，从而推动全球工程咨询行业的发展。目前有全球各地60多个国家和地区的成员加入了FIDIC，我国在1996年正式加入。

　　FIDIC下设五个专业委员会：业主与咨询工程师关系委员会（CCRC），合同委员会（CC），风险管理委员会（RMC），质量管理委员会（QMC），环境委员会（ENVC）。FIDIC的各专业委员会编制了许多规范性的标准文件，不仅世界银行、亚洲开发银行、非洲开发银行的招标文件样本采用这些文件，还有许多国家和国际工程项目也常常采用这些文件。

二、FIDIC合同条件在中国

　　作为一个著名的国际组织，FIDIC享誉最广就是其编制的适用于国际承包市场的工程合同条件。最早将FIDIC合同条件介绍到我国的是卢谦教授。他于1986年将FIDIC的"土木工程施工合同条件"（红皮书1977年第三版）翻译成中文并由中国建筑工业出版社出版，使人们从此对FIDIC以及其编制的合同条件有了初步认识。1989年，何伯森教授组织天津大学和中国国际工程咨询公司等单位的多位教师和工程师，翻译了FIDIC的"土木工程施工合同条件"（红皮书1987年第四版）的应用指南，并由航空工业出版社在1991出版。之后，FIDIC正式授权何伯森教授将其编制的系列合同条件的英文版翻译成中文并在我国出版。在他的主持下，由天津大学教师组成的翻译小组经过6年的努力，在1992年到1997年期间陆续将FIDIC出版的"电气与机械合同条件"（黄皮书）第三版和应用指南，"设计–建造及交钥匙工程项目合同条件"（橘皮书）第一版和应用指南，"业主与咨询工程师的标准服务协议书"（白皮书）第一版和应用指南，以及与红皮书配套使用的《土木工程施工分包合同条件》翻译成中文，分别由航空工业出版社和中国建筑工业出版社出版。这些FIDIC文献的中文本受到我国工程管理界的欢迎，为我国以FIDIC合同为基本模式的建设监理制、合同管理制以及招标投标制的实施起到了巨大的推动作用，也为我国对外工程承包管理水平的提高发挥了积极的作用。

在实业界，一些工程公司和咨询公司的老总和项目管理人员，结合自己丰富的实践经验，也不断发表文章，出版专著，开办讲座，探讨FIDIC合同条件在实践中的应用问题，如，梁鉴先生、潘文先生、田威先生、李武伦先生、张明峰先生、邱闯先生等。虽然大家看问题的角度不尽相同，正是这种多角度看问题的方式，才能使我们对FIDIC合同条件的理解进一步加深，更有利于加深我们在理论上的认识以及在实践中应用水平的提高。

中国工程咨询协会于1996年代表中国参加了FIDIC，成为FIDIC的正式会员，并在国内成立了相应的FIDIC文献翻译委员会，对FIDIC近年出版的重要文献进行系统翻译，目前已经翻译出版了十多本关于工程合同与咨询的文献，包括1999年版的四本新版合同条件。两位笔者作为FIDIC文献翻译委员会的委员也参加了部分文献的翻译工作。笔者相信，系统翻译出版FIDIC工程管理文献，并加以研究、分析和借鉴，无疑将大大有助于提高我国工程建设行业的管理水平。

三、本书的编写结构和原则

本书对FIDIC新版合同条件的条款逐一讲解。每一条的内容包括：学习该条款应掌握的核心内容；该条款导读；子条款的导读；子条款的具体规定；子条款内容的讲解和评析。

在对合同条款的评讲中，笔者一直将合同放在整个工程管理的大画面中，对条款的分析也通常是从管理学角度出发的，目的是引导读者重视合同条款的应用，而不是单单了解条款的内容。由于工程合同条款十分复杂，对于FIDIC新版中的某些规定，目前还没有统一的认识，本书对各条款进行的分析，只代表笔者的观点。但我们认为，合同条款的具体含义，应根据其措辞的"惯例"含义，结合其使用的具体项目环境，如适用的法律和项目的具体情况等来确定，本书旨在给出条款的使用背景和一般意义，以及对这些条款的分析方法。

合同条款往往抽象、枯燥、乏味。为了增加本书的可读性、趣味性，在新红皮书和绿皮书的每一条款讲解结束后，笔者增加了与工程项目合同管理有关的"箴言"。这些"箴言"都是笔者在长期的工程管理研究和实践中搜集的，并根据笔者的认识加工而成，其中绝大部分"原材料"来自于工程现场一线的管理人员，其朴实无华、甚至似是而非的语言却揭示了项目管理和合同管理中的精髓。

书的最后是六个附录：附录一是FIDIC指定使用❶的"国际商会仲裁规则"全文；附录二是"新红皮书中的索赔条款"；附录三是"新红皮书与旧红皮书（1987年第四版）相应条款的对比"；附录四是"合同条款解释的国际通用原则"；附录五是"优秀合同谈判人员的特征"；附录六是五篇有关FIDIC新版合同条件的文章，其中有些文章涉及新旧版本的对比。加入这些附录的目的主要是向读者提供一些"外围知识"以及合同条件中某些核心思想的浓缩内容，补充前面的条款评讲内容的不足，使读者更能全面、深刻地理解合同条款，并恰当地加以运用。

四、如何在实践中运用FIDIC编制的合同条件

（一）国际金融组织贷款和一些国际项目直接采用

在世界各地，凡是世界银行、亚洲开发银行、非洲开发银行等国际金融组织贷款的工程项目，以及在一些国家的国际工程项目招标文件中，都全文采用FIDIC的某类合同条件。因而参与项目实施的各方都必须十分了解和熟悉这些合同条件，才能保证工程合同的执行，并根据合同条件履行自己的职责和行使自己的权利。

在我国，凡亚洲开发银行贷款项目，都全文采用FIDIC"红皮书"或"橘皮书"。对世界银行贷款项目，在财政部编制的招标文件范本中，对FIDIC合同条件作了一些特殊规定和修改，请读者在使用时注意。

---

❶ 见新红皮书第20.6款[仲裁]。

（二）对比分析采用

许多国家和一些工程项目都有自己编制的合同条件，这些合同条件的条款名称、内容和FIDIC编制的合同条件大同小异，只是在处理问题的程序规定以及风险分担等方面有所不同。FIDIC合同条件在处理业主和承包商的风险分担和权利义务上是比较公正的，各项程序也是比较严谨完善的，因而在掌握了FIDIC合同条件之后，可以之作为一把尺子来与工作中遇到的其他合同条件逐条对比、分析和研究，由此可以发现风险因素，以制定防范风险或利用风险的措施，也可以发现索赔的机遇。

（三）合同谈判时采用

因为FIDIC合同条件是国际上权威性的义件，在投标过程中，如果承包商认为招标文件中有些规定不合理或是不完善，可以用FIDIC合同条件作为"国际惯例"，在合同谈判时要求对方修改或补充某些条款。

（四）局部选择采用

当咨询工程师协助业主编制招标文件时或是总承包商编制分包项目招标文件时，可以局部选择FIDIC合同条件中的某些部分、某些条款、某些思路、某些程序或某些规定。也可以在项目实施过程中借助于某些思路和程序去处理遇到的问题。

五、正确认识合同管理

学习合同条件是为了更好地在实践中运用合同规定，进行行之有效的合同管理。笔者认为，承包商工程合同的管理可分为三个层次：

第一个层次是，在招投标阶段不注意研究招标文件，在实施阶段不认真研究合同的规定，而只是靠自己狭隘的经验或良好的愿望来实施工程，看起来这种做法很"果敢"，很"合情"，但到头来往往是一厢情愿，吃亏的最终是自己。

第二个层次是，虽然对合同认真学习了，甚至对合同条款十分熟悉，但在工程实施过程中，只是"僵硬"地使用，在与对方的交往中，无论口头或书面，开口闭口谈合同规定，这种表面的"严谨"往往在实践中失去灵活性和效率，导致某些问题不能"双赢"，并且容易使对方感到你缺少合作精神，失去与业主方建立良好关系的基础。

第三个层次是，既能灵活地吃透合同中的各项规定，又能在实践中灵活应用。

为此，作为一名管理者，尤其是合同管理者，应在工程执行过程中始终问自己这样几个问题：我们的做法符合合同吗？业主的要求符合合同吗？如何利用好合同中的"灰色区域"？这样做对整个工程的执行有利吗？这样做有利于双方建立相互信任的关系吗？如果业主是一个明智的业主，我们怎么响应对方的合作精神？如果业主高傲自大，处处刁难，我们又如何回应？这些问题涉及的都是"手段"方面，如何选择，还要看"这对自己最终是否有利？"这一目的。具有一定的思想境界和务实的精神，能看清好"手段"与"目的"（means *versus* ends）的关系，处理好"短期"与"长期"（short-term *versus* long-term）的关系，把握好事物的"度"（balance），是一个优秀管理者的素质的体现。这些标准同样适用于业主的管理人员，尤其是工程师。严格来讲，只有"双赢"的工程项目才能被称为真正意义上的成功项目。

六、笔者致谢

在写作的过程中，FIDIC新版合同条件的首席起草人PETER BOOEN先生在天津大学访问和讲学时就笔者提出的一些问题给予了解释，香港大学房地产及建设系的RICHARD FELLOWS博士在我们写作本书过程中也给予了很大帮助，中国建筑工业出版社的朱首明编审在出版方面给予大力支持。

中国国际商会、中国国际贸易促进委员会国际联络部国际组织处的李海峰处长提供了国际商会（ICC）仲裁规则的中文版本，并同意作为本书的附录。

在写作过程中，笔者还就某些问题征求了北京森博项目管理顾问有限公司多位项目管理专家的意见，并在本书中吸纳了他们许多颇有见地的新观点。

承蒙我们的同事，陈勇强副教授和吕文学副教授的许可，笔者在附录六中收入了他们发表的两篇文章。

笔者在此对上述人员一并表示诚挚的谢意。

七、欢迎批评、讨论

虽然两位笔者的职业都为教师，十几年来一直从事国际工程合同管理的教学和研究，但我们一直非常重视工程实践，并都亲自参加过多项国际工程项目的实施以及许多国际和国内工程项目的咨询工作。在写书的过程中，力图使本书既保持在工程管理理论方面的前瞻性，同时又能使本书具有很大的实用性。能力所限，也许本书离达到这一目标尚有一定的差距，但倘若能有某些观点对从事国际工程管理的同行有所启发和帮助，则达到笔者之初衷。

由于工程合同条件应用的环境十分复杂，因此，对某些条款的理解也往往并非"唯一性"，限于笔者的理论水平和实践经验，书中的观点也不一定完全正确，笔者真诚地欢迎读者就有关问题提出讨论，并在此预致谢意。

张水波　何伯森
2002年8月于天津大学

目录

欢迎大家学习《FIDIC新版合同条件导读与解析》（第二版）！

引言

FIDIC红皮书（1999版与2017版）施工合同条件

Conditions of Contract for Construction

第1条　一般规定（General Provisions）/ 011

第2条　业主（The Employer）/ 050

第3条　工程师（The Engineer）/ 057

第4条　承包商（The Contractor）/ 069

第5条　指定分包商（Nominated Subcontractor）（1999版）/ 100

第5条　分包（Subcontracting）（2017版）/ 100

第6条　职员与劳工（Staff and Labour）/ 107

第7条　生产设备、材料和工艺（Plant, Materials and Workmanship）/ 118

第8条　开工、延误及暂停（Commencement, Delay and Suspension）/ 128

第9条　竣工检验（Tests on Completion）/ 148

第10条　业主的接收（Employer's Taking Over）/ 154

第11条　缺陷责任（Defects Liability）（1999版）/ 160

第11条　接收后的缺陷（Defects after Taking Over）（2017版）/ 160

第12条　计量与估价（Measurement and Evaluation）（1999版）/ 175

第12条　计量与计价（Measurement and Valuation）（2017版）/ 175

第13条　变更与调整（Variation and Adjustment）/ 182

第14条　合同价格与支付（Contract Price and Payment）/ 197

第15条　业主提出终止（Termination by Employer）/ 225

第16条　承包商提出暂停与终止（Suspension and Termination by Contractor）/ 235

第17条　风险与责任（Risks and Responsibility）（1999版）/ 242

第17条　工程照管与保障（Care of the Works and Indemnities）
（2017版）／242

第18条　保险（Insurance）（1999版）／252

第19条　保险（Insurance）（2017版）／252

第19条　不可抗力（Force Majeure）（1999版）／264

第18条　特别事件（Exceptional Event）（2017版）／264

第20条　索赔、争议与仲裁（Claim, Disputes and Arbitration）（1999版）／275

第20条　业主的索赔与承包商的索赔（Employer's Claim and Contractor's
Claim）（2017版）／275

第21条　争议与仲裁（Disputes and Arbitration）（2017版）／290

FIDIC黄皮书（1999版与2017版）生产设备与设计—建造合同条件
Conditions of Contract for Plant and Design-Build

第1条　一般规定（General Provisions）／301

第5条　设计（Design）／307

第12条　竣工后检验（Tests After Completion）／321

第14条　合同价格与支付（Contract Price and Payment）／327

FIDIC银皮书（1999版与2017版）设计—采购—施工与交钥匙项目合同条件
Conditions of Contract for EPC/Turnkey Projects

第1条　一般规定（General Provisions）／333

第3条　业主的管理（Employer's Administration）／340

第4条　承包商（The Contractor）／345

第5条　设计（Design）／349

第8条　开工、延误与暂停（Commencement, Delays and Suspension）／352

第10条　业主的接受（Employer's Taking Over）/ 355

第12条　竣工后检验（Tests after Completion）/ 357

第13条　变更与调整（Variations and Adjustments）/ 359

第14条　合同价格与支付（Contract Price and Payment）/ 361

第17条　风险与责任（Risk and Responsibility）（1999版）/ 365

第17条　工程照管与保障（Care of the Works and Indemnities）（2017版）/ 365

FIDIC绿皮书（1999版）简明合同格式
Short Form of Contract

第1条　一般规定（General Provisions）/ 373

第2条　业主（The Employer）/ 378

第3条　业主的代表（The Employer's Representatives）/ 381

第4条　承包商（The Contractor）/ 384

第5条　承包商的设计（Design by Contractor）/ 387

第6条　业主的责任（Employer's Liabilities）/ 390

第7条　竣工时间（Time for Completion）/ 393

第8条　接收（Taking-over）/ 396

第9条　修复缺陷（Remedying Defect）/ 398

第10条　变更与索赔（Variations and Claims）/ 401

第11条　合同价格与支付（Contract Price and Payment）/ 404

第12条　违约（Default）/ 410

第13条　风险与责任（Risk and Responsibility）/ 414

第14条　保险（Insurance）/ 417

第15条　争议的解决（Resolution of Disputes）/ 420

结束语／423

附录

附录1　红皮书1999版与2017版相关合同条款对照／426

附录2　FIDIC合同五项黄金准则（汉英对照）／432

附录3　英国工程法学会（SCL）工期延误与干扰索赔准则／433

主要参考文献／437

FIDIC

欢迎大家学习《FIDIC 新版合同条件导读与解析》（第二版）！

FIDIC于1999年出版了（简称"1999版"）系列合同条件，并于2017年对1999版系列合同条件中的三本进行了修订，出版了第二版（简称"2017版"）。

从现在起，我们将按下列顺序用比较通俗简明的语言逐条讲解FIDIC 1999版的四本合同条件，并结合最新出版的2017版，在1999版每条解析的后面增加2017版修订的内容以及补充解析。1999版系列合同条件包括以下四本：

1.《施工合同条件》

2.《生产设备与设计—建造合同条件》

3.《设计—采购—施工与交钥匙项目合同条件》

4.《简明合同格式》

2017版对上面前三本中的部分条款进行了修订，但仍保留原名称。

在正式接触这些合同条件之前，我们还是先了解一下FIDIC合同系列合同条件产生的背景、发展历程和有关的编制思想，这样就能帮助大家更好地理解它们的内容。准备好了吗？那我们现在就"启幕"。

小知识：

你知道这1999版与2017版合同条件的俗称吗？那就赶快阅读背景内容吧！

FIDIC 1999/2017版合同条件产生的背景和编制思想

一、FIDIC新版合同条件产生的背景

1999年FIDIC合同条件出版之前，FIDIC主要编制出版了4个版本的合同条件，应用于工程建设领域中的不同工程情况，它们是：

1.《土木工程施工合同条件》(俗称"红皮书")

2.《电气与机械工程合同条件》(俗称"黄皮书")

3.《设计—建造与交钥匙项目合同条件》(俗称"橘皮书")

4.《土木工程施工分包合同条件》(与"红皮书"配套使用)

虽然FIDIC的各类合同条件在全球工程承包中得到广泛的应用，但随着国际建筑承包业模式的发展，FIDIC感到有必要根据当今建筑业实践中的做法，对原有的合同条件加以更新，甚至编制新的合同条件来取代原有的版本。1992年6月，在马德里召开的FIDIC年会上，当时的FIDIC主席Geoffrey Coates正式提出了这一设想。他建议，作为这项工作的第一步，应首先在世界范围内就FIDIC当时的各类版本的应用情况进行调查，对象主要为工程承包界的业主单位、承包商单位和工程师单位，根据调查结果，FIDIC将确定编制新合同条件的基本原则。FIDIC新版合同条件的编制计划即萌发于此阶段。

1996年，英国的里丁大学(University of Reading)受FIDIC和EIC(欧洲国际承包商会)的委托，主要针对红皮书的应用情况，对全球38个国家的有关政府机构、业主、承包商以及工程师等单位进行了调查，接受调查单位的总数为204家，其中我国有两家。调查的结果归纳如下：

- 使用情况：红皮书应用的项目金额一般在1千万至1亿美元之间；工程的

类型主要为地上工程，其次为海上工程，再其次为地下工程；有16%的项目修改红皮书的条款的数目在4条以下，10%的项目介于5~9条，20%的项目介于10~19条，29%的项目介于20~29条，26%的项目超过30条，其中第61条修改的情况最少，第60条修改的情况最多，达74%，第10、14、21、67以及70条修改的情况为60%。

■ 对红皮书内容的态度：接受调查的单位大都认为红皮书基本上反映了当今国际工程建设中的惯例，风险分担比较公平；红皮书最大的优点是内容全面，并且公平合理，最大的缺点就是对工程师角色的定位。

■ 对红皮书格式和语言的态度：最受欢迎的特点是其标准化；将红皮书分为通用条件和专用条件两部分也被认为是红皮书的优点，尤其对项目合同编制者和管理者而言；对于红皮书的语言的调查结果最为有趣，尽管有71%被调查者声称红皮书容易读懂（easy to understand），但在回答红皮书最大缺点时，其"语言不好理解（incomprehensible）"又被列在第二位。

■ 红皮书版本使用情况：调查结果表明，使用最广的为1987年第四版，占80%；第三版仍有14%，1992年修订的第四版为6%（截止到1996）。

这项调查的某些结果后来成为了FIDIC编制新的合同条件十分重要的参考资料。

二、1999版合同条件的编制原则

在正式编制1999版合同条件以前，FIDIC便确定了若干编制原则，并在编制过程中得以遵守。

1. 术语一致，结构统一

由于FIDIC红皮书第四版和黄皮书第三版的编制者分别属于两个不同的合同委员会，这两个版本无论在语言风格还是在结构上都不太一致，由于两个版本所表达的意图是接近的，甚至是相同的，因而，这种不一致从标准化和应用两方面来看都是不必要的。为了避免新版合同条件间再出现不一致的情况，从一开始，FIDIC便成立一个单一的工作小组来负责起草1999版合同条件（由于FIDIC简明合同格式本身的特点，它由另一个合同工作小组来起草）。另外，FIDIC还成立了一个合同委员会，负责合同工作小组之间的协调工作。

2. 适用法律广，措辞精确

作为一个国际机构，FIDIC旨在编制一套国际上通用的合同标准文本，因此，在编制过程中，FIDIC一直努力使1999版合同条件不仅在习惯法系（即：英美法系）下能够适用，而且还应在大陆法系下同样适用。鉴于编制以前合同版本的体验，FIDIC认识到，要达到这一点并不容易。为此，FIDIC决定在合同工作小组中包括一名律师，他必须有这方面的国际经验，在1999版合同条件形成的过程中来审查有关内容，在切实可行的情况下保证合同中的措辞适用于大陆法系和习惯法系。鉴于以前合同版本中出现的辞不达义的问题，这名律师还必须审查合同编写人员所使用的术语，从法律语言来看是否确切表达出其意图。

3. 变革而不是改良

以前的FIDIC合同条件版本主要是以工程类型和工作范围来划分各个合同条件版本的功能的，如：红皮书适用土木工程施工；黄皮书适用于机电工程的供货和安装；橘皮书则适用了包括设计的各类工程。但在这些合同条件中，其风险分担方法不能满足当前国际承包市场的要求，主要是私人业主方面的要求。另外，第四版红皮书和第三版黄皮书一出版，其条款的编排方式就受到的批评，如红皮书第四版的第44条"工程暂停"本来属于工期管理方面，但却被单独拿出放在"工程开工"一条的前面。FIDIC认为这方面的批评是有道理的，因此在编制1999版时，FIDIC决定打破原来的合同编制框架，采用了新的体系。从工程类型的划分，工作范围的划分，工程复杂程度以及风险分摊大小分别编制了一套能满足各方面要求的合同版本。从条款的编排上，完全摒弃了原来的顺序，内容编排更加符合逻辑。

4. 淡化工程师的独立地位，引入争议裁定委员会

在FIDIC的橘皮书1995年编制之前，FIDIC合同条件中有一个基本原则，即：其中有一个受雇于业主，并作为独立的一方代表业主公正无偏地管理承包商的工作。虽然这样做有其自身的优点，但在某些司法体系下，在某些国家，工程师的这样一个角色不被理解，甚至不被接受。在工程实践的很多场合中，工程师这一独立的地位并没有得以实现。在编制新版本时，FIDIC决定，在银皮书中采用"业主代表"来管理合同。在1999版红皮书和黄皮书中，虽然继续采用"工程师"来管理合同，但他不再是独立的一方，而是属于业主的人员，同时删除了原来要求工程师"行为无偏"的一款。作为一种平衡和对原来的优点的继承，FIDIC 在新版中仍要求工程师做出决定时应持公正的态度。FIDIC预计，这种改动会遭到有关人士的批评，认为FIDIC丧失了它一直持有的"工程师应为独立、公正的第三方"

原则。但是，FIDIC认为，作为一个国际咨询工程师组织，对国际工程承包市场的动向熟视无睹，既不明智，也不现实。FIDIC坚持认为，要编制一套崭新的合同条件，就要使其具有一定的前瞻性，该文件既应清楚，又能被合同双方接受。因此，FIDIC根据自身的经验，借鉴世界银行等国际机构的做法，通过在1999版中引入争议裁定委员会（DAB）机制，来解决工程师决定之后与仲裁之前"中间段"争议。这种争议解决机制，比原来效率更高，也更加公正。

5. 实践需要简明合同文本

FIDIC发现，在实践中，有些业主和承包商对那些虽然精确但十分冗长的合同望而生畏，对小型项目来说尤其如此。因此FIDIC 认为，应在1999版系列合同条件中加入一个简明的合同文本。使用这一文本更有利于一些小型项目或工作类型重复的项目的顺利实施。

在这些原则的指导下，FIDIC完成了四本合同条件的编写，并于1999年9正式出版，它们是：

1. 《施工合同条件》（称1999版红皮书）

2. 《生产设备与设计一建造合同条件》（称1999版黄皮书）

3. 《设计一采购一施工与交钥匙项目合同条件》（称1999版银皮书）

4. 简明合同格式（绿皮书）

三、1999版4本合同条件的适用条件

根据FIDIC的设想，这四本合同条件的适用条件分别如下：

1. 1999版红皮书

■ 各类大型或复杂工程

■ 主要工作为施工

■ 业主负责大部分设计工作

■ 由工程师来监理施工和签发支付证书

■ 按工程量表中的单价来支付完成的工程量（即单价工程）

■ 风险分担均衡

2. 1999版黄皮书

■ 机电设备项目、其他基础设施项目以及其他类型的项目

■ 业主只负责编制项目纲要（即："业主的要求"）和生产设备性能要求，承包商负责大部分设计工作和全部施工安装工作

- 工程师来监督设备的制造、安装和施工，以及签发支付证书

- 在包干价格下实施里程碑支付方式，在个别情况下，也可能采用单价支付

- 风险分担均衡

3. 1999版银皮书

- 私人投资项目，如BOT项目（地下工程太多的工程除外）

- 固定总价不变的交钥匙合同并按里程碑方式支付

- 业主代表直接管理项目实施过程，采用较松的管理方式，但严格竣工检验和竣工后检验，以保证完工项目的质量

- 项目风险大部分由承包商承担，但业主愿意为此多付出一定的费用

4. 1999版绿皮书

- 施工合同金额较小（如低于50万美元）施工期较短（如低于6个月）

- 既可以是土木工程，也可以是机电工程

- 设计工作既可以是业主负责，也可以是承包商负责

- 合同可以是单价合同，也可以是总价合同，在编制具体合同时，可以在协议书中给出具体规定

四、2017版合同条件的编制与特点

根据惯例，FIDIC一般每十年左右根据国际市场的发展，对其出版的范本进行修订。1999版红皮书、黄皮书、银皮书以及绿皮书四本系列合同条件截至2016年底，已出版长达17年[1]。在大家的期盼中，2017年初，FIDIC发布了《生产设备与设计—建造合同条件》第二版征求意见稿（Contract of Conditions for Plant & Design –Build（Pre-release edition）），并在2017年年底正式出版了对1999年三本主要合同条件的修订本：2017版红皮书、黄皮书、银皮书。展现了FIDIC对1999版系列合同条件持续修订工作的进展[2]。

根据FIDIC合同委员会专家Siobhan Fahey透露，对1999版系列合同条件的修订依据主要包括：

- FIDIC合同的用户反馈（最重要的依据）

- 2008年FIDIC编写DBO合同条件的经验

---

❶ 这也反映出1999版合同条件的确经得起时间的检验并得到广泛认可。

❷ 绿皮书的修订工作也在进行中，预计也会在不久的将来颁布第二版。

- 2010年编写MDB合同条件协调版时所积累的经验
- FIDIC合同委员会特别顾问的建议
- 最新的国际工程发展动向以及良好实践做法
- 国际商会（ICC）的总体反馈
- 法院判决等

从三个合同范本适用条件来看，2017版与1999版并没有发生变化，但在微观层面仍进行了一定的修改和大量的内容增加，使得2017版的篇幅比1999版增加接近40%。

2017版合同条件具有以下特点：（1）从结构上讲，通用合同条件由20条变为21条；专用条件也分为A部分和B部分，A部为合同数据（Contract Data）；B部分为特别规定（Special Provisions）。A部分从1999版中的"投标函附录"转变而成，更名为"合同数据"；B部分的特别规定即为原来的第一版中的专用合同条件内容。个别条款的名称与内容也做了结构性调整，更能使内容上逻辑一致，如将1999版第4条中关于分包商的内容调整到第5条，并将原来第5条【指定分包商】更名为【分包】。（2）坚持语言上更"工程师化"，但同时认识到，FIDIC合同条件作为法律文件，表达上应更加严谨，为此，在2017版中又增加了大量术语的定义。1999版与2017版相比，红皮书所定义的术语从原来的58个增加到88个；黄皮书从58个增加到90个；银皮书从48个增加到80个。（3）更加强调程序的细致、完整与严谨，并且倾向对双方要求的对等性，如在1999版合同条件中，并没有规定业主对承包商提出索赔的时间约束，而只规定了承包商对业主提出索赔的时间约束，在2017年版中，对业主提出同样的时间限制，而且对涉及的索赔通知、索赔报告提交的时间、格式和内容都做了更为具体详细的规定，强化了处理索赔和争议的管理程序。（4）在2017版红皮书、新黄皮书中，更加强了工程师的职能，增加了"工程师代表"这一角色，更能反映国际工程现场组织上的实际管理现状。（5）更加侧重项目管理化，例如，在8.3款中，对于承包商在收到开工通知后提交的进度计划，给出了更为详细的规定，进度计划不但显示出项目工作的顺序，而且必须显示出各种工序之间的逻辑关系、关键路径与浮时等。（6）对QHSE提出了更高的要求，如在4.8、4.9款中提出了更加清晰和详细的健康与安全、质量管理体系、符合性验证体系等。（7）风险分担仍然在业主与承包商之间保持均衡，但编制方式发生了很大变化，在2017版中，不再使用"不可抗力"（Force

Majeure）这一术语，恢复采用了"特别事件"（Exceptional Events）这一术语，将业主的风险分为三部分：业主的商业风险（Commercial risks）、业主的损害风险（Risks of damage）和特殊风险（Exceptional risks），这种编排方式的逻辑性更强了。（8）强化和完善关于索赔和争议的管理，将1999版中的第20条【索赔、争议与仲裁】分为两个独立条款：第20条【索赔】和第21条【争议与仲裁】，且在第21条中将原来的"争议裁定委员会"（Dispute Adjudication Board）更名为"争议避免/裁定委员会"（Dispute Avoidance/Adjudication on Board），增加了一个在委员会参与下的一个调解、和解环节，显示了FIDIC尽可能友好地解决争议的思想，更加倾向于高效地解决争议方式。

虽然2017版总体规定的复杂度增加，但有利于FIDIC合同条件的更加操作化，我们相信这会在未来的实践中得到印证。

本书的编排是，先对1999版的各个条款进行解析，然后在相应条款后面，对2017版修订和增加的内容进行补充解析。

好了，现在大家了解了FIDIC四本合同条件1999版与2017版的大概情况以及一些背景知识，想了解详细的内容，请接着慢慢儿往下读吧。

FIDIC 红皮书
（1999 版与 2017 版）

施工合同条件
Conditions of Contract for
Construction

红皮书中的合同与组织关系示意图：

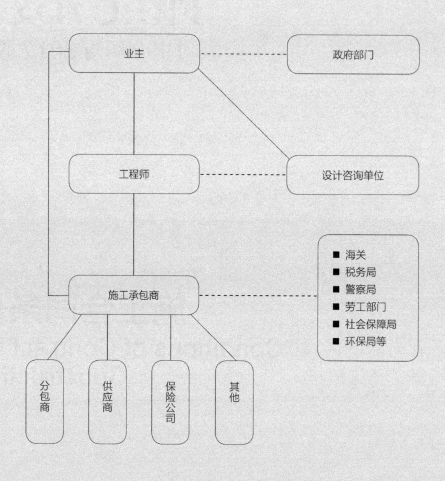

注 1. 实线表示合同关系和管理（或协调）关系；虚线只表示管理（或协调）关系。

  2. 设计工作一般由业主雇用设计咨询单位来完成。

  3. 图中的"工程师"相当于我国的监理工程师（单位）。

  4. 工程保险一般由承包商办理，但国际实践中，有时业主办理部分保险。

第 **1** 条　一般规定（General Provisions）

学习完这一条，应该了解：

- 本合同条件中的关键术语的含义；
- 施工合同的文件组成；
- 合同双方沟通信息和文件颁发的规则；
- 合同语言和法律的规定，以及联合承包的规定；
- 双方各自的责任限度。

一个好的合同版本不但内容完整，行文严密，而且结构编排也应符合条理，方便用户。FIDIC1999版红皮书第1条体现了这一编排上的特点，这条标题为"一般规定"，共包括14个子条款，2017版红皮书修订后包括16个子条款，增加了两个，覆盖的是贯穿整个合同中的"杂项"。那么第1条到底规定了哪些内容呢？我们首先看看1999版红皮书规定，然后再看2017版红皮书修订了哪些内容❶。

1.1 定义（Definitions）

根据对"定义"一词在这里的解释，下面被定义的术语在本合同条件中只具有它们在此所赋予的含义，其含义同样适用于其他合同文件。为了表达的方便，同时还说明，表示"人员""公司""法律实体"等概念的词语根据上下文的情况可以相互包含对方的含义。

合同，尤其是国际工程合同，一般都要在合同条件的前面定义很多词或术语。为什么呢？这是因为合同是用来规定合同双方权利和义务的法律性文件，这决定了它必须严谨和明确；另一方面，工程建设是一个很复杂的过程，交易金额相对于其他商业交易而言往往是巨大的，其管理过程所依据的又是合同，是不是工程界对工程管理中使用的词语都有一致的理解呢？答案显然是否定的，当不同的理解会影响到双方的利益时，更是如此。这种情况在国际工程中表现得尤为突出，因为不同文化和法律制度对语言表达含义的理解有很大影响。想想看，如果合同规定在某些情况下允许承包商索赔"费用（cost）"，而又对它没有明确的定义，双方对它包括的"成分"的理解会一致吗？另一个原因是，合同的编制者为了不使合同的行文太啰嗦（大家可能感觉到了，工程合同已经够啰嗦的了），将一些需要用若干词才能表述清楚的含义赋予一个或两个词，这样，既可以不漏掉内涵，又能使行文简练。因此，给合同中的关键词下定义，已成为工程合同的一个惯例。

在英文原版中，凡被定义的词或术语，其拼写的第一个字母一般为大写❷。

---

❶ 在对2017版红皮书的解析中，只对修订、补充的内容进行解释，与1999版内容相同的不再重复。

❷ 但也有例外，如FIDIC定义的"日（day）"和"年（year）"以及第二版新增的定义"月（month）"，第一个字母仍为小写。

1.1.1　合同（Contract）

这一部分定义的都是与合同文件有关的内容，通过这些定义，读者可以了解合同的各个组成部分以及每个术语的含义。

1.1.1.1　合同（Contract）

这里的合同实际是全部合同文件的总称，它包括全部的合同文件，这些文件是：

- 合同协议书
- 中标函
- 投标函
- 合同条件
- 规范
- 图纸
- 数据表
- 合同协议书或中标函中列出的那些文件

那么这些文件又分别包含什么内容呢？接着看下面的定义。

1.1.1.2　合同协议书（Contract Agreement）

此定义是指第1.6款［合同协议书］所说的那个合同协议书。请想一想，是否必须要签订合同协议书合同才能成立？如果不需要，那么工程合同为什么又常常要求呢？参见1.6款［合同协议书］的解释。

1.1.1.3　中标函（Letter of Acceptance）

此定义有两个方面的含义：一是它指业主对承包商投标函的正式接受函，而且必须经过签字；另一个含义包括双方商定的其他内容，当然，这些内容须有双方的签字，并作为备忘录附在中标函的后面。通常，在评标的过程中，业主如果发现某投标书中有些内容不清楚或甚至错误，则可以要求投标人进行澄清和确认。这里所说的双方商定的内容主要指这些情况。按照FIDIC的招标原则❶以及国际金融机构（如世界银行、亚洲开发银行等）对其贷款项目的规定，在开标之后，除了必要的澄清和修正错误外，业主不能要求投标人降价或提供其他优惠条件；承包商也不能主动提出降价，以体现出招标的公正性。但在实践中，尤其是私人投资项目，业主在开标后仍然压价的情况也常发生。

---

❶ 详见张水波、刘英 译，《FIDIC 招标程序》（第二版），中国计划出版社，1998。

这个定义还有一个补充说明，如果在整个合同文件中没有出现"中标函"这一术语，则此处的中标函可以理解为"合同协议书"，中标函的签发和接收日期可理解为合同协议书的签署日期。在实践中，这种情况并不多见，主要发生在一些议标的工程项目中。

1.1.1.4 投标函（Letter of Tender）

这是FIDIC1999年定义的一个术语，指的是承包商的报价函。通常这封报价函是一封简单的信函，信中承包商承诺根据招标文件的内容，提出为业主承建工程而索取的合同价格。投标函为投标书的核心部分（见定义"1.1.1.8投标书"）。业主一般将投标函的格式事先拟订好，并包括在招标文件中，由承包商填写，作为其正式报价函。

1.1.1.5 规范（Specification）

规范❶是合同的一个重要的组成部分。它的功能是对业主招标的项目从技术方面进行详细描述，提出执行过程中的技术标准、程序等。承包商的费用工程师在计算投标价格时需要研究规范；承包商的采购人员在为项目采购材料设备前也需要了解规范中的技术要求；承包商的项目经理和负责施工的技术人员更需要仔细研究规范。业主方的管理人员更应该熟悉规范，作为管理承包商现场工作的基础，从而保证竣工的项目达到业主的既定目的。

1.1.1.6 图纸（Drawings）

依此定义，凡提到图纸，均为合同中规定的图纸，或在工程实施过程中业主方对图纸的修改和补充。虽然有时工程师可以按合同规定要求承包商设计少量的工作内容，但根据此处对图纸的定义，红皮书从性质上为施工合同条件。这里所说的图纸也是合同的一个组成部分，涉及的是技术内容。FIDIC在此并没有规定清楚，业主提供的图纸是基本设计图纸还是施工详图，这将取决于合同的其他具体规定。请大家思考一下，根据自己的工程经验，对于施工合同而言，业主提供的图纸是否为施工需要的一切图纸？如果答案是否定的话，那么，业主通常在哪里说明其提供的图纸的范围和性质？参阅本合同条件第4.1款[承包商的一般义务]。

1.1.1.7 数据表（Schedules）

这是为了合同行文方便而定义的一个术语，从英文可以看出，它包括合同中常出现的若干类以列表形式表示的文件。在招标文件中通常包含有这些表的空白格式，由

---

❶ 我国工程界有人认为将specification 翻译为"规程"更为准确。

投标者在投标时填写，这类文件主要有工程量表、数据表、单价分析表、计日工表等。要记住，只要合同中冠以"数据表"名义的文件都属于合同文件，见合同的定义。

1.1.1.8　投标书（Tender）

这是投标者投标时应提交给业主的且构成合同的全部文件的总称，按此处的定义，可分为两部分，一是核心部分，即投标函；另一部分为投标者填写完的各类数据表（如工程量表、计日工表、单价分析表），投标保函等。

其实在实践中，一套完整的投标文件，不但包括构成合同一部分的上述文件（投标书），而且还有许多其他文件，可以看作为辅助部分，一般包括业主要求投标者提供的其他信息通，如工程初步进度计划、施工方法总说明、分包计划、施工设备清单、关键职员名单、劳工构成、承包商现场组织机构图、施工营地安排等。应注意的是，并不是所有投标文件都构成合同的一部分，核心部分（投标书）通常为合同的组成部分，而辅助部分不一定构成合同文件（参阅前面对合同的定义）。无论如何，应根据具体情况，从合同的定义以及合同协议书中，看清楚哪些是合同文件，哪些是非合同性质的参考性文件，这一点十分重要。

1.1.1.9　投标函附录（Appendix to Tender）

这是附在投标函后面并构成投标函一部分的一个附录，它将合同条件中的核心内容简单地列出，并给出在合同条件中相对应的条款号。

从原文直译应为"投标书附录"，但这与定义的内容不太相符，翻译为"投标函附录"更宜于理解。似乎英文改为Appendix to Letter of Tender更符合实际内容❶。

这一附录也属于合同文件，其中的内容大部分由业主在招标时已经规定，小部分由承包商填写。一般来说，有经验的承包商从业主规定的数据中基本上可以看出业主方提出的条件是否苛刻，资金是否充裕。这是承包商在投标时应仔细研究的一个重要文件。

1.1.1.10　工程量表（Bill of Quantities）和计日工表（Daywork Schedule）

在这里并没有给出这两个术语的具体描述，而是说明它们包括在"数据表"中。有时，在某些具体工程中，可能没有计日工表，所以，在此定义的说明中，最后有一

---

❶ FIDIC版合同条件主要起草人的Peter Booen先生在回答笔者这一问题时说，由于FIDIC在以前的英文版本中一直使用Appendix to Tender这一术语，出于习惯，新版中沿用这一术语，他同意在汉语版本中翻译为"投标函附录"。在此顺便提一下，Booen先生是我国小浪底水电枢纽工程中方聘请的"争议审议委员会"的专家成员。

个限定语"如有时"。

1.1.2　合同双方和人员（Parties and Persons）

此定义是指合同的双方以及参与工程项目的其他重要角色。合同双方之间的相互信赖和守约，参与人员之间的合作与团队精神，是项目成功的重要保证。

1.1.2.1　一方（Party）

此定义明确规定，凡提到"一方"的措辞，指的是业主或承包商。需要注意的是，按1999版红皮书的定义，只有业主和承包商才是工程合同的双方。其他参与工程的人员或单位，均属于业主一方或承包商一方的人员，工程师也只是业主一方的人员（见"1.1.2.6业主人员"的定义。）。

1.1.2.2　业主（Employer）

此定义给出了两方面的内容，一是业主就是在投标函附录中列明的那个当事人；二是如果业主发生变动，则有权继承原来业主的法定继承人即成为合同中所说的业主。本书中为了行文的方便，将业主拟人化，对于承包商、工程师也作同样处理。

1.1.2.3　承包商（Contractor）

此定义，承包商为被业主接受的、在投标函中被标明作为承包商的那个当事人，或是这个当事人的合法继承人。"承包商"名称和地址在投标函附录列出。

1.1.2.4　工程师（Engineer）

此定义，工程师为在投标函附录中指定的人员；或者根据第3.4款[工程师的更换]业主任命的人员。工程师是一个比较特殊的角色，虽然在此中被称为"人员"（person），但在多数情况下指的是一个咨询公司，实际上此处的person既可以理解为自然人（natural person），也可以理解为法人（legal person），当然也就包括公司。参见前面第1.1款[定义]中的说明。为了行文方便，在本书中提到"工程师"这一称谓时，可能指的是工程师单位的一位人员，特在此说明。

在西方国家，既有以公司名义出任工程师的，也有以个人名义出任工程师的[1]。

---

❶ 参见：

1. Brian Eggleston(1993). *The ICE Conditions of Contract: Sixth Edition-A User's Guide*, P14, Blackwell Science Ltd.
2. Engineers Joint Contract Documents Committee(1996) *Standard General Conditions of the Construction contract*, Article 1(19), Issued and Published Jointly by American Consulting Engineers Council, National Society of Professional Engineers, and American Society of civil Engineers.

在我国现时的工程环境下，工程师为监理公司，我国习惯将监理公司委派的全权代表称为总监理工程师（简称"总监"），这个概念近似于以个人身份出任工程师的那一角色。我国有关书籍和文件中，也将承担监理工作的监理公司称为监理单位，将监理公司派往项目现场具体执行监理工作的队伍称为"项目监理机构"。

工程师是工程的实际管理者，是参与工程中众多角色中最核心的角色之一。无论是业主、承包商，还是工程师自己都应清楚地了解工程师的权力和职责范围。详细见第3条[工程师]。

1.1.2.5 承包商的代表（Contractor's Representative）

此定义，承包商的代表可能由承包商在合同中指明，或者承包商根据第4.3款[承包商的代表]任命。在实践中，承包商在投标时，根据招标文件的要求，提出关键职员名单，并作为投标书的一部分提交给业主（参见上面第1.1.1.8款[投标书]）。承包商的代表作为最核心的人员，当然包括在该名单中。为了保险起见，承包商有时在关键职员名单中除指明承包商的代表外，还提供两个甚至多个人员作为承包商的代表的备选人，以防原来指定的人员因故不能出任该项目的承包商的代表。承包商的代表这一称谓在我国工程界习惯称为项目经理。

1.1.2.6 业主人员（Employer's Personnel）

此定义，业主人员包括：

■ 工程师；

■ 工程师的助理人员；

■ 工程师和业主的雇员，包括职员和工人；

■ 工程师和业主通知承包商的为业主工作的那些人员。

从此定义来看，FIDIC明确将工程师列为业主人员了，从而改变了工程师这一角色的"独立性"和淡化了"公正无偏"的性质。

1.1.2.7 承包商的人员（Contractor's Personnel）

此定义，承包商的人员包括承包商的代表以及为承包商在现场工作的一切人员。这"一切人员"又包含下列各类人员：

■ 一般职员，一般分为承包商现场的技术人员、工程管理人员、财务管理人员，以及行政管理人员；

■ 工人，一般分技术工人和普工；

■ 其他类型的雇员，如厨师、现场医疗护理人员等；

■ 分包商的一切人员；

■ 帮助承包商实施工程的一切人员，如大型施工设备的厂家派往项目现场帮助承包商培训设备操作工的技术人员等。

注意，这里所说的承包商的人员是在现场为项目工作的人员。

1.1.2.8　分包商（Subcontractor）

此定义将分包商分为两大类：在投标时承包商事先列明的分包商与在工程实施过程中承包商随时任命的分包商。对于后一类，需要经工程师同意。另外还有一种特殊的分包商，即：指定分包商。参见第4.4款[分包商]和第4.5款 [指定分包商]。

1.1.2.9　争议裁决委员会（DAB）

此定义，委员会可以是一人，也可以为三个人，一般在合同中指定（具体地讲，是在投标函附录中列出），也可以按照第20.2款[任命争议裁决委员会]或第20.3款[未能对任命争议裁决会达成一致意见]任命的其他人员。争议裁决委员会的任务就是针对在工程实施过程中合同双方发生的争议进行专家式的临时性裁决，如果一方不同意，则在规定的时间内发出不满意通知（NOD），则该裁决就没有法律上的约束力了，仍可以按程序将争议提交仲裁❶，参见第20条[索赔，争议与仲裁] 以及原合同条件附录"争议裁决协议书"。

1.1.2.10　FIDIC

此定义为国际咨询工程师联合会，为法文的缩写，英文名称为International Federation of Consulting Engineers。我国有人将其音译为"菲迪克"，从实用和方便角度来讲，似乎没有什么必要。众所周知，它是以编制出版工程合同条件标准范本和工程咨询文件并在国际范围内推广使用的一个著名的国际机构。如果您想了解FIDIC的详情，请访问FIDIC主页：http：// fidic.org。

1.1.3　日期，检验，期间和竣工（Dates，Tests，Periods and Completion）

这一部分定义主要是关于时间、工程检验和竣工方面的。

1.1.3.1　基准日期（Base Date）

此定义指的是提交投标书截止日期之前的第28天当天。这是FIDIC文件中出现的

---

❶ FIDIC的DAB机制与世界银行早期的DRB（Dispute Review Board）类似，但FIDIC的DAB裁决可以认为具有"准约束力（quasi-binding）"，因为若一方不在规定的时间内发出不满意通知，则该裁决就有约束力了，而世界银行的DRB只是给予合同双方争议解决的建议方案，更倾向于调解性质，双方不明确表示接受的话，则没有最终法律约束力。

一个新定义，主要是与后面的调价有关。实际上，世界银行多年前就开始在其编制的工程采购（招标）文件范本中使用"基准日期"这一术语，而且与FIDIC的定义相同，其作用也是与调价有关。

1.1.3.2　开工日期（Commencement Date）

这里只是说明开工日期即是第8.1款[工程开工]中工程师通知开工的那个日期。这是一个十分重要的日期，是计算工期的起始点。

1.1.3.3　竣工时间（Time for Completion）

此定义的含义有下列几点：

- 竣工时间在此指的是一个时间段，不是指一个时间点；
- 开始计算竣工时间的日期为开工日期；
- 竣工时间是根据第8.2款[竣工时间]完成工程的时间；
- 竣工时间在投标函附录中规定；
- 竣工时间可以指整个工程的竣工时间，也可以指某一区段的竣工时间，视具体情况而定。
- 如果根据第8.4款[竣工时间的延长]，承包商获得了某一段工期的延长，则合同竣工时间为原竣工时间加上延长的那段时间。

FIDIC定义的竣工时间，在我国工程界习惯上称为"合同工期"。

1.1.3.4　竣工检验（Tests on Completion）

此定义指业主为了检验工程的质量而在工程基本竣工时进行的一种检验。它的含义包括：

- 这种检验在业主接收工程或其一区段之前进行，安排施工进度计划时，应将竣工检验所需时间包含在竣工时间内；
- 竣工检验的内容和程序一般在规范等合同文件中规定；
- 如果合同没有规定，但双方商定或业主要求增加的竣工检验内容应按变更处理；
- 竣工检验应按照第9条[竣工检验]的规定进行。

1.1.3.5　接收证书（Taking-over Certificate）

此定义指的是业主在接收工程之后颁发给承包商的一个证书，以证明工程按照合同已经实质性竣工。从此，工程进入缺陷通知期。任何一个精明的承包商，总是希望尽早得到这种证书。因为，从此承包商照管工程的责任就转移给了业主，而且还可以退回相应比例的保留金。参见第10条[业主的接收]，第17.2款[承包商对工程的照管]，以及第14.9款 [保留金的支付]。

1.1.3.6　竣工后检验（Tests after Completion）

此定义也是一类工程检验，包括下列含义：

■ 必须在合同中有明文规定的内容，否则，就可认为没有这类检验；

■ 如果有的话，应按照专有条件的规定来进行；

■ 检验的时间应在工程或其区段竣工后尽快进行。

对于竣工后的检验这一类型，在实践中主要出现在有大量机电安装工作的工程中，在工程竣工后，机电设备运行一段时间后对它们进行检验。土木工程施工合同一般没有此类检验。

1.1.3.7　缺陷通知期（Defects Notification Period）

缺陷通知期也就是我们通常所说的维修期，此定义比较复杂，我们分开来看，它包括下列内容：

■ 它是指工程师通知承包商修复工程缺陷的期间；

■ 这里所说的"工程"指的是业主已经接收并颁发给了承包商接收证书的工程或区段；

■ 该期限的长短在投标函附录中写明；

■ 该期限可以按照第11.3款[缺陷通知期的延长]予以延长；

■ 该期限从工程/区段竣工日期开始计算，而竣工日期则以接收证书中证明的竣工日期为准。

这一术语与我国工程界常说的维修期或质量保证期（有时简称"质保期"）基本相同，但似乎更科学（为什么？）。

1.1.3.8　履约证书（Performance Certificate）

此定义十分简单，并没有给出其实质性含义，只是说明它是根据第11.9款[履约证书]签发的证书。其实，它是一个证明承包商已经完成其所有合同义务的证书，承包商得到此证书，即意味着合同义务履行完毕，合同结束。

1.1.3.9　日（day），年（year）

这两个词的定义不言而喻，在此不再解释。

1.1.4　款项与支付（Money and Payments）

此定义主要是关于合同价格与支付方面的，读者应特别注意这些术语的确切含义。

1.1.4.1　中标合同金额（Accepted Contract Amount）

此定义指的是业主在中标函中接受的为承包商承建工程而支付给承包商的那一价格。这实际上就是中标的承包商的投标价格。另一种情况是，如果在评标期间发现投标价格计算有误，业主可以对其修改，得到承包商（严格讲应为"投标者"，为什么？）的确认后，该价格为有效投标价格，有时业主接受的那个金额也可能为经过修改的投标价格。这一金额实际上只是一个名义合同价格，而实际的合同价格只能在工程结束时才能确定。见下一个定义。

1.1.4.2　合同价格（Contract Price）

此定义有两层含义，一是指在第14.1款[合同价格]中定义的那个价格；另一个意思是，这个价格包含根据合同进行的调整。可以看出，这是一个"动态"价格，是工程结束时发生的"实际价格"，即工程全部完成后的"竣工结算价"，而这一价格的确定是经过工程实施过程中的累计计价而得到的。（合同价格与中标合同金额的区别？请思考：根据合同涉及的调整会有哪些方面的原因呢？参见后面的相关条款。）

1.1.4.3　费用（Cost）

此定义指承包商在现场内外全部的合理开支，包括管理费和类似收费，但不包括利润。凡在合同中提到"费用"一词，即指这一含义。请将此定义与相关的费用索赔条款联系起来一起阅读。

1.1.4.4　最终支付证书（Final Payment Certificate）

此定义是支付证书的一种，是在第14.13款[最终支付证书的签发]中签发的那一支付证书。最终支付证书的签发意味着承包商将从业主方拿到最后的一笔工程款。承包商要想让工程师签发最终支付证书，需要满足哪些条件？参阅后面第14.13款[最终支付证书的签发]等条款。

1.1.4.5　最终报表（Final Statement）

此定义是指第14.11款[申请最终支付证书]中定义的那个报表。实际上，最终报表草案就是承包商向工程师提交的工程最终结算申请书，要求工程师签发最终支付证书，经工程师同意后成为最终报表。只有当工程师据此最终报表向业主签发了最终支付证书后，承包商才可以拿到最终结算款。请思考：承包商在什么条件下可以申请？他需要提交资料应包括哪些主要内容？参阅第14.11款[申请最终支付证书]。

1.1.4.6 外币（Foreign Currency）

根据此定义，如果合同款用当地币以外的货币来支付，此类货币在本合同条件中就被称为外币，这是相对当地币而言的。

1.1.4.7 期中支付证书（Interim Payment Certificate）

此定义是指依据第14条[合同价格与支付] 而由工程师签发的支付证书，当然，这类证书不包括最终支付证书。由此，我们可以看到，在FIDIC合同条件中有两类支付证书，一类是期中支付证书，相对于我们通常所说的进度款支付证书；另一类是我们刚刚读过的最终支付证书，即我们通常所说的最终结算支付证书。工程项目支付中还通常涉及预付款的支付，那么FIDIC合同条件中是否有预付款方面的规定呢？如果有，业主是以什么形式米支付预付款呢？参阅第14.2款[预付款]。

1.1.4.8 当地币（Local Currency）

顾名思义，它指的是施工所在国的货币。在国际工程中，用一定比例的当地币和外币支付合同款的情况是十分普遍的，但支付比例以及兑换率在招标/合同文件中规定。

1.1.4.9 支付证书（Payment Certificate）

此定义包括我们前面所讲的期中支付证书和最终支付证书。参阅第14条[合同价格与支付]。

1.1.4.10 暂定金额（Provisional Sum）

单从定义中看，它是合同中明文规定的一笔金额，用于支付第13.5款[暂定金额]中提到的某部分工程的实施、设备材料供货以及提供服务所需的款项。虽然此类费用常出现在合同中，但根据实际情况，合同中也可没有此类费用。

实际上，暂定金额相当于业主的备用金，在合同中通常出现此类费用的原因可能有以下几个方面：

- 工程实施过程中可能发生业主负责的应急费/不可预见费（contingency costs），如计日工涉及的费用；
- 在招标时，对工程的某些部分，业主还不可能确定到使投标者能够报出固定单价的深度；
- 在招标时，业主还不能决定某项工作是否包含在合同中；
- 对于某项工作，业主希望以指定分包商的方式来实施。

也就是说，业主在合同中包含的暂定金额就是为以上情况发生时准备的。这类金额的额度一般用固定数表示，有时也用投标价格的百分数表示，一般由业主在招标文件确定，并常在工程量表最后面体现出来。但实践中，有的工程合同中并没有包括暂定金额，尤其是EPC等总价合同。这大概是因为业主预计未来工程变化不大，或者由于业主内部组织或财务管理规则而致。

那么，暂定金额是否是合同价格的一部分呢？FIDIC没有明确说明，注意：暂定金额的定义只是说"合同中明文规定的金额"，而并没有说明是"包含在合同价格的金额"。但从"暂定金额"和"合同价格"的定义来看，我们可以肯定，实际发生的那部分暂定金额应属于合同价格的一部分。同样，也没有明确规定暂定金额是否为中标合同款额的一部分，但从后面的条款来看，它似乎应包括在中标合同款额中（参阅第14.2款[预付款]）。既然暂定金额是一种特殊的款项，那么谁来支配这类款项的使用呢？支付的程序又是怎样呢？请参见第13.5款[暂定金额]。

1.1.4.11　保留金（Retention Money）

此定义是业主根据第14.3款［申请期中支付证书］在支付期中款项时扣发的一种款额，此款额根据第14.9款[保留金的支付]来返还。

那么，合同为什么有保留金方面的规定呢？换句话说，保留金制度的性质和目的是什么呢？它实际上是一种现金保证金，与履约保函的性质类似，目的是保证承包商在工程执行过程中恰当履约，否则业主可以动用这笔款去做承包商本来应该做的工作，如缺陷通知期内承包商本应修复的工程缺陷。同时，如果在期中支付过程透支了工程款，业主还可以从保留金中予以扣除。保留金与履约保函一起共同构成对承包商的约束。至于保留金如何扣发和归还，参阅第14.3款[期中支付证书申请]和第14.9款[保留金的支付]。

1.1.4.12　报表（Statement）

此定义是指承包商在申请工程款时提交的核心内容，其中包含完成工程量的合同价值以及其他相关情况等。报表包括期中报表（月报表）、竣工报表和最终报表。详见第14条[合同价格与支付]。

1.1.5　工程与货物（Works and Goods）

此定义主要是指工程实施过程中投入的"硬件"，即：材料、生产设备、施工机具等，以及产出的"成品或半成品"，即：完成的工程或其中一部分。

1.1.5.1　承包商的设备（Contractor's Equipment）

此定义包括各类用来施工的装置、机器、车辆以及其他物品等。它不包括临时工程、业主的设备、生产设备、材料等构成永久工程一部分的物品。"承包商的设备"这一叫法相当于我国工程界所叫的"承包商的施工机具"。

1.1.5.2 货物（Goods）

此定义包括的内容最为广泛，如承包商的设备、材料、生产设备以及临时工程，也可指它们其中之一。可以认为，它涵盖了一切工程建设过程中所需的物品，包括可消耗的和不可消耗的。

1.1.5.3 材料（Materials）

此定义包括构成永久工程一部分的一切物品和承包商根据合同有时须提供的"仅负责供应的材料"（supply-only materials）。"仅负责供应的材料"就是承包商只需按照合同的要求供应即可，而不是在采购后再进行"加工"使其构成永久工程的一部分。从定义看出，这里所说的"材料"不包括临时工程所用的材料，那么临时工程所用材料应归在哪一类呢？参见定义"1.1.5.7临时工程"中的解释。

1.1.5.4 永久工程（Permanent Works）

此定义即为最后承包商根据合同承建的整套永久设施，在竣工后移交给业主，属于业主的财产。

1.1.5.5 生产设备（Plant）

凡构成永久工程的一切装置、设备和车辆都是生产设备。对我们来说，车辆一般属于施工机械，是"承包商的设备"的一种。这儿所说的是指构成永久工程一部分的那些车辆。何时会出现这种情况呢？例如，一条石油管线项目，如果它的计量站在运行过程中需要供水，设计方案是采用水车从其他地方拉水，则承包商为此目的提供的水车就是生产设备，并构成了生产工程的一部分。

1.1.5.6 区段（Section）

此定义指的是在投标函附录中列明为区段的工程的部分，有时，一个工程分区段，有时则不分，这取决于业主招标时的合同策略。严格地讲，这儿的区段应定义为"永久工程"的一部分，这样更严密。在实践中，区段常为相对独立的永久工程部分，我国常称为"分项工程"。请思考：如果工程有区段，那么在工程中划分区段可能出于哪些考虑？对业主和承包商各有什么利弊？

1.1.5.7 临时工程（Temporary Works）

此定义指的是为现场施工所做的一切临时工程。那么临时工程具体包括哪些内容呢？实际上，它与我们通常所说的"临建"相似，但似乎包括的面更宽一些，我们可以认为它包括：施工营地的住房、办公室、施工便道、便桥、水利工程中的围堰、人工砂石料系统、混凝土拌和系统、加工车间、实验室以及安全和照明设施等。合同一般规定，在工程竣工后，临时工程必须全部拆除，但有时业主会要求承包商保留一些营房等临时工程，以便在工程运行中可以利用。此情况下，应在合同中说明（为什么？）。

1.1.5.8　工程（Works）

凡提到"工程"指的是永久工程和临时工程，也可根据情况指其中之一。

1.1.6　其他定义（Other Definitions）

此定义主要是一些不太好归纳，而又比较重要的术语。

1.1.6.1　承包商的文件（Contractor's Documents）

此定义包括计算书、计算机程序及其他软件、图纸、手册、模型以及其他技术性文件。其中"其他技术文件"可能包括一些试验报告等。请注意，根据本合同条件的规定，承包商的文件一般不构成合同的一部分，这类文件只是根据合同要求承包商向业主提交的文件。另外，请大家思考一下，这是一个"施工合同条件"，即根据合同的名称，承包商承担的是施工工作，为什么承包商的文件中还包括"图纸"呢？这里所说的"图纸"是合同文件的一部分吗？参见第4.1款[承包商的一般义务]。

1.1.6.2　工程所在国（Country）

此定义是指永久工程或工程的主要部分所位于的国家。有时候，对于某些"线性"工程，如管线项目、公路项目，有可能跨越国境线，所以此处定义考虑到了这类情况。那么，工程所在国是否就是项目投资人的国家呢？一般情况下是这样，但有时是不同的，如外资BOT或BOO项目。

1.1.6.3　业主的设备（Employer's Equipment）

此定义是指业主按照规范的规定向承包商提供的各类施工机具和车辆，供承包商在施工期间使用。在规范中，对业主所提供的这些施工设备应有具体规定，如设备类型、牌子、型号、燃料何方负责等。这类设备一般是收费的，但这应在规范或其他合同文件中详细说明，以免造成误解。反过来，如果在规范中根本没有提到这种情况，则意味着业主不向承包商提供任何施工机具。

1.1.6.4　不可抗力（Force Majeure）

可能考虑"不可抗力"这个定义比较复杂，难以在此用简明的语言定义，所以在此说明，这个术语在第19条[不可抗力]中定义，详见后面该条讲解。

1.1.6.5 法律（Laws）

此定义"法律"的外延涉及法律、法规、地方细则以及规章这几个由高到低各种层次的法律性质的文件。

1.1.6.6 履约保证（Performance Security）

此处没有定义具体的内容，只是说明履约保证是指的是第4.2款[履约保证]中的那个保证（或几个保证），也可以没有。从定义来看，可能有若干个保证，也可能不要求提供保证，视第4.2款[履约保证]的规定。但在近年来的实践中都是需要的，这从该款的规定中也可以看出。之所以这样措辞，可能考虑到偶尔个别项目业主不要求提供履约保函。具体参阅第4.2款［履约保证］中的解释。

1.1.6.7 现场（Site）

根据定义，"现场"可包括：

■ 永久工程和临时工程用地；

■ 生产设备和材料的存放地、仓库等；

■ 办公和生活营地；

■ 合同明文规定的其他作为现场的用地。

1.1.6.8 不可预见（Unforeseeable）

根据定义，"不可预见"指一个有经验的承包商在提交投标书之前不能合理预见。这就意味着，如果承包商要想证明某一件事是不可预见的，则他必须证明：

■ 他不可能在提交投标书前预见该事件，即在承包商编制投标书的过程中无法预见；

■ 他必须属于一个有经验的承包商，即：他所做的一切，包括中标前与中标后的一切行为，须被认为是一个有经验的承包商的行为（如：认真研究招标文件，提出质疑问题，按要求进行现场考查等），也就是说，承包商没有预见到该事件的发生，不是他主观上缺乏经验造成的；

■ 他没有预见到该事件是合理的。如何理解"合理"一词比较困难。这一条款常涉及发生的有关事件上，如自然条件、外部障碍、污染等。如果承包商恰当地领会了招标文件中的有关信息，进行了符合常规的现场调查，并且在投标书中没有能反映出所发生的事件，那么至少承包商有理由认为自己没有合理预见到这一情况。在此情况下，业主辩解的理由通常是，预见不到是由于承包商"缺乏经验"。如何理解这一概念，是一个很棘手的问题，需要根据具体问题去分析❶。

1.1.6.9　变更（Variation）

根据定义，"变更"指的是承包商在实施工程的过程中，对工程的任何变动。这种变动需根据业主（工程师）的指令；或者先由承包商提出变更建议，业主（工程师）批准后方可实施。请思考：变更导致承包商享有哪些权利和义务？业主呢？怎样实现这些权利和义务呢？详见第13条［变更和调整］中的规定。

由于本款的定义比较多，共58个，我们现在做一个简单总结。在本款中，定义的术语共分六大类，包括各种合同文件；项目参与各方；日期与竣工；款项与支付；工程和货物以及其他定义，基本覆盖了合同文件中使用的核心术语。通过阅读这一款，我们对FIDIC合同条件中所用的术语有了基本的了解。大家应注意的是，这些术语在国际工程实践中并非都具有在此被赋予的含义，有些国际工程合同也不一定采用FIDIC合同条件所使用的术语。尽管如此，FIDIC仍然给出一套比较科学，且在国际工程中比较通用的术语，并给出了这样一个理念，即对于合同文件中的核心概念，无论使用什么措辞，都应先在合同中将其定义明确，避免用词和含义的混乱。对于工程合同，尤其国际工程合同更是如此。

在原文中，每一类的定义中的术语按英文字母排列，这样便于读者查找，翻译成汉语后则显得有点凌乱。似乎在本款中还需增加一些定义才更完整。例如：在定义中有"报表"和"最终报表"的定义，却没有"期中/每月报表"、"竣工报表"等相关术语的定义。有些定义尚需要进一步推敲，如：Tender, Appendix to Tender的定义等。

以上是1999版定义的术语，下面我们对2017版增加和修订的32个新定义逐一进行解析❷。

2017版对第1.1款［定义］修订的主要内容如下：

1.1.2　预付款证书（Advance Payment Certificate）

凡本合同条件中提到这一术语，其含义就是第14.2.2款[预付款证书]中所赋予的含义。

---

❶ 请参阅：
　1. "国际工程索赔权论证中如何处理开脱性条款的原则与实践"一文，天津大学学报（社会科学版）1999年第3期，作者：张水波，何伯森。
　2. Andrew Civitello, Jr："Complete Contracting"，McGraw-Hill, 1996.
❷ 下面各个定义的编号为2017版对各个术语定义的编号。

1.1.3 预付款保函（Advance Payment Guarantee）

凡本合同条件中提到这一术语，其含义就是第14.2.1款[预付款保函]中所赋予的含义。

1.1.6 索赔（Claim）

此定义指的是合同一方根据合同向另一方主动提出的权利或救济主张，但这种主张必须有合同依据和与工程实施相关。既包括承包商向业主提出的索赔，也包括业主向承包商提出的索赔。FIDIC在2017版中单独将"索赔"编制成一个条款，规定了更加严格详细的索赔程序，详见2017版第20条[业主的索赔与承包商的索赔]。

1.1.7 开工日期（Commencement Date）

此定义指的是工程师根据第8.1款[工程开工]所签发的开工通知中所载明的那个日期。

1.1.8 符合性验证体系（Compliance Verification System）

此定义指的是承包商根据第4.9款［质量管理与符合性验证体系］中"符合性验证体系"负责编制和执行的那套符合性验证体系。这套体系实际上是业主加强质量管控的工具，不仅用于建筑业，也应用于其他行业。

1.1.9 合同条件（Conditions of Contract or these Conditions）

此定义不言而喻，即指的是通用合同条件和专用合同条件，有时简称为"本条件"。专用条件是业主根据具体情况，对FIDIC出版的通用条件的补充、修改和具体化，并构成合同条件的一部分，且优先于通用条件。

1.1.12 合同数据（Contract Data）

此定义指的是组成专用条件A部分的那些内容，这实际上是1999版中的"投标函附录"中的内容，主要是将合同条件中所提到的具体数据以列表的形式给出，在2017版中改名为"合同数据"，并放到专用合同条件中，作为其的A部分。

1.1.20 费用加利润（Cost plus Profit）

此定义的引入主要是用于承包商根据合同有权索赔费用和利润的情况，利润作为费用的一个百分数，在合同数据中规定，若合同数据没有规定，则默认为费用的5%。

这个新术语的引入大大便利了索赔费用的计算。

1.1.22 争议避免与裁决委员会（DAAB）

此定义与1999版的争议裁决委员会（DAB）的定义类似，只不过在裁决之前增加了一个"和解或调解"环节，从而避免了争议的升级，是FIDIC根据国际实践引入的一个解决争议新机制。详见2017版第21条[争议与仲裁]。

1.1.23 争议避免与裁决委员会协议（DAAB Agreement）

此定义指的是合同双方与争议避免与裁决委员会成员签订的争议解决服务协议，FIDIC在通用合同条件的附录中给出了协议的格式。

1.1.24 竣工日期（Date of Completion）

此定义为三种情况：

一是，若工程师按时颁发了接收证书，则接收证书中书明的日期即为竣工日期；二是，若承包商提出了接收申请，但工程师在收到通知后28日内，既没有颁发接收证书，也没有给出拒收通知，且实际情况满足竣工接收条件，则认定竣工日期为工程师收到承包商申请后的第14天，这一规定同样适用于区段竣工；三是，若业主私自使用了某一部分工程，且工程师没有颁发该部分的竣工证书，则该部分的竣工日期则为业主实际开始使用该部分工程的日期。

详见第10.1款[接收工程或区段]、第10.2款[接收部分工程]的规定。

1.1.26 计日工表（Daywork Schedule）

此定义是一种劳工、材料、施工设备价格表，在此表中列出相关价格与支付方式，用于第13.5款[计日工]中规定的计日工的计价。属于"数据"❶的一种。

1.1.29 争议（Dispute）

根据此定义，满足下列条件，争议产生：

（1）一方向另一方提出了索赔；

（2）另一方或工程师全部或部分拒绝了该索赔；

（3）索赔方并没有沉默，而是向对方发出不满意通知。

在某些合理的情况，若另一方或工程师收到对方索赔后，没有答复，则可能被视为对索赔的拒绝。至于是否属于合理情况，则由DAAB或仲裁员来裁定。

此定义清晰界定了什么条件下双方之间就产生了"争议"，从而可以启动争议程序解决。

1.1.34 业主提供的材料（Employer's Supplied Materials）

此定义指的是业主按照第2.6款[业主提供材料与业主的设备]向承包商提供的材料。在实践中统称为"甲供物资"。

---

❶ 参见1999版中1.1.1.7或2017版1.1.71关于"数据表"的定义。

1.1.36　工程师代表（Engineer's Representative）

此定义指的是工程师根据3.3款[工程师的指令]可能任命的人员，该人员应为自然人。

1.1.37　特别事件（Exceptional Event）

此定义指的是第18.1款[特别事件]所定义的特别事件或情形。

在2017版中，这一术语取代了1999版中"不可抗力"这一概念，不可抗力在2017版中不再使用。

1.1.38　延期（Extension of Time，EOT）

此定义指根据第8.5款[当局引起的延误]对原工期进行的延长，这样，承包商就可以免遭赔偿业主拖期赔偿费。

1.1.43　通用条件（General Conditions）

此定义指的是FIDIC出版的这份题名为"通用合同条件"的合同文本，用于房屋建筑、土木、机电等各类工程项目施工。

1.1.46　联营体（Joint Venture）

此定义指的是两个或以上的人员以合伙或其他形式组成的各种形式的联合体，包括联营体、合作团、联合财团、非法人合作组等（Joint venture，association，consortium，unincorporated grouping）。

1.1.47　联营体保证书（Joint Venture Undertaking）

这是联营体作为投标书的一部分向业主提交的一个法律保证函，由联营体各方签署给业主，内容包括：

（1）就合同的履约，联营体每一方承诺彼此向业主负有连带责任；

（2）联营体的牵头方以及得到的授权；

（3）联营体成员之间的工作分工。

1.1.48　关键人员（Key Personnel）

此定义指的是在规范中列明的关键职位人员，承包商的代表除外。

1.1.54　月（month）

此定义指的是阳历月。这一定义的英文术语在合同条件中习惯上不大写。年（year），日（day）也如此。

1.1.55　不反对（No-objection）

承包商按照合同规定，向工程师提交承包商的文件或其他文件，工程师没有提出反对意见，本定义即指工程师此类行为。

1.1.56 通知（Notice）

此定义指的是根据第1.3款[通信联络]发出的作为通知的书面通信。

1.1.57 不满意通知（Notice of Dissatisfaction，NOD）

此定义指的一方若对工程师的决定或DAAB的裁定不满意时所发出的通知。详见第3.7款[商定与决定]和第21.4款[获得DAAB的决定]。

1.1.58 部分（Part）

此定义指的是被业主使用且被认为接收的工程或区段的那一部分。具体参看第10.2款[部分工程的接收]。

1.1.59 专用条件（Particular Conditions）

此定义指的是构成合同一部分的那一专用合同条件，该专用合同条件包括两部分：A部分为合同数据；B部分为特别条款。

1.1.66 正式进度计划（Programme）

此定义指承包商根据第8.3款[进度计划]向工程师提交的详细的时间进度计划，并且工程师没有给出不满意通知，即：工程师认可的正式进度计划。

1.1.68 质量管理体系（QM System）

此定义指的是第4.9款[质量管理与符合性验证体系]规定的承包商的质量管理体系，根据具体情况可能不定期更新或修改。

1.1.70 审查（Review）

指的是工程师对承包商按照合同提交的文件所进行的仔细审阅，以便确认这些文件是否符合合同和承包商的合同义务。

1.1.72 支付计划表（Schedule of Payments）

为数据表的一种，是列出付款金额与方式的计划表。这实际上是业主对承包商工程款的整体计划，若合同中包括此计划表，则整个合同的付款就按此计划表执行，不再采用其他规定的支付方式。详见第14.4款[支付计划表]。

1.1.75 特别条款（Special Provisions）

指的是专用条件中B部分的特别条款。

上面为2017版增加或修订的32个术语的定义，这些定义，使得在后面条款的规定的含义更加完整、清晰。反映了FIDIC在2017版中所追求的"更细致（Greater detail）"和"更清晰（Greater clarity）"，但个别术语的增加似乎又有点繁琐。

1.2　解释（Interpretation）

工程合同条款的编制涉及一些词语的用法，这些用法的含义有时并不太清晰，因此，需要做出规定，来统一其含义。另外，合同条款都有一个标题，那么，这类标题的作用是什么？是否构成合同内容的一部分？

1999版本款规定如下：

- 阳性代词也可以包括阴性代词；
- 单复数名词可以互相包括对方的含义；
- 关于"同意（商定，达成一致意见，协议）的规定，都要进行书面记录"；
- 书面或书写指手写、打印、印刷、电子制作，并形成永久记录；
- 标题和旁注不构成解释合同的一部分内容。

2017版对本款修订的主要内容如下：

- "可以（may）"表示一方在行为时可以有选择权；
- "应（shall）"表示一方有义务去履行合同中的职责；
- "赞成（consent）"表示业主、承包商或工程师对另一方请求的事宜的同意或许可；
- "包含（including, include）"指的是不仅限于所列出的事项；
- 当提到"当事人（person）"或"各方（Party/Parties）"时，不仅指自然人，还可以指法人；
- "实施工程（execute the works）"指的是工程施工、安装、修复缺陷，也有可能按照合同规定包含部分设计深化工作；
- 在本合同条件行文时，若列举事项倒数第二行后面跟的是"以及"，"或者"，"以及/或者"（and, or, and/or）这三个词语之一，则认为其上面各行后面跟的是同样的词。

这一款实际上是对整个合同条件行文措辞方面的一个注解，目的主要是说明，在编写这些条款时，虽然出于行文方便、习惯、语法等，使用名词的单数、阳性代词、动词等，他们同样包括其相对应的情况，如阳性代词也可以包括阴性代词；单复数名词可以互相包括对方的含义；对某些动词的要求也适用于同义的名词等。但本款同时又说明，如果从上下文的来看，单复数含义不相同，那么，对于这些词应根据实际情况来理解，不受本款中的原则的限制。（如果您对英文感兴趣，那么请想一想，在英文中，哪些合同中常用的词其单复数具有不同的含义呢？请核实这几组词：damage/

damages；liability/liabilities；hostility/hostilities）。

本款对两个措辞做出了专门的规定：（1）如果某条文中包含"同意"（动词，agree），"同意的（达成一致意见的）（agreed）"，"协议/同意"（名词，agreement）这类措辞时，要求应将所达成协议的事项作书面记录；（2）如果提到"书写的"（written），或"以书面形式（in writing）"的措辞，应包括"手写的（handwritten）"，"打印的（typewritten）"，"印刷的（printed）"，"电子技术制作的（electronically made）"，但它们应能形成永久记录（permanent record），否则，仍不能按书面或书面形式对待。

1999版本款最后规定，在解释合同时，不应考虑合同文件中的旁注文字和标题。

在1999版的基础上，2017版又对七种情况的行文方式进行了含义的界定，这些英文词语的界定与惯例做法一致。这样，与以前仅仅靠语言语法来理解其含义相比，行文的相关含义更加清晰。

1.3 通信联络（Communications）

怎样才能保证合同双方在项目实施过程中交流畅通，避免信息互换中的混乱呢？本款为此订立了如下一些规则。

1999版本款的内容如下：

■ 给予许可和批准、签发通知和证书、做出决定、提出要求等一律采用书面；

■ 上述内容可以派员送达、邮寄或特快专递，也可按双方商定的电子发送系统。派员送达时要有签收，电子发送系统在投标函附录中有注明；

■ 通信联络的一般地址在投标函附录中注明；

■ 如果收件方通知了对方另外一个地址，此后再通信时应用被通知的新地址；

■ 如果一方要求对方给予批准或同意时，在其信函中没有特别说明，那么，收到的函件从哪里发出的，复函就发往哪里；

■ 批准、证书、许可、决定，不得无故拖延签发或扣发；

■ 若将证书签发给一方，签发者同时应抄送给另一方；

■ 业主、工程师、承包商之间其他函件也应相互抄送给另一方。

2017版对本款修改和补充的主要内容如下：

■ 业主、工程师、承包商之间沟通时，函件既可以采用纸质原件，也可以采用在合同数据中指定的各方专用电子传输系统生成的电子件原件；或按合同条件的规定同时用两种方式提供；

- 所有来往函件须由承包商的代表、工程师或业主的授权代表恰当签字；
- 函件应按合同条件规定将涉及的内容标明类型，如通知等；
- 纸质函件在规定的地址收到后或被认为收到后生效，电子函件在当天发送后生效，除非发送方收到对方没有收到的通知。

本款规定，批准与许可、决定与证书，都不得无故扣发或拖延。这一"笼统的软规定"❶十分重要，因为在国际工程实践中，一方，尤其是工程师和业主往往拖延签发相关函件，导致工作效率降低。

1999版本款规定，签发人在签发给一方证书时，应同时抄送另一方；当业主、承包商以及工程师三者中的两者之间发通知时，应同时抄送另一位。"签发人（certifier）"指的是谁呢？从上下文看来，应主要指的是工程师或其授权人，实际上，在此出现这个词似乎比较唐突，如果直接写明"工程师或其授权人"，则显得更易读些。2017版对此进行了修订，措辞改为"一方或工程师"，没有再出现"签发人"这一术语。

大家想一想，本合同条件中有哪些"证书"呢？想不起来了？就请查一查我们刚刚读过的定义吧。

2017版本款补充规定，更加明确了双方可以用签名的电子邮件发送函件，但必须是用专用系统。

本款还包含了一个关于索赔权的隐含规定，您发现了吗？那么，现在问您一个问题，假如您是承包商，如果工程师一拖再拖，不给您所要的批准或同意，也不给予决定或证书，您碰到这种情况时应当怎么做呢？如果您是工程师，您知道这么做可能造成的后果吗？这可能就是本款规定的"批准、证书、许可与决定不得无故扣发或延误"的目的。如果出现了延误或扣发，承包商则可以利用这一规定保护自己。但此时，要鉴定是否是"无故扣发或延误"不太容易，工程师和承包商可能对此有不同的看法。可以说，承包商利用隐含规定来进行索赔相对比较困难，但可以借助适用的合同法的相关规定来进行索赔，如我国的合同法就规定了，因发包人（即业主，包括工程师）的原因耽误工程的实施，应赔偿承包人（即承包商）的损失❷。

---

❶ 这里是一个笼统性的一般规定，对于特别重要的事项，合同往往给出刚性的时间要求，如14天、28天等，大家可以从后面的合同条件中就会发现这一现象。
❷ 请参见《中华人民共和国合同法》第16章"建设工程合同第二百八十四条"。

1.4 法律与语言（Law and Language）

工程合同需要用书面来表达，其实施过程中的各项活动都有适用的法律所管辖，本款对此是怎样的规定呢？

1999版本款的内容如下：

- 合同适用法律为投标函附录中规定的国家或其他司法管辖区的法律；

- 若合同版本采用一种语言以上，主导语言在投标函附录中规定；

- 通信沟通的语言应按投标函附录中规定，否则，编写合同的语言为通信交流的语言。

2017版对本款修订的主要内容如下：

- 本款2017版与1999版基本保持不变，只是由于2017版使用的术语的变化，将"投标函附录"修改为"合同数据"。

本款规定合同的适用（管辖）法律（Governing law）在投标函附录中规定。合同适用的法律指的是用来管辖合同履行、解释和处理合同争议所使用的法律❶。应用不同国家和司法管辖区的法律可能带来不同的后果。在国际工程中，参与各方往往来自不止一个国家，选择哪一国家或地区的法律作为合同适用的法律则很重要。一般说来，合同的适用法律为工程所在国的法律，但也不尽然。因为有的工程项目东道国的法律并不开放，国际承包商可能不太熟悉，若选择东道国的法律，可能为承包商带来潜在的法律风险。因此，合同双方经过谈判，也可以选择第三国的法律，如英国法（the law of England and Wales），从国际实践来看，大部分国家都允许合同双方选择第三国的法律。

除了法律之外，本款还提到了"其他司法管辖区"，这是因为有些国家是联邦制，此情况下，合同适用的法律可能是某一州的法律。

本款规定，如果合同或其中的某些部分用一种以上的语言书写，投标函附录中应规定哪一种语言是"主导语言"，在各语言版本出现不一致时，以主导语言的版本为准。同时在投标函附录中也要说明日常交流使用的语言，如果没有此规定，则认

---

❶ 在表述中，"合同适用的法律"有广义和狭义之分，此处采用狭义的含义，即：这一法律是用来解释合同含义与处理争议的法律。在后面的第1.13款[遵守法律]也谈到承包商实施工程所遵守的相关法律，如规划、税收、环保、进出口等相关法律。关于国际工程法律，详见张水波、陈勇强主编，《国际工程合同管理》（第二章第一节），中国建筑工业出版社，2011。

为书写合同的语言为交流语言。一个合同有两种版本的现象在双语国家（bilingual country）比较常见，如中东国家，它们以阿拉伯语为官方语言，但又通用英语。在合同中常将阿拉伯语定为"主导语言（ruling language）"，英语作为日常交流的语言。

顺便在此提一下，立志从事国际工程合同管理工作的人士一定要掌握一门外语（最好为英语），因为合同管理的内容很多都离不开对文字的深刻理解。

1.5 文件的优先次序（Priority of Documents）

国际工程合同恐怕是所有商务合同中最复杂的合同，一般由若干卷构成（您还记得本书中的合同有哪些文件构成吗？）。即使用再多的抽象的文字描述一个"未来的特殊产品"，即待实施的工程，也不可能达到准确无误。由于合同文件形成的时间长，参与编制者人数多，客观上不可避免地在合同各文件之间可能出现一些不一致，甚至矛盾的地方，那么，合同双方遇到这种情况怎么办呢？本款就是力图解决这方面的问题。

1999版本款的内容如下：

- 组成合同的各个文件之间是相互可以解释（explanatory）的；
- 在解释合同时，合同文件的优先次序如下：

（1）合同协议书；

（2）中标函；

（3）投标函；

（4）专用合同条件；

（5）通用合同条件；

（6）规范；

（7）图纸；

（8）数据表以及组成合同的其他文件。

- 若在文件之间出现模糊不清或发现不一致的情况，工程师应给予必要的澄清或签发有关指令。

2017版对本款修订的主要内容如下：

- 专用条件的优先权又分两个部分：A部分的合同数据以及B部分的特别条款，A部分优先于B部分；

■ 在优先顺序的倒数第二项增加了"联营体保证书",适用于联营体的情况。

请注意,规范和图纸同作为工程的技术文件,但本款明确规定规范优先于图纸。即使在合同中没有规定合同文件的优先次序,若规范与图纸出现矛盾时,法院的判决也往往是规范具有优先权❶。本款的规定与有关判例是一致的。

请您思考这样一个问题:如果出现文件模糊不清或不一致的情况,工程师给予解释或指令,而承包商认为,按这种解释或指令执行工作招致承包商额外开支或延误正常工期,在这种情况下,承包商是否有权索赔呢?这里的规定比较模糊,未对此情况做出具体规定。事实上,这一问题比较复杂,需要根据具体情况,以及合同中的其他规定一起来理解。遇到这种情况,承包商首先考虑的是:其在投标时是怎样理解的?是否是一个有经验的承包商所做出的合理理解?工程师的澄清或指令与工程范围之间的关系?数据表(工程量表)中的工程量是怎么规定的?相关图纸的情况?工程师的澄清或指令是否符合优先次序?如果承包商有理由证明这超过了合同的工作范围,则可以要求按变更对待,按照第13条[变更与调整]的规定来处理,但由于承包商与业主看待问题的角度不同,对同一问题的解释往往有很大差异,从而会产生争执。在此情况下,如果承包商认为自己一方有比较充分的理由,他可以按合同条件中的争议解决程序来解决该争执。本款所列出的文件优先顺序反映了一个特点,即:越晚形成的文件,优先权越高❷。

1.6 合同协议书(Contract Agreement)

前面定义中提到了"合同协议书",那么,合同协议书是个什么性质的文件呢?本款是怎么规定的呢?

1999版本款的内容如下:

■ 在承包商收到中标函之后的28天内,合同双方要签订合同协议书,除非双方另有约定;

■ 协议书格式按专用条件中所附的格式,签订合同的印花税和类似费用由业主负担。

---

❶ 详见Harold J. Rosen(1999):Construction Specifications Writing:Principles and Procedures, Fourth Edition, p6, John Wiley & Sons, Inc.

❷ 这是指红皮书的情况,在银皮书和黄皮书中,一般是业主编制的合同文件优先于承包商编制的合同文件。

2017版对本款修订的主要内容如下：

- 双方签订合同协议书在承包商收到中标函后的35天内，除非双方有另外约定；
- 如果承包商为联营体，联营体各方的授权代表都需要在合同协议书上签字。

从合同协议书的内容上看，它主要规定三个方面的内容：（1）整个合同协议书中包含的全部文件中的术语具有合同条件中所定义的含义；（2）构成整个工程合同的全部文件的清单；（3）说明合同的约因，即承包商保证按合同实施工程，业主按合同约定，支付承包商工程款。这一文件实际上是对整个合同全部文件的一个汇总，以及表达当事人履行合同义务的承诺。

国际工程合同的成立是否必须以签订合同协议书为前提条件呢？不一定，这主要取决于适用合同的法律以及合同的模式。一般来说，合同的订立有要约承诺（Offer and acceptance）方式以及采用合同书方式，在第一种情况下，承诺生效时合同成立；在后一种情况下，双方当事人签字和/或盖章时合同成立。就工程合同而言，对于竞争性公开招标的工程，习惯上采用业主颁发招标文件（要约邀请），承包商据此投标（要约），业主颁发中标函（承诺）选定承包商；在业主签发中标函后，合同即告成立。那么，为什么还要签订协议书呢？这大概因为工程合同的文件比较庞杂，合同协议书在此起到一个"归纳总结"作用。但某些工程合同，特别是议标项目，如BOT项目中的工程建设一揽子项目，则时常没有中标函，有时即使有，也带有附加条件，不构成承诺。对于此类项目，业主在评标过程中，需要与承包商进行长时间的澄清和谈判，往往最终以签订合同协议书的形式使合同成立，FIDIC银皮书的合同模式即属于这一类型。关于这一问题，请参阅后面对银皮书中相关内容的解释。

2017版本款延长了双方签订协议的时间，从原来的28天延长到35天，这大概是因为当今国际上的项目涉及参与方越来越多，特别是一个项目融资来源对签约有很多前置条件，完成各项程序需要更多的时间。2017版还明确了在联营体的情况下的签约方式，即：联营体各方都必须在合同协议书上签字。在国际实践中，也有的项目由牵头方根据联营体协议或单独授权，代表联营体全部成员在合同协议书上签字。但FIDIC的规定显然是一种谨慎的做法。

1.7 转让（Assignment）

在合同签订之后，若一方希望转让合同，另一方是否必须同意？

1999版本款的内容如下：

■ 只有在另一方事先同意的情况下，一方才能根据同意的内容进行相应的转让，另一方同意与否，完全取决于他自身的意愿，该方不得以任何借口要求他同意转让；

■ 但一方（主要指承包商）可以将自己享有合同款的权利作为向银行提供的担保，将其转让给银行。如果承包商这样做，则无须业主的事先同意。

2017版对本款没有做出修订。

结合本款，我们简单介绍一下转让的法律含义。合同的转让指的是在不改变合同关系的前提下，合同关系的一方当事人依法将其合同的权利和义务全部或部分地转让给第三人的法律行为。按转让的内容可分为：合同权利的转让；合同义务的转移；合同的概括转让，即权利和义务一并转让。我们再看一下本款中的措辞。英文中对应我们汉语中的法律术语"转让"的词有两个，一个是本款原文中的assignment，另一个是novation。前者通常指合同中权利的转让，后者指将合同中的义务和责任转让给另一方❶，但从本款的规定来看，这里的assignment似乎也包含了novation的含义，因此可以认为本款中规定的转让根据实际情况也可以理解为概括转让。

那么，本款为什么又特别规定，允许一方不必经过另一方同意可以将合同款方面的权利以担保的形式向银行转让呢？我们知道，承包商要开始一项工程，特别是大型工程，前期需要很大的开支，业主的预付款（advance payment）往往不足以弥补前期开支，承包商需要对差额自行融资，他一般是从银行贷款。对于贷款，银行往往要求借款方提供还款担保。对于工程公司而言，一般银行接受用承包商以今后获得的工程款作为借款担保的条件，有时还要求承包商在该银行开立账户，指定汇入工程款。本款的规定的目的，实际上是为承包商前期实施融资提供的一个便利条件。

请思考：本款中规定，"另一方是否同意转让，完全取决于他自身的意愿，该方不得以任何借口要求他同意转让"。此规定有何意义？没有这一规定可能导致什么问题？结合第1.3款[通信联络]来思考这一问题。

1.8 文件的照管与提供（Care and Supply of Documents）

一个工程项目涉及大量合同文件和项目实施文件，包括承包商的文件，如何管理这些文件呢？

---

❶ 参见李宗锷、潘慧仪主编，《英汉法律大词典》，法律出版社，1999。

1999版本款的内容如下：

- 规范和图纸由业主方保管；

- 业主向承包商提供两套合同文件，包括随后签发的图纸。如果承包商需要超出两套，他可自行复印，也可向业主购买；

- 承包商的文件由其自己保管，承包商应提供六套给业主方；

- 承包商应将整套合同文件、规范中提到的各类标准出版物、承包商的文件、变更文件以及其他来往函件等在现场保留一套，业主方人员在合理时间可以随时查阅；

- 如果一方发现某文件中有技术方面的缺陷或错误，应立即通知对方。

2017版对本款修订的主要内容如下：

- 承包商应向业主提供一套纸质版和一套电子版的承包商的文件；

- 不管是技术方面的缺陷和错误，还是管理等其他方面的，一方发现后都应该通知另一方。

这里我们先讨论一下关于上面1999版规定最后一点"相互通知错误或缺陷"的规定。这一规定的目的，大概是通过增加合同一方向对方"通知其发现的有关技术错误"的这一义务，尽可能避免施工中发生技术方面的问题。 这里可能使人们产生这样的疑问：如果一方的技术文件出了问题，导致部分工程不合格，那么该方是否可以借口对方没有通知他而推托其责任呢？一般不会。请注意，这里的措辞是"如果发现有技术方面的错误或缺陷"，他才有义务通知，而不是有义务审查对方文件是否有错误。在实践中，要证明对方发现了问题而没有通知己方则是十分困难的。可以认为，这是一项"软"义务，与其认为它规定的是一项义务，还不如认为它是为了达到"有效管理"目的而规定的一个操作程序，提倡的是一种伙伴关系和团队精神。合同的任何一方，尤其承包商一方，企图利用对方的失误来获益的话，则是一种幼稚的行为，到头来会得不偿失。如果合同双方都本着合作的精神来实施工程，则会更有可能成为赢家。请大家进一步思考：如果业主方的图纸错误，导致返工，承包商有权索赔吗？如果有，在索赔过程中应注意哪些问题？（错误是否是常识性的？一个有经验的承包商会发现吗？这种情况下能按变更处理这一问题吗？）

2017版本款增加了承包商提交电子版的义务，但同时减少了纸质版的份数。

1.9 延误的图纸或指令（Delayed Drawings or Instructions）

在工程实施过程中，技术文件以及指令是否及时签发对承包商的工作会产生很大影响。本款的目的就是解决这一问题。

1999版本款的内容如下：

■ 如果承包商认为在合理的时间内不签发必要的图纸或指令就会影响工程进展，则他应通知工程师；

■ 承包商应在该通知中讲清楚需要哪些图纸和指令，需要的详细原因，最晚必须什么时间签发，如果签发晚了会造成什么样的后果；

■ 如果承包商发出了符合规定的通知，而工程师仍没有签发需要的图纸和指令，他应向工程师再发出通知，同时可以按照第20.1款[承包商的索赔]规定的程序向工程师提出索赔工期和/或费用，并加上合理的利润；

■ 工程师收到索赔通知后按第3.5款[决定]来处理；

■ 如果工程师不签发图纸和指令是由于承包商的原因造成的，则承包商不享有索赔权。

2017版对本款没有做实质性修订。

从这一款的规定来看，承包商应至少注意两点：（1）自己应主动、及时地向工程师发出有关通知，不能消极等待，通知中应详细说清楚需要的有关内容以及理由，最好以工程师批准的正式进度计划和安排、现场工程师的人员的要求等作为依据；（2）自己的工作应符合合同要求，不能给工程师留下把柄，否则，工程师就有理由或借口拒绝索赔。读者可同时参阅后面的第3.3款[工程师的指示] 和第8.4款 [竣工时间的延长] 来理解和体会本款的规定。

1.10　业主使用承包商的文件（Employer's Use of Contractor's Documents）

由于在施工期间，承包商要编制大量施工文件。本款规定了业主使用这些文件的权利。

1999版本款的内容如下：

■ 承包商的文件的版权归承包商；

■ 承包商给予业主使用、复制、对外交流以及修改此类文件的免费许可证；

■ 许可证有不可终止性、转让性以及不排他性；

■ 许可证使用的时间范围为相应工程部分的使用或预计寿命，以较长者为准；

■ 许可证可使合法拥有该工程相关部分的人有权为完成、运行、维护、修复、拆除该部分而复制、使用或披露给他人；

■ 如果承包商的文件是计算机程序或软件，该许可证允许在现场或合同中涉及的其他地点的计算机上使用；

■ 如果用于本款规定以外的目的，则业主在使用、复制、披露承包商的文件之前需要经承包商的许可。

2017版对本款修订的主要内容如下：

■ 若发生合同终止情况，为了持续完成工程之目的，承包商应继续允许业主使用承包商的文件等；

■ 若终止是由于承包商违约造成的，业主可免费使用。若是由于业主自便终止或违约终止合同，则此类使用应当支付承包商费用。

本款规定的核心即为：承包商签订了此合同，即意味给予了业主使用承包商的文件的许可证。业主有权为合同之目的而在工程寿命期间使用承包商的文件，包括对外披露。本款的规定体现了国际工程合同中对版权的重视。

2017版对本款有一项补充规定，即：在合同终止后，业主是否有权继续使用承包商的文件的情况。

1.11　承包商使用业主的文件（Contractor's Use of Employer's Documents）

本款的规定与上一款类似，是规定承包商使用业主的文件的权利和条件的。

1999版本款的内容如下：

■ 业主对其规范、图纸以及其他文件保留版权；

■ 承包商为了实施合同可以自费索取、复制、使用这些文件；

■ 如果用于合同目的之外，则必须经过业主许可。

本款的规定，既保障了承包商为实施工程而获得业主有关文件的权利，也保障了业主对其文件享有的版权。

2017版对本款没有修订。

1.12　保密事项（Confidential Details）

有些承包商在投标时，对自己的某些施工工艺等专有技术列为保密内容，以便保护自己的利益。那么，工程师为了检查工作能要求承包商披露这些保密内容吗？

1999版本款的内容如下：

■ 即使承包商认为需要保密的内容，为了检查承包商的工作是否符合合同的要求，工程师可以合理要求承包商向工程师披露这些保密内容。

2017版对本款的主要修订内容如下：

■ 承包商应将所有合同文件作为机密文件，除了履行其合同义务外，概不能对外披露；

■ 不经过业主事先同意，不得在任何论文中出版或允许他人出版合同内容；

■ 业主应将承包商提供他的且标明机密的所有信息保密，除承包商违约终止合同情况之外，业主不得将承包商的机密信息传递给第三方；

■ 双方的保密义务不适用于情形：（1）在另一方收到前，一方已经占有该信息，且没有保密义务；（2）公众已经知晓，且不是通过一方违约方式；（3）从第三方合法获得，且不受保密义务限制。

本款是对双方彼此互有保密义务的规定。1999版只规定了承包商不得以保密为借口拒绝向工程师披露需要核实相关工程信息。那么，哪些内容通常被承包商认为是自己的保密内容呢？就工程建设领域而言，某些建筑公司经过多年的经验积累，掌握了某些独特的施工技术，提高了施工效率，为了保证其在建筑市场的竞争力，这些公司将此类专门施工技术常常视为保密内容，不对外公开。此类技术通常被称为"技术诀窍（know-how）"，它不同于专利（patent），不受法律保护，一旦公开，其他单位也可以自由使用。

那么，我们怎么看待红皮书中这一规定呢？首先，这一规定保证了工程师审查承包商施工工艺的权力，但承包商一方可能不欢迎这一规定，因为这会使他们的专有技术披露出去。但为了保护承包商的利益，避免工程师出现过分的要求，本款对工程师的要求进行了一定的限制：一是工程师必须是为了核实承包商的工作是否符合合同的目的才能提出要求；二是这种要求必须是合理的。作为工程师，也应从职业道德角度为承包商保密。

有趣的是，在黄皮书中的相应条款有同样的规定，而在银皮书中则规定，若承包商在其投标书中将某不符文件列为机密内容，则在履约过程中，业主无权要求承包商予以披露。但对于在投标书中没有列为机密的内容，则与红皮书一样，业主有权要求披露。

2017版本款补充规定了多项内容，不但要求承包商应当对合同等相关文件有保密义务，而且还规定了业主对承包商提供的信息的保密义务，同时又给出了双方无保密义务的情形。比第一版规定的内容更完整，义务更对等。

1.13 遵守法律（Compliance with Laws）

一项建设项目要涉及很多法律问题，如区域规划、施工许可、税收、环保、货物进出口等。本款针对这些问题做出了相应的规定。

1999版本款的内容如下：

■ 承包商在履行合同的过程中应遵守适用的法律；

■ 业主应为工程建设获得诸如项目计划、规划以及规范中提到的等许可；如果出现这方面的问题，承包商概不负责；

■ 在工程实施的过程中，承包商应按法律的要求去签发通知，支付各类税费，获得各类施工许可、批准等；如果出现这方面的问题，业主不负责任；

■ 专用条件另有规定者除外。

2017版对本款的主要修订内容如下：

■ 业主在其履约过程中也应遵守一切适用的法律；

■ 除非是承包商原因引起的，否则，业主应保障承包商因业主没有履行上述相关法律义务而招致的后果；

■ 承包商应在规范规定时间内，为业主申请相关许可、批准等提供必要的支撑文件；

■ 除非是业主不协助的原因引起的，否则，承包商应保障业主因承包商没有履行上述相关法律义务而招致的后果；

■ 承包商必须遵守业主所获取的各类许可和批准的相关规定；

■ 若因业主不能及时申请上述各类许可，且承包商完成了配合业主工作的义务，则承包商有权向业主索赔由此招致的工期延误和额外费用；

■ 同样，若因承包商协助不到位而导致业主发生了额外费用，则同样业主有权向承包商索赔；

■ 若在规范中另有规定，则按规范规定处理。

本款规定了双方在履约时应遵守的法律对其履行行为的规制。在1999版的基础上，2017版明确规定了彼此相互协助的义务，且若双方没有按规定遵守法律给对方带来了损失，受害一方可以向另一方按合同规定的索赔程序进行索赔。

在此特别强调一下，业主和承包商必须从合同文件和相应法规中查清楚哪些许可是自己一方应负责办理的，以及办理这些许可的程序。合同通常规定，承包商在具体办理过程中，可向业主方进行咨询或要求提供协助，参阅第2.2款[许可证，执照或批准]。

1.14 共同的及各自的责任（Joint and Several Liability）

在国际工程中，尤其是大型的工程项目，常常由两方，甚至多方组成联合体进行工程承包，那么，业主对他们有什么要求，他们又怎么向业主承担责任呢？本款就是针对这种情况规定的。

1999版本款的内容如下：

■ 承包商可以是依法由两个或多个当事人组成的联营体、联合集团或其他非公司性质的团体；

■ 各成员对业主就履行合同的义务负有连带责任，即：若其中某成员不或无法承担责任，业主可以要求另一成员承担；

■ 各成员应选定牵头方（也称"主导公司"），通知业主，牵头方有权做出决定，并对承包商和其他成员有约束力；

■ 没有业主方的事先许可，承包商不能改变其组成或法律地位。

2017版对本款的主要修订内容如下：

■ 没有业主方的事先许可，联营体成员组成、工作范围分工及其法律地位不得改变；

■ 即使业主批准了联营体的上述变化，也不解除联营体彼此负有的连带责任。

对于一个工程承包公司来说，与其他公司组成联营体来投标和承揽工程，有利有弊。好处就是各成员优势互补，分工合作，能够增强竞争力，容易中标；不利的就是联营体成员之间可能会出现矛盾，增加了工程管理工程的复杂程度，如果处理不好，会事与愿违，反而使工程不能顺利进行。因此，承包商在选择合作伙伴时，一定要对其综合考虑，尤其是实力和信誉。

本款提到"联营体（joint venture）"，"联合体（consortium）"，"团体（grouping）"三个术语。在实践中，用得最多的是第一个。对于此类联合，通常可分为法人型的和非法人型两大类。Consortium和grouping一般不具备法人性质，joint venture可以是法人型的，也可以是合作型的。这里FIDIC只是给出这几个常用术语，其具体含义应由合同适用法律来确定❶。

2017版本款明确了即使业主同意联营体变更，但连带责任的性质不变。

本款1999版共有上面14个子条款，2017版又增加了两个子条款：第1.15款[责任限度]以及第1.16款[合同终止]，详细解读如下：

1.15　责任限度（Limitation of Liability）（2017版）

如果合同双方的一方违约或其行为给另一方造成了损失，该方对另一方有哪些赔偿责任？责任是有限的还是无限的？请看本款的规定：

■　无论在工程使用功能方面的损失、利润损失、合同损失，或是一切其他间接或后果损失，合同双方中的责任方对另一受害方的赔偿责任仅仅限于下面规定的范围内：

（1）第8.8款[拖期赔偿费]；

（2）第13.3.1（c）项[变更指令]；

（3）第15.7款[业主自便终止后的支付]；

（4）第16.4款[承包商终止后的支付]；

（5）第17.3款[知识产权和工业产权]；

（6）第17.4款[承包商的保障]第一段；

（7）第17.5款[业主的保障]。

■　承包商向业主承担的总体合同责任不能超过合同数据中约定的责任额度，若没有约定，即默认为中标合同额；

■　承包商的这一责任额度不包含：第2.6款[业主提供的材料和业主的设备]、第4.19款[临时公用设施]、第17.3款[知识产权和工业产权]、第17.4款[承包商的保障]第一段等所涉及的费用；

■　若属于欺诈、严重渎职、故意违约、毫无顾忌的行为不轨，则不在本款责任限度范围之内。

本款实际上是将1999版中的第17.6[责任限度]移动到2017版的第1条[一般规定]中，编号为第1.15款[责任限度]，并对1999版规定的内容进行了修订和补充。

---

❶ 关于这方面的内容，读者可参阅："国际工程中的联营体"，中国港湾建设 1999年4期，作者：吕文学。

本款规定的三个方面的内容：双方的责任范围；承包商的最大责任限额；最大责任限额不包括的例外。

本款明确了承包商的总责任限度，即：除承包商应支付业主提供的水电和燃气费、业主的设备使用费、给予业主保障的经济责任，知识产权等方面的保障之外，承包商最大的责任应按合同数据中的规定，若无规定，该责任限额为中标合同金额。

本款最后又提出一例外，如果出于欺诈等恶意行为，责任方应按实际赔偿，本款的规定不限制这方面的责任。

1999版本款的规定仍参阅本书的第17.6款[责任限度]。

在国际工程中，由于一方违约行为不但导致另一方的直接损失，而且还造成间接损失（indirect or consequential loss）等。但从上面的责任范围看，基本上没有包括此类间接或后果损失。虽然在国际工程中，惯例做法是，合同双方是彼此不承担对方的间接损失或后果损失，但近年来，尤其是私人项目，出于对投资风险的控制，合同约定中也可能增加一些间接损失。在笔者曾经参与的一个南亚EPC电站合同谈判中，业主提出，若项目延误，承包商除支付拖期赔偿费外，还需要支付因不能及时发电给下游电力的违约损失。当笔者提出疑问时，对方解释，由于该项目是BOT项目，业主与东道国电力局签订了购电协议（PPA），双方约定，若不能按购电协议规定时间开始供电，业主应赔偿电力局一定的费用损失。虽然解释合理，若EPC合同约定在项目竣工延误时，承包商需要支付此类间接损失时，此情形下，承包商可能面临风险。这是因为，承包商无法事先知晓或控制此类间接损失或后果损失额度，而且业主可能在与其他方谈判关联合同时牺牲承包商的利益。同时，法律对明文约定的间接或后果损失一般都给予认可。面对此类情况，双方可以在合同中约定彼此对对方承担间接或后果责任，但应当明确责任限额以及具体的处理措施，不能出现一方机会主义行为。

在本款的专有条件中，FIDIC给出了另一种替代性规定，设想了这一情景，包含了业主与承包商相互承担对方的间接损失（专有条件第1.15款[责任限度]），具体规定如下：

承包商对业主的责任限度：

（a）若承包商未能按时竣工，拖期赔偿费的责任限额按合同数据中规定额度；

（b）针对承包商的行为给业主带来了利润损失、失去合同、工程使用损失等，按下列规定处理：

（i）若是承包商引起的缺陷造成的，则责任限度为合同数据约定的A额度；

（ii）若是承包商对其引起工程损害造成的，则责任限度为合同数据约定的B额度；

（iii）若是承包商对其引起工程以外的业主财产损害造成的，则责任限度为合同数据约定的B额度的50%；

（iv）若是承包商引起的其他事宜造成的，则责任限度为合同数据约定的A额度的50%。

（c）针对承包商对工程造成的损害，承包商的责任限额为第19.2.1款[工程]规定工程价值的保险额度；

（d）针对承包商对工程以外的业主的财产造成的损害，承包商的责任限额为第19.2.4款[人员伤亡与财产损失]规定的保险额度；

（e）针对由承包商原因引起的业主的人员或工程师的人员伤亡，承包商的责任限额为第19.2.5款[雇员伤亡]规定的保险额度；

（f）针对按第17.4款[承包商提供的保障]（第一段）承包商保障业主免遭第三方的索赔，没有限定额度；

（g）针对按第17.4款[承包商提供的保障]（第二段）规定的若由于承包商的设计问题导致工程竣工后不能达到预期目的，则承包商的责任限额为其根据第19.2.3款[违反职业责任]办理的职业责任险的额度；

（h）对于上述（b）到（g）以及17.3款[知识产权和工业产权]之外事宜引起的承包商的责任，按合同数据约定的C额度。

业主对承包商的责任限度：

（i）针对根据第15.5款[业主的自便终止]以及根据第16.2款[承包商提出终止]引起的利润损失、失去合同或其他直接损失，责任限度为中标合同额的20%；

（ii）针对业主或业主的人员对临时工程或还没有用于工程的生产设备和材料造成的损害，责任限度为第19.2.1款[工程]要求的保险额的30%；

（iii）针对业主或业主的人员对承包商的设备、材料、生产设备和/或临时工程造成的损害，责任限度为第19.2.2款[货物]要求的保险额；

（iv）针对由业主原因引起的承包商的人员的伤亡，责任限度为第19.2.5款[雇员的伤亡]要求的保险额；

（v）针对根据第17.5款[业主提供的保障]业主保障承包商免遭第三方索赔，没有责任限额；

（vi）对于上述（i）到（v）以及17.3款[知识产权和工业产权]之外事宜引起的承包商的责任，按第14.14款[业主责任的终止]的规定，并最终以第21.4款[获得DAAB

的决定]、第21.5款[友好解决]以及第21.6款[仲裁]的结果为准。

从以上专有条款的规定来看，至少已包括的部分的间接或后果损失，但FIDIC在给出此类规定时，努力保持对业主和承包商同等对待。

1.16 合同终止（Contract Termination）（2017版）

合同终止是一项非常严重的事件，需要规定清楚终止合同的具体条件。请看本款的规定：

■ 根据合同条件某一条款的合同终止，首先需要符合法律的强制规定程序，然后需要采取该条款下规定的各类程序和措施；

■ 除上面规定之外，合同的终止不应再有其他额外要求。

2017版本款增加的一个新子条款，界定了合同终止前提条件。

由于合同终止是十分严重的行为，一般一方只有在另一方有重大违约事项或公然拒绝履约才有权终止合同。在适用于英国法的情形下，很多情况下，只要是违反了"要件"（Condition），而不管是否构成了严重后果，就给予了另一方终止合同的权利。大家可以结合后面的第15条[业主提供终止]、第16条[承包商提出暂停与终止]一起去理解。

本条到此讲完了，请检查一下自己是否达到了开始提出的要求，并思考下面的问题：

1. 业主的技术要求主要体现在哪些合同文件中？

2. 如果您是承包商，您能从本条的规定中发现哪些索赔机会？

3. 从1999版的58个定义增加到2017版的90个定义，请谈谈你对定义大量增加的理解。

> **法谚：**
>
> 义随文理，可求其于上下文。

第2条　业主（The Employer）

学习完这一条，应该了解：

- 业主向承包商提供施工现场的义务；
- 业主为承包商提供协助和配合等方面的义务；
- 承包商对业主的项目资金安排的知情权；
- 业主方的索赔权以及应遵循的程序。

一个工程项目仿佛一台戏，其建设过程需要众多的"演员"参与，业主无疑是最重要的一个角色。那么，他有哪些义务，又有什么权利呢？从本条中，我们可以先了解其中一些关键内容。这一条标题为"业主❶"，1999版共包括5个子款，2017版在1999版的基础上，删除一个子条款，增加了两个子条款，共包括6个子条款。这些子条款规定了业主的基本义务和权利。现在我们一起看具体内容。

2.1 进入现场的权利（Right of Access to the Site）

本款标题虽然为"进入现场的权利"，实际上是指承包商进入和占用现场的权利。具体地讲，本款规定的是业主向承包商提供现场的义务。

1999版本款规定如下：

■ 业主应按照投标函附录规定的时间向承包商提供现场；如果投标函附录中没有规定，则依据承包商提交给业主的进度计划，按照施工的要求的时间来提供；

■ 如果业主没有在规定的时间内提供现场，致使承包商受到损失，包括经济和工期两方面，承包商应通知工程师，提出经济和工期索赔，本款规定，承包商不但可以索赔费用，而且可以加合理的利润；

■ 工程师收到索赔通知后，按第3.5款[决定]的程序来处理索赔；

■ 如果业主没有按时提供现场是由于承包商的原因导致的，如：承包商没有及时提交有关文件等，那么，承包商则无索赔权利。

2017版对本款没有做出实质性修订。

本款同时规定，如果合同规定业主还应向承包商提供有关设施，如基础、构筑物、设备等，也应按规范规定的方式和时间提供。另外本款还提到，承包商对现场可能没有专用权，即：其他承包商也可以使用。如果这样的话，承包商在投标阶段就应考虑这一问题：其他承包商同时在现场施工是否影响自己的现场工作？他应从招标文件提供的信息中查找有关其他承包商承包的工程部分的实施计划，或向业主提出这方面的问题。请思考：如果现场上同时作业的其他承包商影响了承包商的现场工作，承包商是否有权索赔？请参见第4.6款[合作]。

针对本款，合同双方应牢记：

■ 业主必须按时提供现场以及相关设施，否则要赔偿承包商的损失；

---

❶ "业主"的英文为Employer，有的译者将其翻译为"雇主"。

■ 承包商要想索赔，必须按照合同及时发出通知，保证业主迟给现场不是由于承包商的过错造成的。

1999版与本款联系比较紧密的条款有：第3.5款[决定]，第4.6款[合作]，第8.3款[进度计划]，以及第20.1款[承包商的索赔]。阅读本款时可以参阅这些条款。

2017版本款细化了业主移交给承包商现场的时间限制，即：首先业主应按合同数据表中规定的时间移交给承包商现场，若没有规定，按承包商提交的且经过业主批准的进度计划移交现场，若此时还有批准的进度计划，就按承包商提交的初始进度计划移交现场。

2.2 许可证，执照或批准（Permits，Licences or Approvals）

国际工程中，承包商的若干工作可能涉及许可证等需要工程所在国的有关机构批复的文件，那么承包商怎样获得这些文件呢？由于业主方比较熟悉当地情况，因此国际工程合同条件中往往有业主应协助承包商获得这些文件的规定。本款就是这个目的。

1999版本款规定的主要内容如下：

■ 如果业主能做到，他应帮助承包商获得工程所在国（一般是业主国）的有关法律文本；

■ 在承包商申请业主国法律要求的许可证执照或批准时给予协助，这方面的情况可能涉及承包商的劳工许可证、物资进出口许可证、营业执照、安全和环保等方面。

2017版将原来第2.2款的题目变为了[协助]（Assistance），对内容没有做实质性修改。

需要注意的是，取得任何执照和批准等的责任在承包商一方，此款规定的只是业主"合理协助"，至于协助的"深度"，往往取决于承包商与业主的关系以及项目的执行情况。

2.3 业主的人员（Employer's Personnel）

项目现场作业的复杂性，要求合同各方人员在施工现场必须密切合作，这是现场施工有序进行的一个基本条件。为了保证项目各方的合作，通常在合同条件中纳入相关规定。本款的目的就是规定业主承诺业主的人员在现场配合承包商的工作，并遵守有关安全和环保规定。

1999版本款规定的要点如下：

- 业主保证其人员配合承包商的工作；
- 业主保证其人员遵守关于项目安全与环保的规定。

2017版对本款修订的主要内容如下：

- 将原来题目[业主的人员]修改为了[业主的人员和其他承包商]（Employer's Personnel and Other Contractors）。

- 若承包商发现业主的人员和其他承包商有腐败、弄虚作假、勾结和强制用工行为，则其可以要求业主将相关人员从项目中清理出去。

第4.6款[合作]规定承包商应在各个方面给予业主的人员合作，因此，作为对等条件，此款对业主也作了类似规定。同理，第4.8款[安全措施]与第4.18款[环境保护]提出了对承包商的安全和环保要求，作为对等条件，此款规定，对承包商提出的要求，业主也应保证其人员遵守。然而，在国际工程实践中，很多合同只对承包商单方面做出了类似规定。本款的规定，反映了FIDIC在处理这一问题上的公平立场。

2017版本款增加的内容，也反映了FIDIC对项目中腐败行为的不容忍。

2.4 业主的资金安排（Employer's Financial Arrangements）

当今国际工程市场上，业主拖欠承包商的工程款是一种屡见不鲜的现象，这不仅对承包商不公平，而且导致承包商消极履约。为了减少这种情况，提高合同双方的履约水平，本款对业主的资金安排给出了相关规定。

1999版本款规定的要点如下：

- 如果承包商提出要求，业主应在28天内向承包商提供合理证据，证明其工程款资金到位，有能力按合同规定向承包商支付；

- 如果业主对自己的资金安排要作出大的变动，他应通知承包商，说明详情。

2017版对本款修改和补充的主要内容如下：

- 业主应遵守合同数据表详细规定的业主融资安排的义务；

- 若承包商收到的变更指令单项超过中标合同额的10%或累计超过30%，或者没有按第14.7款及时收到付款，或者发现业主对其资金安排做了重大变化但没有发通知给承包商，则承包商有权要求业主在28天内提供合理证据，证明业主的资金安排能满足项目正常的支付要求。

本款1999版和2017版都没有说明业主提供的"合理证据"是什么。一般情况下，应为银行证明之类的文件。

2017版本款更加明确了业主的资金安排义务，同时规定了在什么条件下，承包商向业主发出通知，要求其提供合理证据，证明其拥有正常支付工程款的能力。

本款的规定使业主的项目资金安排有一定的透明度，能够增强承包商履约的信心。

请思考：在本款下，若业主对承包商的要求不做及时答复，承包商应当如何恰当应对？参阅第1.3款[通信联络]、第16.1款[承包商的暂停]。

2.5　业主的索赔（Employer's Claims）（1999版）

如果承包商违约，给业主造成损失，业主当然有权从承包商那里索取赔偿。本款就是规定了业主从承包商处索取赔偿的程序，要点如下：

■ 如果业主认为根据合同的规定有权向承包商索赔某些款项和要求延长缺陷通知期的时间，业主或工程师应向承包商发出通知，并附详细说明书；

■ 如果由于业主向承包商提供了水电、燃气、设备以及服务等，而承包商应支付业主费用的话，则业主或工程师不必发出上述通知；

■ 业主应在意识到引起索赔事件发生后尽快发出通知；

■ 如果是要求延长缺陷通知期，则通知应在缺陷通知期届满之前发出；

■ 通知所附的详细说明书包括业主索赔所依据的条款，索赔金额与延长缺陷通知期的时间的论证书；

■ 在此类通知发出后，工程师可以决定承包商支付业主的赔偿额和缺陷通知期的延长时间；

■ 可以从合同价格中和支付证书中扣除业主获得的索赔额。

上述第2.5款[业主的索赔]为1999版的规定，在2017版中从第2条进行了删除，把相关内容合并到第20条[索赔]中。1999版中这一款的规定，规范了业主向承包商索取赔偿的程序。

2.5　现场数据与参照项（Site Data and Items of References）（2017版）

承包商的投标与履约都需要大量的项目信息，才能做出准确的决策，业主在提供现场数据方面有哪些义务？本款做出了相关规定，要点如下：

■ 业主在基准日期前后所掌握的一切现场数据，都必须提供给承包商，这些数据包括现场地形、地下条件、水文气象条件、环境条件等；

■ 本合同条件所述的参照项包括原始控制点、基准线、参照标高等，应在图纸和/或规范中明确规定，或以通知的形式由工程师随后签发给承包商。

2017版本款在第二条中增加的新内容，实际上是将1999版中第4.10款[现场数据]中的部分内容调整到本款中，并将提供现场数据的方式修订的更加明确。将业主提供现场数据的义务增加到本条，使得整个条款的规定更加有逻辑。

应注意，按照本款的要求，业主不但要将其在基准日期之前掌握的现场数据提供给承包商，而且在基准日期之后获得的现场数据也仍有义务提供给承包商，不得疏忽或故意隐瞒。这一规定，有利于承包商掌握相对完整准确的项目边界条件和相关信息，使得其投标与履约决策更加高效和准确。

大家可以参照后面1999版第4.10款[现场数据]的规定，一起阅读理解。

2.6　业主提供的材料和业主的设备（Employer's Supplied Materials and Employer's Equipment）（2017版）

在国际工程中，是否工程实施所需的全部材料设备都需要承包商提供呢？若业主提供相关物资，如何与承包商进行交接管理呢？本款做出了相关规定，要点如下：

■ 如果在规范中规定，业主将提供某些材料和业主的施工设备给承包商，用于工程的实施，则业主应按照规范的规定的价格、时间、范围，提供给承包商；

■ 在承包商的人员使用或控制业主的设备的过程中，承包商应对此类设备的照管负责。

本款第二条内容，实际上是将1999版中第4.20款[业主的设备和免费供应的材料]的内容调整到本款，并对标题与内容进行措辞方面的修改，对移交的方式不再具体规定，而是要求按规范中的规定执行。

出于多种原因，如业主整体采购会有价格优势，或工期很紧张，等到中标后才由承包商开始采购往往来不及，耽误工期，因此，业主往往在合同规定自己为项目提供的各类物资，并按照合同移交给承包商，习惯上称为"甲供物资"。

是否提供甲供物资、提供方式、是否免费等，都是业主前期制定项目策略和合同策略中的主要事项之一。

本条到此讲完了，请检查一下自己是否达到了开始提出的要求，并思考下面的问题：

1. 如果您是承包商，当业主没有按时移交现场，您怎样处理这一问题？您所关心的只是尽可能从业主获得最多赔偿吗？

2. 如果您是业主，您是否认为本条中关于承包商有权了解业主项目资金的安排是否合理？为什么？

3. 请解释，在本条中为什么还要求业主在基准日期之后掌握的现场数据仍需要提供给承包商？

4. 请分别从业主和承包商的角度，解释业主提供甲供物资的利弊。

管理者言：

业主自身的行为将很大程度上决定其最终获得是优质"产品"还是劣质"残品"。

第3条 工程师(The Engineer)

学习完这一条，应该了解：

- 工程师的角色定位以及权力和职责范围；

- 工程师任命其代表以及如何委托其权力给其助理人员；

- 工程师如何下达指令；

- 对业主更换工程师有何限定；

- 工程师与双方磋商以及做决定时应遵循的程序；

- 项目管理会议的协调机制。

业主过后，另一个核心角色，项目实施过程中代表业主对工程实施过程的管理者—工程师开始登场。既然是项目的管理者，他有哪些职责呢？为履行这些职责他又有哪些权力呢？履行职责和行使权力时他又必须遵循什么程序呢？业主有权更换工程师吗？工程师如何协调各方的工作？从本条中，我们就可以基本找到答案。这一条标题为"工程师"，1999版本条共包括5个子条款，2017版修订后，共有8个子条款。这些子条款规定了上述问题涉及的方方面面。工程师在合同中到底是怎样的一个角色呢？根据其定义和相关的规定（大家是否还记得？如果不记得了，您还得再查阅前面的相关定义，如1999版与2017版中的相关定义），我们至少可以认为：

- 他可以为法人，也可以为自然人，但工程师代表应为自然人；
- 他受雇于业主来管理工程项目；
- 他属于业主的人员，不是独立的第三方；
- 他按照业主与承包商签订的合同中赋予他的权力来履行其职责；
- 他是业主方管理工程的具体执行者。

在国外，这个角色的全称为"咨询工程师"，可以为业主做全过程项目咨询与监理服务工作，在本合同条件中所做的主要是监理服务工作，简称为"工程师"。

现在我们一起看具体规定。

3.1 工程师的职责和权力（Engineer's Duties and Authority）

工程师是业主方管理合同的具体执行者，作为一个管理者，合同中必须规定清楚他有哪些职责，以及为履行这些职责所赋予他的权力。本款就是针对此问题给出了具体的规定。

1999版本款的规定如下：

- 业主应任命工程师来管理合同，工程师应履行合同中规定的其职责；
- 工程师的职员应是有能力履行这些职责的合格技术人员和其他专业人员；
- 工程师无权更改合同；
- 工程师可以行使合同明文规定和必然隐含的赋予他的权力；
- 如果业主方对工程师某些权力有限制的话，应在专用条件中列明；
- 除了列明的限制之外，在签订合同后，没有承包商的同意，业主不得再进一步限制工程师的权力；
- 即使按照专用条件，工程师行使的某项权力需要得到业主的批准，一旦工程师行使了该权力，不管他是否获得了业主的批准，从承包商角度来看，都应被认为已经获得了业主的批准；

- 无论是工程师行使其权力，还是履行其职责，都应看作是为业主做的工作；

- 工程师无权解除业主和承包商的义务和责任；

- 工程师的任何批准、检查、证书、同意、通知、建议、检验、指令和要求等不解除承包商在合同中的责任；

- 对于最后三点内容，如果合同条件中另有规定，则为例外。

2017版将1999版的第3.1款[工程师的职责和权力]拆分为两个子条款，第3.1款[工程师]与第3.2款[工程师的职责与权力]，修订内容如下：

- 工程师应被赋予其管理合同所需要一切必要权力；

- 若工程师是法人实体，则应任命和授权为自然人，以工程师的名义展开工作，工程师应将该自然人的任命和撤回及时通知合同双方，合同双方收到通知后才生效；

- 工程师应具备与开展工作所匹配的资格、经验和能力，并流利使用合同规定的主导语言；

- 工程师在开展工作时，应展现出高技能的专业人员的素质；

- 工程师在根据第3.7款[协商或决定]❶行驶其商定或决定的权力时，不得要求他事先取得业主的同意。

本款2017版对1999版的规定进行了具体化，说明了工程师作为法人实体和自然人的情况。2017版和1999版都规定了工程师及其代表、助理等的批准、许可、通知等行为都不解除承包商的责任。现在我们针对这一点进行讨论：有些读者对工程合同中此类规定难以理解，认为此规定不合理，承包商怎么对工程师已经批准的工作仍要负责呢？要理解这一点其实并不难，因为工程是一个特殊的"产品"，工程师只是这个"产品"制造过程中的监督和管理者，他的批准等只是允许承包商进行下一道工序或临时认可完成的工作量，只是保证这个"产品"的制造过程符合合同规定的方式以及良好的惯例，而承包商是承诺向业主方最终提供合格工程的一方，换言之，即使没有工程师的监督管理，承包商也应向业主提供合格的竣工工程。业主购买的是符合合同规定的最终"产品"，他聘用工程师来管理工程只是为了保证"产品合格"的一个手段。

---

❶ 指的是2017版中的条款编码，下同。

上述规定，并不意味着工程师可以肆意下达指令和通知，因为合同毕竟赋予工程师很大的授权，在其授权范围内所下达的通知和指令，如果超出了合同规定的范围，构成了变更，则上面的规定并不影响承包商依据合同条件的其他条款进行索赔的。

3.2 工程师的委托（Delegation by the Engineer）

在红皮书的模式下，工程师❶替业主管理整个工程，而大型项目的复杂性使得工程师需要将业主授予给他的权力再委托给他的职员。为了便于与承包商之间的沟通，需要让各参与方，尤其是承包商了解这种权力委托程序以及授权范围，这是高效率的管理所要求的。因此，在合同中通常给出这方面的规定，本款的目的就在于此。

1999版本款规定如下：

■ 工程师可以随时将有关权力和职责委托给其下属人员，并可以撤回，工程师的下属人员包括一名驻地工程师和若干对设备材料进行检验的检查人员；

■ 此类委托或撤回应以书面形式，并在业主和承包商双方收到书面通知后生效；

■ 但关于重大职责和权力，工程师要想委托，必须经过业主和承包商同意。这类重大职责和权力体现在第3.5款[决定]；

■ 工程师的助理应为合格人员，他们应有能力履行被委托的职责和行使被委托的权力，能够用合同规定的语言进行交流；

■ 助理人员应严格按被委托的职责与权力而向承包商下达指令，助理人员下达的此类指令的效力与工程师下达的完全一样；

■ 如果助理人员没有否决某项工作，生产设备和材料并不等于最终批准，工程师仍有权拒绝；

■ 若承包商对助理人员的决定或指令有异议，可以向工程师提出，工程师应立即确认，撤回或修改。

2017版将1999版的第3.2款[工程师的委托]拆分为两个子条款，编号调整为第3.3款[工程师代表]和第3.4款[工程师的委托]，修订的主要内容如下：

■ 工程师可以根据委托条款，任命一名工程师代表❷，并授予其在现场代替工程

---

❶ 我们前面也讲过，"工程师"可以指一个人，也可以指一个公司，若属于后者，一般工程师的首席代表，即我国所说得"总监理工程师"，全权行使"工程师"职权，这里的委托可以被看作是总监对其下面的人员的权力的委托。

❷ 2017版中的工程师代表实际上指的是1999版中所说的驻地工程师（resident engineer）。

师展开工作所需的必要权力；

■ 工程师代表应遵守合同对工程师履职的要求，并在工程实施期间，全职以现场为基地开展工作，若其需要离开现场，则工程师应该任命类似资格人选，同时通知承包商；

■ 除了第3.7款[商定或决定]的职责不能委托外，工程师在第15.1款[通知整改]中所发通知的权力也不得委托；

■ 若承包商对其委托人员的指令等有异议，并发通知给工程师要求撤回或修改时，工程师若在收到通知后的7天内没有答复，则认为确认了其委托人员的指令或通知。

本款2017版在1999版的基础上，对相关规定进行更加明晰的规定。

在此重点分析委托工作责任问题。工程师的助理不能越权下达指令，如果他下达的指令超出了其权力范围，承包商可以拒绝接受（请思考：承包商从哪里了解工程师助理的授权范围呢？）；如果承包商接受了此类越权指令，后果应由承包商自己承担；如果承包商对工程师助理的指令有疑问，则他有权向工程师提出，工程师必须尽快答复，承包商按工程师的答复来执行工作。2017版规定中，又将"工程师必须尽快答复"的义务进行了细化，规定工程师必须在收到承包商的通知后7天内答复，否则视为确认了委托的助理人员的指令或通知。

请大家思考这样一个问题：如果工程师的助理验收了承包商的某施工工序，承包商已经开始了下一道工序的作业，但工程师到现场后却认为该工序不合格，要求返工，请问，工程师是否有权这样做？回答应是肯定的，因为工程师有权拒绝助理人员没有否决的工作。那么，承包商有权对造成的损失索赔吗？这要看具体情况。如果承包商的工作的确不符合合同规定，他应立即按工程师指令返工，而不应借口工程师助理已经验收或批准而拒绝返工，此时一般不能索赔；如果承包商能证明该项工作符合施工规范、图纸等合同规定，他就可以推定，工程师否决该项工作的指令属于变更指令，因此有权提出索赔，参阅第3.3款[工程师的指令]以及第13条[变更与调整]。不过，承包商最理智的做法是向工程师提出适当的证据，证明该项工作是符合合同规定的，说服工程师撤回其指令。无论是承包商的管理人员，还是业主方管理人员，应当牢记，以合作的态度去处理问题是"双赢"的基础，也是高水平管理工作的体现。

3.3 工程师的指令（Instructions of the Engineers）

签发指令是工程师的主要工作内容之一，也是他管理承包商的一个重要手段。工程师有权签发哪些指令呢？指令涉及的工作超过合同范围怎样处理？是否允许工程师给予口头指令？本款解答了这些问题。

1999版本款的规定如下：

■ 如果是为了实施工程所需，工程师可以根据合同随时向承包商签发指令和有关图纸；

■ 承包商只能从工程师或工程师的授权代表处接收指令；

■ 如果工程师的指令构成了变更，则按第13条[变更与调整]来处理；

■ 工程师关于合同事宜签发的任何指令，承包商应遵照执行；

■ 工程师一般应以书面形式签发指令；

■ 必要时，工程师也可以发出口头指令。在这种情况下，承包商应在接到口头指令后的两个工作日内，主动将自己记录的口头指令以书面形式报告给工程师，要求工程师确认，如果工程师两个工作日内不答复，则承包商记录的口头指令即被认为工程师的书面指令。

2017版将1999版的第3.3款[工程师的指令]编号调整为第3.5款[工程师的指令]，基本内容保持不变，修订的主要内容如下：

■ 若工程师或其授权代表等签发指令时说明了该指令构成变更，则按后面的变更条款处理；

■ 若签发的指令没有说明是变更指令，但承包商认为该指令或其部分内容构成了变更，或者该指令会降低工程的安全或技术上不可能，则他在开始实施该指令前立即通知工程师，并说明理由；

■ 若工程师在收到承包商的通知后没有回应承包商，即：没有给出通知说明是确认、收回或修改该指令，则认为工程师撤回了该指令，否则，承包商按工程师的答复执行。

阅读本款，承包商应特别注意，工程师签发的指令是否超越了合同规定的范围。1999版只是说明，若工程师的指令构成变更，则按变更条款处理。从理论上讲，如果指令涉及的内容超过了合同规定的工作范围，工程师应主动以变更命令的形式发出，这样既体现出工程师的公平，又提高了双方的工作效率。但在实践中，工程师在签发指令时常常只是指示承包商去做某项工作，并不提及该指令是否超过承包商的工作范围，是否按变更对待。工程师这样做的原因很多，可能为了保护自己和业主的利益；也可能合同中的工作范围的界限本身不十分清楚等。

FIDIC在2017版对此作出了进一步详细的规定，设想了承包商对工程师指令质疑的场景，给出了具体的处理程序，这种修订无疑增加的实践中的可操作性，并能降低后期因此而产生的争议。

2017版在通用条件中，还删除了关于"口头指令"的规定，这就意味着，FIDIC越来越认为，作为一个十分重要的合同事宜，"指令"签发的形式还是正规的书面为好。但由于工程的复杂性，FIDIC并没有禁止"口头指令"这类做法，而是在专用条件中给出说明，如果双方认为"口头指令"有必要，可以在专用条件中增加。

无论在1999版或是2017版的情况下，承包商应认清自己的合同义务，如果认为工程师的指令超越了合同规定的工作范围，应及时向工程师提出，并提出有关证据，证明自己的权利，保护自己的利益。

此外，任何他方（如政府部门，业主等）对工程项目发出的指示都应通过工程师下达给承包商，承包商才能接受此任务，并分清是合同内的工作还是变更内容。

阅读本款，可同时参考第1.3款[通信联络]和第13条[变更与调整]。

3.4/3.6　工程师的更换（Replacement of the Engineer）

工程师是工程建设过程中的一个重要角色，他受雇于业主并代表业主来管理承包商。但如果业主认为他不胜任，他有权撤换工程师吗？本款给出了这方面的规定。

1999版本款的规定如下：

■ 如果业主打算撤换工程师，应至少提前42天将拟替代人的名字、地址、有关经验通知给承包商；

■ 如果承包商反对替代人选，并说出反对的正当理由，则业主就不能拿该人选来替代原来的工程师。

2017版将1999版的第3.4款编号调整为第3.6款[工程师的更换]，基本内容保持不变，修订的主要内容如下：

■ 如果承包商收到业主通知后14天内没有给出反对更换工程师的回应通知且给出理由，则认为承包商同意了业主对工程师的更换；

■ 若是对工程师的更换时由于工程师自身原因，如死亡、生病或主动提出不愿意继续作为该角色，而不是由于业主的原因，则业主有权立即任命了一个替代人选，并将该人选的情况通知承包商，作为一个临时角色，代行工程师职责，直到承包商接受该人选或根据本款选择了一个其他最终人选。

本款1999版的规定容易导致一段"真空"，2017版细化的规定，操作性更强了。同时，对更换工程师的原因分成了两类，并给出不同情况下的处理方法，显得更为公平合理。

鉴于工程师的管理水平对工程的实施影响很大，因此，业主在挑选工程师（监理单位）时应特别慎重，应特别注意工程师的管理水平、经验、信誉等。国际上，业主在选择工程师时一般是按工程师的能力来选择，对费用因素考虑比较少，因为一个工程的监理费相对于工程造价来说很低，"选择工程师不是业主省钱的地方"❶。优秀的工程师是保证项目成功的一个重要因素。

另外，从管理的角度而言，业主不应轻易地更换工程师，因为这将打乱项目执行的连续性，甚至引起承包商的索赔。（请思考：您认为"业主更换工程师需要得到承包商的同意"的规定是否合理？为什么❷？）

3.5　决定（Determinations）（1999版）

3.7　商定或决定（Agreement or Determinations）（2017版）

在工程的实施过程中，有许多地方都要进行决定，包括合同双方对某一问题的不同看法。作为一个管理者，工程师还兼有"临时裁判"的特殊角色，这就是合同赋予他的权力之一。那么他怎样行使这一权力呢？

1999版本款的规定如下：

■ 当合同中要求工程师根据本款决定某事宜时，他应与双方商量，力争使双方达成一致意见；

■ 若达不成一致意见，他应根据合同，结合实际情况，公平处理；

■ 工程师应将自己的决定通知双方，并说明如此决定的理由；

■ 如果一方对此决定有异议，可按第20条[索赔，争议与仲裁]来解决，但在最终解决之前，双方应遵照执行工程师的指令。

2017版将1999版的第3.5款[决定]编号和标题调整为第3.7款[商定或决定]，虽然

---

❶ 请参阅FIDIC出版的"Selection by Ability"（按能力选择），这本书中提出了业主选择工程师应遵循的一些指导原则。

❷ 请参阅周可荣等译，《FIDIC电气与机械合同条件应用指南（1988年第二版）》，航空工业出版社，1996。

条款的基本精神保持不变，但增加大量的操作细节，并将第3.7款[商定或决定]进一步划分为5个子条款：第3.7.1款[磋商达成一致意见]、第3.7.2款[工程师的决定]、第3.7.3款[期限]、第3.7.4款[协议或决定的效力]、第3.7.5款[对工程师决定的不满]，修订和增加的主要内容如下：

■ 工程师根据本款的规定去商定或确定任何事宜或索赔时，他应保持中立，不能代表业主行事；

■ 工程师可以与业主和承包商一起磋商或单独磋商，他应鼓励双方对话，努力达成一致意见；

■ 磋商应立即开始，以便双方在本款后面规定的期限内解决；

■ 除非双方都不同意，否则，工程师应保持磋商记录；

■ 若在下面规定的期限内协商成功，工程师应将商定结果以协议通知的形式发给双方，并由双方对达成的协议签字；

■ 若在规定的期限内双方未能协商成功，或双方通知工程师在规定的期限内不可能协商成功（以较早者为准），则工程师应立即启动"决定"的程序；

■ 工程师应在规定的期限内做出公平决定，并正式通知双方，并附有决定的理由和证据资料；

■ 工程师应在42天内或双方同意的其他时间段内，将双方磋商达成的协议通知给双方，开始计算日期的时间是：针对非索赔磋商事宜❶，按涉及该事宜合同条件规定的协商期限开始的日期；针对索赔事宜，分两种情况：若该索赔不涉及时间和费用，则从工程师收到索赔通知的日期开始计算；若涉及时间和费用，则从工程师收到详细索赔报告开始计算；

■ 工程师应在42天内或双方同意的其他时间段内，将工程师的决定通知给双方，开始计算日期的时间是工程师按照上面规定的启动决定的开始日期；

■ 若工程师在上述规定的期限内没有向双方发出磋商成功的协议或决定，则分两种情况处理：一是，针对索赔事宜，则认为工程师拒绝了该索赔；二是，针对非索赔事宜，则认为形成了争议，可以按程序提交DAAB解决，且不受42天内发出不满意通

---

❶ 原文是"磋商或决定事宜（agreed or determined）"似有误，应该去掉"决定（determined）"，因为涉及"决定"的开始时间在下面规定，此处规定的是通知"磋商成果"（agreed）期限的开始日期。

知的约束；

■ 双方磋商协议和工程师的决定对双方有约束力，除非按下面的规定或第21条[争议与仲裁]的规定，被随后修改；

■ 若磋商协议或决定涉及到款项问题，则承包商应将该金额加入下一个申请的进度款的报表中，业主应将其包括到相应的支付证书中；

■ 若工程师在发出磋商协议或决定的通知后的14天内，发现了相关一些打印错误、误笔或运算错误等，则他应立即通知双方；

■ 若双方在收到磋商协议或决定的通知之后的14天内，一方发现了上述类似的错误，则应通知工程师，若工程师不认为存在此错误，应立即通知双方；

■ 在工程师发现错误或从某一方收到认可的错误通知后7天内，他应立即将修正的磋商协议或决定通知给双方，并以此修订为准；

■ 若双方有任一方对工程师决定不满，该方应在收到工程师决定后的28天内向另一方发出不满意通知，说明理由，并抄送给工程师；

■ 之后，按DAAB程序处理；

■ 若双方没有在28天内发出不满意通知，则认为工程师的决定已被双方接受，则该决定成为终局的且有约束力；

■ 若一方只是对工程师的决定中一部分不满意，则在不满意通知中应具体说明，相关部分则被认为是从工程师的决定中独立分离出来的，决定中剩余的部分则对双方都有约束力；

■ 若双方磋商协议或工程师的决定成为最终有约束力后，但一方却不遵守，此情况下，另一方可以直接就此问题进行仲裁，不用再经过DAAB等其他程序。

在工程管理界，工程师是一个特殊角色。这一角色来自于英国传统的工程采购方式，后被FIDIC引入其合同版本，但工程师的地位似乎也在逐渐变化。在FIDIC红皮书第三版（1977），工程师还被明确标明是独立的一方；到了第四版（1987），独立"independent"一词就不见了，但仍单独拿出一个条款来规定"工程师应行为无偏（impartial）。"到了这1999版，大家发现工程师已经成为了业主的一员（从哪里可以看出？），并且删除了第4版中的关于工程师应行为无偏的那一款，只是在本款提到，工程师在决定时应公平（fair）。因此，截止到1999版，我们可以得出的结论是，"工程师"这一特殊角色，越来越向业主靠拢，逐渐失去其独立性。其"准裁决员"的部分功能也被新出现的另一角色"争议裁定委员会"（DAB）所取代，见第20条[索赔，争议与仲裁]。

但到了2017版，我们从上面的规定看出，FIDIC对工程师的角色的态度似乎又发生一些转向，规定了工程师在行使磋商或决定权力时不仅要"公平（fair）"，更要保持"中立（neutral）"，不能认为是代表业主方面利益，而且工程师决定是有"准约束力的"（quasi-binding），即：若在收到工程师决定后的28天内，一方不发出不满意通知，则认为工程师的决定变成终局的且有约束力。因此，可以认为，FIDIC在2017版又赋予了工程师"准裁决员"角色。这一规定虽然具体化、操作化比较好，但似乎与DAAB的作用有些重叠，这是否可能会影响解决争议的效率，还需要未来实践来验证。

无论1999版还是2017版，都要求"工程师在做出决定时应当公平"怎样理解这种"软"约束力呢？我们认为，如果工程师的行为被认为是公平的，他的决定应符合下列条件：

（1）符合合同的规定和精神；

（2）考虑到发生的实际情况；

（3）倾听双方的意见，而不是一味听从业主一方的意见。

3.8 会议（Meetings）（2017版）

工程承包是一种复杂的经济交易，合同除了对双方的行为具有控制功能，还有很大协调功能。这些协调功能在合同中是怎样规定的？本款是2017版增加的一个子条款，具体体现了这一功能。

本款的主要规定如下：

■ 工程师或承包商可以相互要求彼此参加管理会议，讨论实施工程过程中未来工作安排或其他事宜；

■ 若工程师或承包商代表要求的话，业主的其他承包商，相关公共当局的人员、公用设施私人公司的人员、分包商等可以参加此类管理会议；

■ 工程师应当对此类会议进行记录，并提供给与会各方和业主；

■ 在此类会议和会议记录中所约定各方的行动责任应符合合同的规定。

本款是2017版增加的一个新条款，是对现场管理的国际惯例的反映。本款规定了此类管理会议的安排以及会议纪要的性质。

国际工程管理的特点，要求参与各方需要进行大量的协调沟通工作，而"管理会议"是一种重要形式。在实践中，此类会议包括：周会、月会、大会以及各类专题会。关于此类管理会议的具体运行机制，一般业主/工程师在开工前期，双方讨论编制一个管理会议实施计划，包括会议时间、地点、何方主持会议、具体参加人员、会议纪要格式等，供双方执行。

在国际工程中，高效率的组织会议并落实会议决议是一项重要的管理技能。

本条到此讲完了，请检查一下自己是否达到了开始提出的要求，并思考下面的问题：

1. 本条赋予了工程师管理合同时很大权力，如签发指令以及相关决策权，但同时强调他无权更改合同，你是怎样理解的？

2. 如果在专用条件中规定，工程师在批准承包商的索赔之前需要得到业主的批准，但工程师在批准了承包商的索赔之前并没有征得业主的批准，按照本条的规定，业主有权拒绝该索赔吗？

3. 近几年，在我国工程管理界和学术界曾针对"工程师"这一角色的法律地位展开了讨论，引起了对这一角色的不同看法，有人认为，"工程师"为业主的代理，而有些人则不同意这种观点，认为他是独立的工程管理者。您认为，根据1999版和2017版红皮书，"工程师"是怎样一种角色？

4. 您认为2017版对1999版关于工程师角色的修改有哪些利弊？

5. 如何理解FIDIC在2017版增加了第3.8款[管理会议]的意义？

管理者言：

工程师虽然不是"中间人"，但优秀的工程师在行使其职权时决不会站得太偏。

FIDIC

第4条　承包商（The Contractor）

学习完这一条，应该了解：
- 承包商在合同中的基本义务；
- 履约保证的相关规定；
- 对承包商的代表的要求、转让、合作以及现场放线的规定；
- 关于承包商的文件、现场作业、HSE等方面的规定；
- 关于现场数据、现场条件、道路通行权、运输、化石等
  方面承包商所承担的责任和享有的权利；
- 关于进度报告的内容以及提交程序的规定。

再好的项目构想，要想变为现实，最终还得靠承包商，可以说承包商是项目实施过程中最核心的角色。在红皮书模式下，可以说，业主、工程师、承包商在整个项目建设过程构成整个项目组织的三位一体，决定着项目建设过程的成败。本条主要规定承包商在实施工程中的基本义务，对承包商提出了总体要求，并规定在某些特殊情况下承包商可以获得的权利。1999版本条共有24个子条款，在2017版中，将1999版中的4.4[分包商]、4.5[分包合同权益的转让]从本条中删除，相关内容合并到第5条[分包]，删除了4.20[业主的设备和免费供应的材料]，相关内容纳入了第2条[业主]中，增加了4.4[承包商的文件]、4.5[培训]，并对一些相关子条款进行了修订。现在我们一起看具体内容。

4.1 承包商的一般义务（Contractor's General Obligations）

承包商是工程的具体实施者。一项工程十分复杂，要想让承包商完成该工程，在合同条件中，一般先简练并比较笼统地规定出承包商的基本义务，而具体的工程范围和执行工程的标准和规范等在合同其他相应的文件中规定。我们来看一看，本款是怎样规定承包商的基本义务的。

1999版本款的规定如下：

■ 承包商应根据合同和工程师的指令来施工和修复缺陷；

■ 承包商应提供合同规定的生产设备和承包商的文件；

■ 承包商应提供实施工程期间所需的一切人员和物品；

■ 承包商应为现场作业以及施工方法的安全性和可靠性负责；

■ 承包商为其文件、临时工程，以及生产设备和材料的设计负责，但不对永久工程的设计或规范负责，除非有明确规定；

■ 工程师随时可以要求承包商提供施工方法和安排等内容；如果承包商随后需要修改，应事先通知工程师；

■ 承包商应按合同规定的程序向工程师提交有关设计的承包商的文件；

■ 这些文件应符合规范和图纸，并用合同规定的语言书写；这些文件还应包括工程师为了协调所需要的附加资料；

■ 承包商应为其设计的部分负责，并在完成后，该部分设计应符合合同规定这部分应达到的目的；

■ 在竣工检验开始之前，承包商应向工程师提交竣工文件和操作维护手册，以便业主使用；不提交这些文件，该部分工程不能认为完工和验收。

本款2017版与1999版相比，基本内容保持一致，没有实质变化，个别方面要求得更细些，主要体现在承包商负责部分设计深化的部分，具体增加的内容如下：

- 承包商应遵守4.4款[分包商]的规定，审查程序不完成不得开始相关工作；
- 承包商深化设计的各类文件应符合规范、合同图纸以及国家法律的规定；
- 若承包商的此类设计深化工作还涉及为竣工后的操作维护进行培训，则承包商应按合同规定完成此类培训。

本款属于工程施工合同条件中的一个典型条款，承包商通过该条款，能基本看出自己在合同中的一般义务。

在国际工程中，作为一种惯例做法，即使是施工合同，也有可能包括某些工程部分的设计深化工作。此类工作主要是在业主方提供的图纸的基础上，承包商负责制作施工详图或制造详图（detail drawing/ shop drawing）。这一点，与国内的施工合同不太一样，大家应当注意。虽然红皮书为施工合同条件，但FIDIC在本款的规定，也反映了这一国际惯例。

4.2 履约保证（Performance Security）

国际工程中，业主方往往要求承包商提供履约保证，保证承包商按照合同履行其合同义务和职责。本款是关于履约保证的一个典型条款。

1999版本款的规定如下：

- 承包商应自费按投标函附录规定的金额和货币办理履约保证，以保证其恰当履约；
- 承包商应在收到中标函之后的28天内将履约保证提交给业主，同时抄报给工程师复印件；
- 开出履约保证的机构应得到业主的批准，并来自工程所在国或业主批准的其他辖区；
- 履约保证格式应采用专用条件后面所附的范例格式，也可用业主批准的其他格式；
- 承包商应保证，在工程全部竣工和修复缺陷之前，履约保证应保持一直有效，并能被执行；
- 如果履约保证中的条款规定有有效期，如果承包商在有效期届满之前的28

天前仍拿不到履约证书，他应将履约保证的有效期相应延长到工程完工和缺陷修复为止；

- 业主只有下列情况下才能依据履约保证提出索赔：

1. 承包商没有按上面的规定延长履约保证的有效期，此时业主可以将该履约保证全部没收；

2. 在双方商定或工程师决定后的42天内，承包商没有支付已商定或工程师决定的业主的索赔款；

3. 在收到业主方发出的补救违约的通知之后42天内，承包商仍没有补救；

4. 业主有权终止合同的情况。

- 如果业主无权提出履约保证下的索赔，但他仍这样做了，由此导致承包商的一切损失均有业主承担，包括法律方面的费用；

- 业主在收到工程师签发的履约证书21天内将履约保证退还给承包商。

本款2017版与1999版相比，基本内容保持一致，只将原第4.2款[履约保证]又分成三个子条款：第4.2.1款[承包商的义务]规定了承包商提交保证的义务；第4.2.2款[履约保证下的索赔]规定了业主依据履约进行索赔的权利以及限制；第4.2.3款[履约保证的退还]规定了履约保证退回承包商的规定。具体修订和增加的内容如下：

- 履约保证的金额应按合同数据表中的规定；

- 履约保证的有效期应保持到签发履约证书并完成现场的清理（这比1999版原措辞更有操作性，为什么？）；

- 若由于变更等事项导致累计增加或减少的工程款超过中标合同金额20%以上，则在增加情况下，业主可以要求承包商以相应比例提高履约保证的额度；反过来，在减少的情况下，经过业主同意后，承包商可以相应比例地减少履约保证的金额；

- 若承包商不按规定延长履约保证有效期，业主可以没收全部履约保证金额；

- 除了1999版列出的4种条件外，还增加了一种业主索赔情况，即：若根据第11.5[现场外修改有缺陷的工作]承包商将相关生产设备移出现场进行修理，但没有按时完成修复工作并将设备运回现场进行安装调试；

- 根据履约保证业主索赔的应收款项，应该在最终支付证书或在终止后的支付证书中从应付款中予以减扣；

- 若发生承包商有权终止合同、可选择的终止或根据法律终止的情况下，业主应在终止日立即将履约保证退还承包商。

本款规定了三个方面的内容，2017版将其结构化成三个子条款：一是承包商提交履约保证的义务，包括提供履约保证的格式、金额、履约保证的有效期、履约保证金额的调整等；二是业主根据履约保证在哪些条件下有权索赔以及无故索赔应承担的责任；三是履约保证在什么条件下退还。2017版比1999版设想的情况更全面，更具有操作性。

这里我们对履约保证的类型解释一下。在国际工程中，履约保证有几种类型，最常见的是银行开的履约保函，英文为Performance Bank Guarantee，这类保函的额度通常为合同额的10%；它又分为有条件的（conditional）和无条件的（unconditional/demand）两种。

有条件的履约保函通常规定，业主在没收❶保函之前要通知承包商，并说明理由，并经承包商同意，或者当承包商不同意时，仲裁裁决业主有权没收保函，只有这样，开具保函的银行才会同意业主兑现履约保函，无条件履约保函则没有先决条件，只要业主认为其有权没收，直接可以到银行将保函兑现。

另一为担保公司或保险公司开的履约担保，英文为Surety Bond，主要在北美应用的多些，其额度一般比较大，有的业主甚至要求合同额的100%；这两类保证中条款的内容在国际上并无统一格式，在红皮书后面附上了FIDIC推荐的这两类履约保证的范例格式。

在某些国家，如美国，限于法律的规定，通常采用"备用信用证"（standby Letter of Credit）作为履约保证。FIDIC以前提倡使用有条件履约保函，但在红皮书推荐的范例格式为"即付"保函，即无条件保函，这反映出FIDIC某些原则的变化。作为承包商，在实践中，一定要注意履约保证中条款的具体规定，包括额度、业主依据保函索赔的条件、有效期等。

4.3 承包商的代表（Contractor's Representative）

"千军易得，一将难求"。对于承包商来说，选择一个有能力的代表是项目成功的开始。本款中所说的"承包商的代表"，在我国习惯称为承包商的"施工项目经理"。

---

❶ 业主并不一定将整个保函全部没收，有时只是从履约保函中没收其中的一部分，具体取决于业主认为承包商的违约给其造成损失的大小。

由于承包商的代表是项目中一个十分关键的人物，在合同条件中通常有一专门条款来规定对他的要求，如：其权力、职能、任命程序、资格等。我们来看本合同条件对这一角色的规定。

1999版本款的规定如下：

■ 承包商应任命承包商的代表并赋予其在执行合同中的一切必要权力；

■ 承包商的代表可以在合同中事先指定；如果没有指定，在开工之前，承包商提出人选及其简历提请工程师同意；如果工程师不同意或同意后又收回了同意，承包商应提出其他合适人选，供工程师同意；

■ 没有工程师的同意，承包商不得私自更换承包商的代表；

■ 承包商的代表应把其全部时间用于在现场管理其队伍的工作；如果施工期间他需要临时离开项目现场，应指派他人代其履行有关职责，替代人选应经工程师同意；

■ 承包商的代表应代承包商接收工程师的各项指令；

■ 承包商的代表可以将他的权力和职责委托给他的有能力下属，并可随时撤回；但此类委托和撤回必须通知给工程师后才生效，被委托的权利和职责应在通知中写清楚；

■ 承包商的代表和被委托权利的关键职员应能流利地使用合同规定的主导语言来交流。

本款2017版与1999版相比，补充了一些规定。具体修订的内容如下：

■ 承包商的代表应有资格、有经验，并在工程涉及的主要专业有技术能力；

■ 若承包商原来的代表资格被工程师撤销或被任命的承包商代表未能就职，则承包商应提交新的人选，若工程师收到提交新人选后的28天内没有答复提出反对该人选，则视为接受了该人选；

■ 若承包商的代表出现意外，则承包商应立即任命一个临时的替代人员，代行其职责，待工程师确认后转为正式代表或重新任命正式代表；

■ 承包商的代表有两种职权不得委托，一是接受和签发通知的权力；二是接收工程师指令的权力。

我们说，判断一个合同条款编写的好坏，有一些基本标准，其中一个重要的标准就是看是否有利于项目的顺利实施以及工作效率的提高。本款的规定基本上反映了这一原则。请读者思考一下：您能从管理学的角度来解释一下上面1999版所列的第一项和倒数第二项中那样规定的好处吗？

另外，本款对承包商的代表的语言提出了要求，即：必须能流利使用合同主导语言进行交流。这说明，语言作为人们之间交流沟通的工具，其重要性越来越为国际工程界所重视。毫无疑问，如果一个项目各方的关键人员能够用同一种语言流利地交流，其工作效率将会大大提高。希望我们从事国际的项目经理都能达到这一要求。

2017版的补充内容主要加强了程序方面的规定，规定了哪些权力承包商的代表不能授权给其他人员，同时强调了承包商的代表应具备的任职条件。

4.4 分包商（Subcontractors）（1999版）

与业主、工程师、承包商三方相比，也许分包商这一角色在项目中不是那么"耀眼"，但在随着国际工程市场上业主国对输入外来劳工的限制越来越严厉，国际工程承包模式越来越朝管理型方向转变的情况下，分包商在项目中的作用也越来越为业主和承包商所关注。国际工程主合同中大都有关于分包的规定，请看本款对分包商的规定：

- 承包商不得将整个工程分包出去；
- 承包商应为分包商的一切行为和过失负责；
- 承包商的材料供货商以及合同中已经指明的分包商无需经工程师同意；
- 其他分包商则需经过工程师的同意；
- 承包商应至少提前28天通知工程师分包商计划开始分包工作的日期以及开始现场工作的日期；
- 承包商与分包商签订分包合同时，分包合同中应加入有关规定，使得能够在特定的情况下将分包合同转让给业主。参见第4.5款[分包合同权益的转让] 和第15.2款[业主终止合同]。

本款主要是业主对工程分包提出要求。对承包商而言，分包商工作的好坏，直接影响整个工程的执行。在选择分包商时，要注意其综合能力，具体要考虑四个因素：报价的合理性、技术力量、财务力量、信誉。

除了上面提到的方面外，在分包工作实施的过程中，还应注意以下问题：

1. 在分包工作实施的过程中，承包商自身必须首先遵守分包合同的规定，履行自己在分包合同的义务。这就要求承包商应当注意自己的内部管理。如果承包商内部管理出现问题，管理脱节，承包商与分包商之间产生了交叉责任，就会给分包商逃避其责任提供了借口。

2. 对于某些类型的工作，也不能单纯地按工作量付款，否则，对于较容易做的工作，分包商愿意去做，对于那些难干的部分，则没有积极性，容易拖延进度。

3. 雇用分包商应遵守工程施工所在地的法律和符合主合同的要求，承包商应了解当地法律对雇佣分包商的规定，承包商是否有义务代扣分包商应交纳的各类税收，是否对分包商在从事分包工作中发生的债务承担连带责任。有的主合同规定，在最终款项结算之前，承包商要提供一份宣誓书（Affidavit），保证并证明他已经支付了在工程执行过程中发生的一切债务，包括其分包商所发生的债务。因此，承包商应对分包商有同样的要求。

4. 由于分包商与业主没有合同关系，从合同角度来说，分包商无权直接接受业主的监理工程师或代表下达的指令，如果因分包商擅自执行业主的指令，承包商可以不为其后果负责。但在工程的实际执行中，为了工作的便利，业主、承包商以及分包商三方可以制定一协调程序，规定在何种情况下，业主的监理工程师或代表可以直接向分包商发布指令，以便提高工作效率。

5. 对于分包工作，承包商不能存在以包代管的思想，因为受具体条件的限制，承包商雇佣的分包商自身的管理水平可能还比较低，尤其是一些小分包商，更关心的是其效益，有时不太讲信誉。所以，承包商要派专人来监督和管理分包商的工作，及时提醒和纠正分包商工作出现的问题，使分包工作按时、保质地进行，从而为承包商顺利完成整个工程提供可靠的保证。

4.5 分包合同权益的转让（Assignment of Benefit of Subcontract）（1999版）

工程竣工之后，还有维修期或质保期（Maintenance Period）[1]，通常为一年。但有时，承包商雇佣的分包商，如提供机电设备的分包商（供货商）按分包合同或适用法律向承包商提供一年以上的维修保证。这就出现了一个问题：如果在承包商的维修期结束之后，分包商的维修期还没有届满，此时若分包商提供的设备出了问题，业主既不能找承包商也不能找分包商，因为承包商的维修义务完全结束，而且业主与分包

---

[1] 在FIDIC红皮书第4版中，此术语被称为"缺陷责任期"（Defects Liability Period），在1999版中被称为"缺陷通知期"（Defects Notification Period），见定义1.1.3.7和第11条[缺陷责任]。

商没有合同关系。本款的规定就是为了解决这一问题的，主要规定如下：

■ 如果有关的缺陷通知期届满之日期分包商的义务还没有结束，工程师可以在该日期之前指示承包商将从此类义务的获得的权益转让给业主，承包商应照办；

■ 如果在转让中没有特别说明，承包商不对分包商在转让之后实施的工作向业主负责。

上面第一点中所说的"有关的缺陷通知期"指的是主合同下涉及分包工作内容的那一缺陷通知期。

从本款规定中可以看出，只有工程师在主合同中涉及分包工程的那一缺陷责任通知期届满之前通知承包商，承包商才有义务安排有关转让事宜。如果转让后，分包商的工作出了问题，承包商一概不负责。在此问大家一个问题：分包商必须同意将自己对承包商承担的义务转让给业主吗？为什么？（参阅上面我们刚刚读过的那一条款。）

4.4 承包商的文件 [Contractor's Documents]（2017版）

在国际工程中会涉及大量的文件，这些文件总体可分两类：一类是合同文件；另一类是合同双方（主要是承包商）为完成工程而编制的各类项目执行文件，包括技术类和程序管理类的。FIDIC将合同要求承包商完成编制的项目文件定义为"承包商的文件"，承包商的文件包括哪些具体内容？合同对承包商编制此类文件的要求有哪些？

■ 承包商的文件包括的四个方面的文件：一是规范规定的相关文件；二是根据法律的规定，为了申请各类行政审批和许可，由承包商负责编制的各类文件；三是竣工记录和操作维护手册；四是承包商一般义务中可能包含的其他文件；

■ 除规范中另有规定，承包商的文件编制使用的语言应是合同使用的语言；

■ 若规范规定承包商的文件编制后需要工程师审批，则承包商按程序提交工程师审批，并附有通知函；

■ 工程师收到后的21天内应给予一个不反对通知，或提出意见，要求承包商修改，过期不答复，视为认同；

■ 承包商按工程师意见修改后再次提交工程师审查，程序与第一轮相同；

■ 若规范要求，承包商应编制并保持更新一套工程实施的竣工记录，编制格式应为规范规定或工程师同意的格式，并保存在现场；

■ 竣工记录需要报工程师审查，审查不通过，则工程不得被认为已完成，也不得

被移交；

■ 承包商需向工程师提交的竣工记录的分数按第1.8款[照管和提供文件]规定执行；

■ 若规范有规定，则承包商应按规范规定的方式和详细程度编制和保持更新操作维护手册，并报工程师审查，工程师审查通过后发出不反对通知，否则，不能认为工程已竣工。

本款是2017版增加的一个新条款，从编制与审查、竣工记录、操作维护手册三个方面进行了规定，明晰了承包商的文件的性质、范围、编制程序等。这无疑有利于业主和承包商双方对项目全过程的规范管理。从国际工程实践来看，文件管理越来越重要，FIDIC第二版的规定也部分反映了这方面的要求。

4.5 培训（Training）（2017版）

国际工程越来越复杂，特别对于大型工业项目，竣工后的运营需要大批专业人员。此类人员需要针对性培训，承包商作为实施工程的主体，显然是最为合适的培训者，因此，合同往往规定承包商有对业主后期运营人员的培训义务，请看本款的规定：

■ 若规范中规定承包商的工作范围包括培训义务，则按下面规定执行；

■ 承包商应按规范中规定的范围和程度，对业主的人员或规定的其他人员针对工程的运行和维护展开培训；

■ 培训的时间安排应按规范的规定或业主同意的计划进行；

■ 承包商应根据需要和/或按规范的规定，为培训提供合格有经验的专业培训师、培训设施和培训材料等；

■ 若规范规定，培训必须在工程接收之前实施；若培训不完成，则不能认为工程已达到竣工接收的条件。

本款规定了承包商需要按规范的规定完成相关培训，这是因为，不是所有项目都需要专业培训。对于某些简单的土建项目，可能就不需要培训，因此也就可能不规定此类培训服务，但对应于大型工业项目，培训这是十分必要的，比如说石油炼化厂、电站、铁路等。

本款规定了培训的对象、时间安排、培训条件的提供等。但FIDIC在本款中并没有强调培训达到的效果，即培训达到的标准。在实践中，有的业主往往规定培训效果必须达到业主满意，使得学员掌握操作维护技能。若出现此类条款，承包商则应当注意。一般来说，若要求承包商保证培训效果，则接受培训的学员入学条件必须具备一定的水准，并经过承包商考核同意。

4.6 合作（Cooperation）

对于有些工程来说，尤其是一些大型项目和改建项目，施工现场可能不为承包商独自占用（参阅第2.1款[进入现场的权利]），因此在现场上可能出现多方同时施工的情形，也就可能出现相互干扰的情况。此时，要保持现场高效率的作业，各方之间的"合作"至为重要。为了促使各方合作，合同往往将"合作"规定为承包商的义务，本款即是这一目的。

1999版本款的规定如下：

■ 如果在现场或现场附近还有其他方的人员工作，如：业主的人员，业主的其他承包商的人员，某些公共当局的工作人员，承包商应按照合同的规定或工程师的指令为他们提供合理的工作机会；

■ 合作内容包括使用承包商的设备和临时工程，出入现场的安排，承包商现场上的其他设施或服务；

■ 如果工程师的指令导致了承包商某些不可预见的费用，该指令应构成了变更；

■ 承包商向上述人员提供的服务可能包括让对方使用承包商的设备、临时工程，以及负责他们进入现场的安排；

■ 根据合同，如果要求业主按照承包商的文件给予承包商占用某些基础，结构，厂房或通行手段，承包商应按照规范中规定的方式和时间向工程师提供此类文件。

本款2017版与1999版的规定相比，删除了上面最后一段，因为从内容上看不算合作内容。其他内容基本相同，仅仅是对相关补偿方式的规定进行了修订，修订内容如下：

■ 承包商应负责自己的现场施工作业，并按规范或工程师指令努力协调与其他承包商或相关人员的作业安排（若有的话）；

■ 就相关合作的事项，若承包商根据规范的规定等具体情况，不能合理预见到，且招致了承包商工期延误与费用增加，则承包商有权根据索赔程序进行索赔。

在阅读本款时，如果您是承包商，应注意自己在合同中的任务范围，尤其是规范中的相关规定，若认为不属于自己的原工作范围，则按1999版的规定，走变更程序，即：承包商应能立即判断出在什么情况下工程师的指令构成了超出自己的工作内容，构成了变更。或者按2017版的规定，利用不可预见的条款，走索赔程序，明确规定可以索赔工期、费用以及利润。本款规定了若规范或工程师要求承包商向其他方提供此类服务时，承包商有责任这样做，但并不意味着承包商免费为对方提供那些设施和服务，除非合同的工作范围内有相关内容。

4.7 放线（Setting Out）

承包商现场开工的第一步就是派自己的测量工程师在现场进行测量放线，确定整个工程的位置。放线需要的原始数据一般在合同中规定或由工程师通知给承包商。本款主要规定的是在放线出现错误时双方的责任问题。

1999版本款的规定如下：

■ 承包商应按照合同规定的或工程师通知的原始数据进行放线；

■ 承包商应负责工程各个部分的准确定位，如果工程的位置、标高、尺寸、准线等出了差错，承包商应修正；

■ 如果业主提供的原始参照数据出现错误，则业主应负责，但承包商在使用这些数据之前应"使用合理的努力"来核实这些数据的准确性；

■ 如果业主提供的原始数据出现问题，一个有经验的承包商也无法合理发现，并且无法避免有关延误和费用，则承包商应通知工程师，并按照第20.1款[承包商的索赔]去索赔工期、费用和利润；

■ 工程师接到承包商的通知之后应和双方商定或自行决定此类错误承包商是否事先可以合理发现；若不能，应给予承包商延长工期、费用和利润。

本款2017版与1999版的规定相比，更加结构化了，将相关内容分为三个方面：数据准确性；承包商报告错误的程序；错误纠正。本款2017版的规定比1999版细致很多，主要体现在程序上，修订的具体内容如下：

■ 承包商应根据第2.5款[现场数据与参照项]中给出的各类参照项等基准数据进行放线；

■ 承包商应对放线所用的各类参照项进行核实，并将核实结果报告给工程师；

■ 若相关位置、标高、尺寸、准线等若存在错误，承包商应改正，并对工程所有部分的准确定位负责；

■ 若承包商在规范和图纸上标出的参照项中发现有错误，他应在开工日期后规定的时间内将错误情况通知工程师，具体时间在合同数据表中规定，若无规定，则为28天；

■ 若这些参照项是由工程师根据第2.5款[现场数据和参照项]随时签发的，则承包商应尽快通知工程师；

■ 工程师收到上述通知后，按规定的程序，去与双方商定或自行确定：是否的确存在错误，有经验的承包商能否合理发现，承包商是否按程序按时通知，要求承包商采取什么样的措施来修正错误；

■ 工程师按程序通知商定或决定的结果；

■ 若相关工作构成了变更，则按变更程序处理；

■ 若还有其他事项引起了承包商的延误、额外费用和利润损失，则按索赔程序处理。

从本款的规定看出，虽然业主对其提供的错误数据负责，但同时又规定，承包商负有核实业主提供的原始数据准确性的义务。即使业主提供的数据出现错误，承包商要想索赔成功，需要满足三个条件：

1. 首先证明，业主的错误数据导致承包商延误了工期和额外费用；

2. 然后证明，承包商无法合理发现此类错误，即：在履行了"使用合理的努力"之后仍没有发现错误；

3. 按照第20.1款[承包商的索赔]规定的程序及时发出索赔通知。

对于此类索赔，争执往往发生在承包商是否在使用之前本应发现数据中的问题。承包商应建立自己内部的文件审核系统，对提交给业主的文件以及从业主接收的文件按程序进行审核，并进行记录，这样，至少从程序方面显示出自己履行了"核实"义务。

本款2017版，从程序上更加细致地规定了如何界定错误，双方各自的责任，工程师如何判断，后果责任如何处理，可以说达到每一步都具备操作的程度，但同时也显得有点繁琐。

本款主要是想用合同机制来处理放线基准数据问题，但笔者认为，即使再细致，合同也不能规定到完整，或者说可以规定完整，但成本太高。因此，除了合同之外，合作与信任也是一个重要处理关系的机制，对双方来说都很重要。一个承包商要想立足国际市场，取得业主的信赖，赢得信誉是十分重要的，这需要向业主显示自己高水平的业务能力和良好的职业道德。企图利用业主的失误来获取额外利益，是一种十分有害的短视行为。本款的编写方式也反映出FIDIC这样一种思想：既避免业主不负责任随意给出原始数据的做法，又防止承包商投机取巧的行为。2017版的修订，更反映了FIDIC在这方面的努力。

4.8　安全措施（Safety Procedure）（1999版）
4.8　健康与安全义务（Health and Safety Obligations）（2017版）

工程建设过程比较危险，容易造成人员伤亡。在现代社会中，安全施工越来越受到人们的关注，这不但体现在各国的有关法律中，而且在工程建设合同中也往往单独予以规定。本款就是向承包商提出安全施工的规定。1999版规定得相对简单，随着国际工程行业越来越重视从业人员的健康，在2017版则更名为"健康和安全义务"，并细化了各方面的规定，并作为重要义务来执行。

1999版本款的主要规定如下：

- 承包商应遵守一切适用的安全规章；

- 承包商应照管好有权进入现场的一切人员的安全；

- 承包商应努力保持现场井井有条，避免出现障碍物，对人们的安全构成威胁；

- 在工程被业主验收之前，承包商应在现场提供围栏、照明、保安等；

- 如果承包商的施工影响到了公众以及毗邻财产的所有者或用户的安全，则他必须提供必要的防护设施。

2017版本款细化了承包商在保护项目人员健康和安全方面的内容，重点补充和修订要点如下：

- 承包商要遵守根据第6.7款[健康与安全]任命的承包商的健康与安全管理官员的各种指令；

- 承包商要保护好有权在现场以及工程实施的其他地点的所有人员的健康和安全；

- 在开工日期后的21天内且在实际开工之前，承包商应专门为工程、现场以及实施工程的其他地点编制健康安全手册，并提交工程师参阅；这一文件必须是单独文件，不能与健康安全法律法规要求的其他类似性质的文件为同一文件；

- 健康安全手册必须：反映出规范规定的内容；符合合同规定的健康安全义务；规定为提供和保持一个健康安全的工作环境必须达到的一切安全；

- 健康安全手册根据需要或按照工程师的要求，由承包商或其健康安全官员进行修订，并将修订本立即提交工程师；

- 若发生安全事故，除了正常进度报告提交相关内容外，承包商必须在事故发生后尽快提交单独的详细报告，若事故严重，应立即通知工程师；

- 承包商按照规范或工程师的合理指令，保持对健康安全以及财产损害的记录，且同时符合法律法规相关规定。

本款的规定主要是从保护项目人员和公众利益出发，并作为承包商合同义务。2017版又从操作层面，明确了承包商任命专门人员、编制健康安全手册等方面，给出更加完整具体化的管理机制，不但关注"安全"，而且强调了"健康"的概念，毕竟建筑行业职业病问题是现代社会关注的一个敏感问题。FIDIC的规定体现了现代工程管理中"人为本"的思想。

实际上，对承包商而言，安全工作的好坏不仅关系到其社会形象问题，而且还可能给承包商的现场工作带来很多问题，如：对于高空作业，一次事故之后，工人的出勤率和工作效率可能会明显降低。另外，有些工程投标资格预审文件中，要求承包商填写以前完成的工程情况时，就有事故率方面的内容，并以此作为承包商是否通过资格审查的标准之一。不可否认，加强安全工作，会投入一定的人力物力，但作为一个管理者，应能全面、辩证地看问题，应对"孰轻孰重"做出明智的判断。

4.9 质量保证（Quality Assurance）（1999版）
4.9 质量管理与符合性验证体系（Quality Management and Compliance Verification Systems）（2017版）

工程师管理承包商依据的是合同文件，就质量方面而言，依据的是规范和图纸之类的技术文件，但要使工程质量得到保证，最终还是通过承包商内部的管理来实现。因此，作为现代工程管理中的一种习惯做法，业主一方要求承包商结合合同中有关质量方面的规定，编制一套承包商内部实施工程的质量保证程序文件，使承包商的项目人员遵照执行。本款就是针对这方面做出的规定，1999版标题为"质量保证"，2017版则修改为了"质量管理与符合性验证体系"，更能反映国际质量管理体系的全部内涵。

1999版本款的主要规定如下：

- 承包商应编制一套质量保证体系，表明其遵守合同的各项要求；

- 该质量保证体系应依据合同规定的各项内容来编制；

- 工程师有权来审查该体系各个方面的内容；

- 在每一设计和实施阶段开始之前，所有具体工作程序和执行文件应提交给工程师，供其参阅；

- 在向工程师提交任何技术文件时，该文件上面应有承包商自己内部已经批准的明确标识；

■ 执行质量保证体系并不解除承包商在合同中的任何义务和责任。

2017版将本款结构化为三个部分：质量管理体系；符合性验证体系；其他一般规定。主要修订与增加的内容如下：

■ 承包商应专门针对工程编制并执行一套质量管理体系，表明其遵守合同的各项要求，并在开工日期后的28天内提交工程师，若随后有更新，则也应立即提交工程师新版次；

■ 质量管理体系应包括承包商的各项工作程序，从而保证工程、货物、工艺、试验相关的通知、沟通记录、承包商的文件等都能够被检查跟踪，保证各个阶段以及分包商之间工作界面能得到妥善协调与管理，同时此类程序也包括承包商向工程师提交承包商文件的工作程序；

■ 工程师随时对质量管理体系文件进行审查，发现问题，可以要求承包商修订质量管理程序，并按程序报工程师审查通过；

■ 若工程师发现承包商在工作中没有执行质量管理程序，可以责令承包商改正，承包商收到工程师通知后应立即改正；

■ 承包商应对其质量管理体系进行内部定期审查，至少每六个月一次，内审完毕7天内将结果报工程师，包括整改措施；

■ 若承包商根据其质量保证认证体系还需要进行外审，则外审后应立即将外审不合格的情况通知工程师，若承包商为联营体，此规定适用于每个成员；

■ 承包商还需要编制和执行一个符合性验证体系，保证其设计、材料（包括业主供应的材料）、生产设备、工艺等在各个方面都符合合同；

■ 符合性验证体系应严格按照规范规定，并包含承包商的检查和实验结果上报方法，若发现不合格情况，按第7.5款[缺陷与拒收]规定处理；

■ 承包商应按规范规定或工程师接受的编制校准方式，编制一整套符合性验证文件，并提交工程师；

■ 遵守质量管理体系与符合性验证体系并不解除承包商在合同中的一切义务与责任。

本款1999版使用的是"质量保证（Quality Assurance）"，在2017版将标题修改为"质量管理和符合性验证体系"。这一变化既反映FIDIC对质量的全过程和全方位管控，也反映出其在努力与其他国际标准尽可能靠近或对接。ISO90002015（E）提出了通过质量策划、质量保证、质量控制和质量改进实现质量目标。可见，ISO9000

将质量保证定义为质量管理体系的一部分，是其中一个环节。质量保证主要是获取用户（业主和工程师）对其工作或产品质量的信心，更相信其工作的可靠性。质量管理则更加广泛，且强调全过程、全方位的质量管理，并将每项工作落实到"可验证"上。

在国际工程投标中，业主也往往重视投标者是否获得国际主流组织的质量认证。这不但有利于进入国际市场，而且能提高工作质量和管理效率。

4.10 现场数据（Site Data）（1999版）
4.10 现场数据的使用（Use of Site Data）（2017版）

现场条件是影响承包商报价关键因素之一。现场条件一般包括现场的水文地质情况、环境情况。由于在工程实施之前，无论承包商还是业主，都不可能十分准确地获得现场的具体条件，因此，现场条件的这一"变数"成为工程实施过程中一个很大的风险。本款1999版规定了业主提供现场数据的义务以及承包商对现场数据的使用两方面内容；2017版将业主提供现场数据的义务编制到第2条[业主]条款中，而在本款仅仅就承包商如何使用业主提供现场数据做出规定，即如何在业主与承包商之间来分担这一风险。

1999版本款的主要规定如下：

■ 业主应将自己掌握的现场水文地质以及环境情况的一切相关数据在基准日期之前提供给承包商，供其参考（您是否还记得基准日期指的是哪一天？如果想不起来可查一下定义1.1.3.1。）；

■ 业主在基准日期之后获得的一切此类数据也应同样提供给承包商；

■ 承包商负责解释上述数据；

■ 在时间和费用允许的条件下，承包商应在投标前调查清楚影响投标的各风险因素和意外事件等；

■ 同样，承包商还应对现场及其周围环境进行调查，同时对业主提供的有关数据和其他资料等进行查阅和核实；

■ 承包商了解的主要内容如下：

（1）现场地形条件与地质条件；

（2）水文气候条件；

（3）工程范围以及为完成相应工作量而需要的各类物资；

（4）工程所在国的法律以及行业惯例，包括雇用当地工人的习惯作法；

（5）承包商对各项施工条件的需求，包括现场交通条件、人员和食宿、水电，以及有关设施。

2017版本款仅仅删除了关于业主提供数据的义务那部分，将其放到第2条[业主]，其他内容与1999版规定基本一致。

FIDIC在红皮书中的这种风险分担方法基本上代表了目前国际上施工合同中一般规定。阅读本款时应注意，1999版和2017版并没有明确规定业主是否为其提供的有关现场资料的准确性负责，却要求其将自己掌握的一切项目现场资料提供给承包商（包括中标前后掌握的所有资料），这就意味着，业主不得隐瞒关于有关资料和数据，否则就是违反其合同义务。那么，如果业主提供的数据有错误，承包商是否有权索赔呢？这主要看业主提供的数据的性质。如果业主提供的数据只是仅供参考，即使这些数据后来发现有某些误差，承包商很难以业主提供的数据不准确提出索赔。虽然如此，这一事实仍有助于承包商依照其他条款提出索赔，如第4.12款[不可预见的外界条件]，因为承包商的投标报价是基于招标文件和现场考察，如果业主提供的数据错误，无疑将影响承包商准确地进行报价，从而使某些事件"不可预见"。若业主提供的数据承包商无法改动，且必须遵守，若在工程执行过程发现这些数据有误，必须更改，这可以被看作"变更"，承包商也可以直接索赔。另一方面，本款要求承包商在投标前对该项目现场及周围环境了解清楚，但同时说明，这种"了解清楚"只是相对性的，即：是在现场考察时间和费用允许的情况下尽可能地了解清楚。（请思考：如果在施工过程中承包商发现现场地质条件与投标时设想的有很大差异，他是否有权索赔？参阅下面第4.12款[不可预见的外部条件]中的解释。）

鉴于现场条件对工程费用影响巨大，如果承包商将这类风险费计算得过高，其报价就会失去竞争力；反之，如果考虑得过低，如果发生此类风险，就可能导致承包商亏损。承包商对于现场条件这一问题必须慎重对待。为此，承包商必须：

■ 认真研究业主提供的有关现场条件的数据，特别是一些可能存在多种解释的数据；

■ 仔细进行现场踏勘；

■ 利用标前会议等机会尽可能要求业主对不了解的问题进行澄清；

■ 研究在什么条件下，合同允许承包商就有关事宜进行索赔；

■ 研究如何在投标前和施工期间创造有利但必须是合理的索赔条件。

4.11 中标合同金额的充分性
(Sufficiency of the Accepted Contract Amount)

为了防止承包商以漏项为借口,在合同执行过程中来辩解其投标时的价格没有包括合同中的某些内容,以此而向业主方提出索赔,国际工程中的合同往往规定,承包商在合同中承诺自己的报价覆盖了其完成合同义务的一切工作。本款就是针对这一情况的一个典型条款。

1999版本款规定的主要内容如下:

■ 从合同角度而言,承包商的中标合同金额是适宜和充分的,不管实际是否如此;

■ 中标合同金额是基于业主提供的现场数据、承包商的解释、承包商的现场考察等计算出来的;

■ 如果在合同其他地方没有相反的规定,中标合同金额应覆盖了承包商履行其合同义务的一切工作。

本款2017版与1999版保持一致,没有做实质性修订。

这本款实际上是对上面第4.10款[现场数据/现场数据的使用]的进一步的规定。如果说第一项和第三项规定主要是限制承包商的,那么第二项的规定则又提供了一定的"弹性",为下面第4.12款[不可预见的外界条件]的规定提供了一定的"余地"。

4.12 不可预见的外界条件(Unforeseeable Physical Conditions)

工程作为一种特殊"产品",其"制造"过程十分复杂。一般来说,工程建设时间长,空间跨度大,工艺复杂,而且露天作业,尤其是国际工程,使得承包商更难掌握相关信息。这些特点决定了工程建设过程受外界影响的可能性很大,从而使工程的工期拖延和费用加大。那么此类风险到底让哪一方承担呢?是业主还是承包商?本款的规定可以说是国际工程合同中的一个范例。

1999版本款的主要规定如下:

■ "外部障碍的条件"指的是承包商现场遇到的外部天然条件、人为条件、污染物等,包括水文条件和地表以下的条件,但不包括气候条件;

■ 承包商发现没有预料到的不利外部条件时,应尽快通知工程师;

■ 上述通知中应对遇到的外部条件进行描述,并说明承包商无法预见的理由;

■ 承包商在此情况下应采用适当的方式和措施继续施工，并同时遵守工程师可能签发的指令，如果指令构成变更，按第13条[变更与调整]处理；

■ 如果遇到的外部条件无法预见，承包商同时发出了通知，发生的情况也导致承包商支出了额外费用和延误工期，则他有权索赔此类费用和工期；

■ 工程师收到索赔报告之后，应根据第3.5款[决定]来决定是否理赔，理赔多少；

■ 然而，工程师在决定理赔承包商费用之前，可以审查在相类似的工程部分，是否以前碰到的施工条件比承包商在投标时预见的更为有利，如果是的话，他可以减扣相应的费用，但减扣的费用不得超过理赔的费用；

■ 如果承包商提供了有关他在投标阶段所预见的外部条件的证据，则工程师可以予以考虑，但不受其约束。

2017版本款规定的核心思想与1999版一致，但将核心内容结构化为五个部分：承包商的通知；工程师的核查；工程师的指令；延误与费用；延误与费用的商定或决定。主要修订内容如下：

■ 在承包商认为碰到不可预见的外界条件时，他给工程师发出通知的要求如下：

（1）应当尽快发通知，以便工程师及时核实相关情况；

（2）应该在通知对突发外部条款作出全面描述，供工程师核实；

（3）说明为什么该情况属于不可预见的外部条件；

（4）说明该事件可能造成工期和费用方面的不利影响。

■ 工程师应在收到承包商通知后的7天或承包商同意的其他时段内来现场勘检发生的情况；

■ 承包商应继续工程的实施，并针对发生的情况进行合理恰当的处理，且方式可以被工程师核实；

■ 若工程师针对发生的情况给出了指令，承包商应按工程师的指令执行，若该指令构成变更，则按第13条[变更]处理；

■ 若上述突发事件引起了工期延误和费用增加，则承包商有权根据相关索赔条款进行索赔；

■ 工程师按程序并依据相关证据，去与业主和承包商商定或自行决定相关工期和费用索赔。

从2017版本款的规定来看，其处理程序更加细致了，但与1999版相比，主要思想并没有改变。

阅读本款应注意，承包商有权索赔的三个前提条件：发生的情况不可预见；尽快发出了通知；该事件对其有不利影响。另外，在索赔过程中，他必须遵循第20.1款[承包商的索赔]。请大家思考：承包商"尽快发出通知"有确切的时间限制吗？最晚他必须什么时间发出该通知？（见第20.1款[承包商的索赔]）

在国际工程中，本款可能是作为承包商索赔依据最频繁的条款，问题的焦点在于如何界定所发生的情况是否为"不可预见"。（您还记得这一术语的定义吗？如果忘记了，请再查阅一下1999版第1条中的"1.1.6.8 不可预见"吧。）在国际工程中，对于承包商如何论证发生的某件事件属于本款规定的情况，他首先应能提供证据，证明其在投标阶段依据招标文件和现场考察等而合理设想的项目的外界条件与施工中实际碰到的不一样。如果实际发生的外界条件与招标文件中的描述不一样，而业主却认为该外界条件是承包商本应预见到的，承包商最有力的反击也许就是："业主前期花很长时间进行项目可研都不能预见的情况，却要承包商在短短的投标期中通过阅读招标文件和现场考察预见到，这本身合理吗？"详见前面1999版的定义"1.1.6.8 不可预见"中的解释。

4.13 道路通行权与设施使用权（Rights of Way and Facilities）

在承包商施工过程中，承包商的设备和人员需要往来现场，如果现场靠近公共道路，一般他可以很方便地使用此类道路。如果现场处于偏僻的地方，则他就可能需要一些特别或临时通道，那么，根据合同，由哪一方负责获得此类道路的通行权和相关设施使用权呢？

1999版本款的规定如下：

■ 承包商应自费去获得他需要的特别或临时道路的通行权，包括进入现场的此类通道；

■ 如果承包商施工所需，他也应自费去获得现场以外的设施的使用权，并且自担风险。

本款2017版与1999版相同，没有进行修订。

从本款的规定来看，FIDIC提倡将获得为施工所需的各类特别或临时通道的责任划归给承包商。这就意味着，承包商在投标阶段进行现场考察时需要详细了解施工过程中必须使用的通道和路线；是否需要通过私家道路，是否需要修建一些临时或特别通道等，以便在投标报价中予以考虑。在我国，业主习惯提供"三通一平"。对于国际工程，并不是每个业主都这样做，我国的承包商在投标国际工程时应注意这一点。同时参阅第4.15款[进场路线]。

4.14 避免干扰（Avoidance of Interference）

由于工程实施活动的特殊性，它可能对周围环境产生不好的影响，如：噪声、污染、车辆设备堵塞交通等。为了从合同上约束承包商在施工作业时尽可能减少对公众的影响，合同中一般做出相应规定。

1999版本款的主要规定如下：

■ 承包商不得干扰公众的便利，也不得干扰人们正常使用任何道路，不管这些道路是公共道路或是业主和他人的私家道路。但如果因施工不得已而为之，则应该控制在必要和恰当的范围内；

■ 如果因承包商不必要和不恰当的干扰他人招致任何赔偿或损失，则应由承包商自行承担一切后果，保障业主免招由此招致的任何影响，如：各类赔偿费、法律方面的费用等。

2017版没有对本款进行修订。

在国际工程中，不但合同要求承包商在施工中注意此类问题，东道国的法律对施工造成的各类影响也有严格规定，特别是在市区等人口稠密的地方施工，如土方开挖时，还同时要洒水，防止尘土飞扬。近年来各国都更加关注环境污染问题，相关立法对环境保护要求更为严格。对于此类要求，有时也体现在合同的规范中。

4.15 进场路线（Access Route）

由于施工过程中大量设备要进出现场，尤其是一些重型设备运入和运出现场，因此，保证有适当的进入现场的通道十分重要。那么查找适当的路线是哪一方的责任呢？进场道路的维护由哪一方负责呢？

1999版本款的主要规定如下：

■ 承包商被认为了解清楚了进场路线的适宜性和可适用性；

■ 承包商应努力避免来回运输对道路和桥梁可能导致的损害，因此，他应使用合适的运输工具和合适的路线；

■ 承包商应对其使用的通道自行负责维修，并在经得政府主管部门同意之后，沿进场道路设置警示牌和路标；

■ 业主对因使用有关进场道路引起的索赔不负责任，也不保证一定有适宜的通行道路；

■ 如果没有现成的适宜道路供承包商使用，承包商为此付出的费用由自己承担。

2017版本款修订的内容如下：

■ 承包商在基准日期之时，被认为了解清楚了进场路线的适宜性和可适用性；

■ 但若由于业主或第三方的原因，改变了基准日期之时原通行路线的适宜性和可使用性，且承包商因此延误了工期和招致的额外费用，则其有权按索赔程序进行索赔。

通过阅读本款，我们了解道，承包商在从其他地方（一般为港口）往现场运输大型施工设备或生产设备时，要自己负责寻找合适的路线，并且发生的有关费用业主概不负责。因此，承包商在投标阶段的现场考察时，对进场路线，尤其是承包商要运输大型设备的路线是否适宜，应当特别注意。

那么，若后来交通线路等发生了改变，加大了承包商的运输难度，导致工程延误和增加了费用怎么办？本款1999版并没有明文规定，2017版对此进行了修订，明确两点：一是承包商在基准日期之时被认为把当时的进场路线搞清楚了；二是若在基准日期之后，此类交通条件发生了变化，如业主或交通管理局等第三方人为地改变了原交通条件，承包商有权索赔。这是因为，承包商是基于基准日期时的运输路线等交通条件给与报价的，而这一改变是承包商无法合理预见到的。实际上，即使按照1999版的规定，承包商仍可以按照第4.12款[不可预见的外界条件]进行索赔，只不过难度会大些。2017版的规定更明确了这一点。

承包商应注意，凡本款涉及承包商自费负责的工作，相应费用在投标时予以考虑。同时参阅第4.13款[道路通行权和设施使用权]。

4.16 货物运输（Transport of Goods）

建设一项工程需要往现场运输大量的材料和设备，合同对运输这些货物有何具体规定的呢？

1999版本款的规定如下：

■ 承包商应提前21天将他准备运进现场的生产设备和其他重要物品通知工程师；

■ 一切货物的包装、装卸、运输、接收、储存和保护，均由承包商负责；

■ 如果货物的运输导致其他方提出索赔，承包商应保障业主不会因此受到损失，并自行去与索赔方谈判，支付有关索赔款。

2017版本款增加了一项规定如下：

■ 货物的清关、进出口许可证、与进出海关相关的费用以及后续倒运现场等工作均由承包商负责。

本款规定比较简单，即工程货物运输完全由承包商负责，并且进场前提前21天通知工程师，2017版又明确了货物运输相关海关手续和费用也由承包商负责。

4.17 承包商的设备（Contractor's Equipment）

工程的施工离不开施工机械，为了高效地使用施工设备，保证工期、合同往往规定，承包商运到现场的施工设备要专门用于该工程。

1999版本款的规定如下：

■ 承包商应对一切承包商的设备负责。

■ 承包商的施工设备运到现场之后，就应看作专用于该工程；

■ 没有工程师的同意，承包商不得将任何主要承包商的设备运出现场，但来回运送承包商人员和货物的交通车辆的进出不在此限。

2017版本款增加了一项规定如下：

■ 除了按4.16[货物运输]发通知外，承包商还必须提前7天将大型承包商的设备运至现场的日期通知工程师，并要求标识清楚哪些设备是承包商自有，哪些是分包商等其他人所有，哪些是租赁的，并说明租赁公司。

在FIDIC合同条件中，凡提到"承包商的设备"即指的是施工设备，请参见前面的1999版中定义"1.1.5.1承包商的设备"，2017版的补充规定，加强了工程师对承包商施工设备信息的管控。

请想想看：你都知道哪些施工设备？如果你从事的国际工程，你知道这些施工设备的英文名称吗？

4.18 环境保护（protection of the Environment）

环境保护已成为一个全球关注的问题，越来越引起世界各国的重视。由于施工过程本身很容易对环境造成污染，因此，近年来国际工程合同对施工过程的环保要求很严格。

1999版本款的规定如下：

■ 承包商采取一切合理措施保护现场内外的环境，并控制好其施工作业产生的噪声、污染等，以减少对公众人身财产造成的损害；

■ 承包商应保证其施工活动向空气中排放的散发物、地面排污等既不能超过规范中规定的指标，也不能超过相关法律规定的指标。

本款2017版没有对本款做出实质修订，只是补充说明如下：

■ 若项目实施中，有"环境影响声明书"（Environment impact statement），则承包商也应遵守。

环境保护越来越为国际社会所重视，即使是发展中国家，也开始重视环保问题，特别是一些以旅游为主要收入的国家，对环境极为重视，其环境保护法也是十分严格。

有些项目，按照合同或法律的规定，承包商需要编制一个环境影响声明，2017版将其作为一个弹性条款增加进来了。

作为一个有现代管理意识的承包商，应在工程施工中注意环保问题，这不但是自己的合同义务和法律义务，而且也涉及公司在当地的形象问题。

4.19　电、水和燃气（Electricity，Water and Gas）（1999版）
4.19　临时公用设施（Temporary Utilities）（2017版）

在工程项目现场，电、水和燃气等通常是施工和工地人员生活不可缺少的，通常由承包商自行解决，解决的方式有三种：一是承包商自行提供，如自备柴油发电机发电用于现场和营地；二是通过临时接入公用设施，如国家电网；三是从业主现场附近现有的公用实施接入，本款规定了双方的责任以及在业主供应情况下的具体安排。

1999版本款的规定如下：

■ 除明文规定外，承包商应负责提供他需要的水、电和燃气等服务设施；

■ 为了实施工程，承包商有权使用业主已经在现场提供的水、电和燃气等设施，风险自担，并应按规范中规定的使用条件和价格支付业主；

■ 承包商应负责提供计量仪器计量其耗量；

■ 承包商的使用量以及应支付给业主的使用费由工程师根据第2.5款[业主的索赔]和第3.5款[决定]与双方商定或自行决定；

■ 承包商应向业主支付此类款项。

2017版没有对本款做出实质性修订，只是针对业主供应相关公用设施情况下细化一下相关内容，具体如下：

- 承包商使用的计量仪器等应经过工程师的同意；

- 此类费用应纳入当期的支付报表中，作为抵扣款由承包商向业主支付。

承包商在进行现场考察时，应对未来现场准备"五通"进行考虑，应首先考虑是否能利用现场已经有的设施，比如，周围是否有可以使用的高压系统电网？从电网引入系统电好还是自行发电好？整个现场集中供电好还是各工作面单独发电好？

4.20 业主的设备和免费供应的材料（1999版）
（Employer's Equipment and Free-issue Materials）

出于经济方面的考虑或者质量方面的考虑，有时，业主在合同中规定向承包商提供一定的施工设备和工程用材，业主提供的施工设备一般是收费的，而提供的材料通常是免费的。

1999版本款的规定如下：

- 如果规范中有规定，业主应按规范中的具体规定以及收费标准，将业主的设备提供承包商实施工程；

- 若规范无相反规定，业主应对业主的设备负责；

- 但如果某项业主的设备正在由承包商的人员操作、调度使用或占用和控制着，则此时该设备由承包商负责；

- 承包商使用业主的设备的时间，以及根据收费标准应支付给业主的金额，应由工程师根据第2.5款[业主的索赔]和第3.5款[决定]与双方商定或自行决定，承包商应支付此类费用；

- 如果规范中规定业主向承包商提供免费材料，则业主应自付费用，自担风险，在合同规定的时间将此类材料提供到指定的地点；

- 承包商在接收此类材料前应进行目测，发现数量不足或质量缺陷等问题，应立即通知工程师，在收到通知后，业主应立即将数量补足和更换有缺陷的材料；

- 在承包商目测材料之后，此类材料就移交给了承包商，承包商应开始负责看管；

- 即使材料移交给承包商看管之后，但如果材料数量不足或质量缺陷不明显，目测发现不了，那么，业主仍为之负责。

本款规定业主可能按合同将自己的设备有偿提供给承包商使用，这实际上等于向承包商出租自己的施工设备。如果有这种情况，一般多在规范中规定具体安排。作为承包商应看清楚有关规定的内容：如：业主收费标准，设备类型和新旧状况，计时方法，操作员和燃料由哪方负责提供，使用过程中设备维修由哪一方负责。一般来说，业主出租的条件应优于市场租赁条件。关于业主免费供应的材料，承包商应注意移交地点和时间的安排，以及责任"分界点"。

2017版已经将本款删除，相关内容移至第2条[业主]，参见前面第2.6款[业主提供的材料和业主的设备]。

4.21　进度报告（Progress Reports）（1999版）
4.20　进度报告（Progress Reports）（2017版）

进度报告是业主和工程师了解和管理承包商施工情况的手段之一，也是一项重要的项目管控机制。那么，进度报告多长时间提交一次，报告中又包括哪些内容呢？

1999版本款的规定如下：

■ 月进度报告由承包商编写，并提交给工程师，一式六份；

■ 第一份月进度报告覆盖的时间范围是从开工日期到第一个日历月末，之后每月提交一次，提交的时间为下月7日之前；

■ 每月报告一直持续到承包商完成一切扫尾工作为止；

■ 进度报告包括：

（1）详细的进度图表和说明，内容涉及设计和承包商的文件；设备、材料采购的情况；施工、安装和检验；指定分包商的工作；

（2）能表明设备制造和工程进度的照片；

（3）生产设备和材料厂家的名称；制造地；进度百分比；开始制造，承包商的检查，试验以及装船和运至现场的实际日期与计划日期对比；

（4）该月投入的人员与施工设备的情况（见1999版第6.10款[承包商的人员与设备]）；

（5）质量保证文件，检验结果和材料证书；

（6）业主和承包商分别向对方提出索赔的清单；

（7）事故安全统计以及环保和公共关系方面的问题；

（8）实际进度与计划进度的对比，影响工程按时完工的事件，以及为弥补延误而采取的措施。

2017版没有对本款进行实质性修订，修订内容如下：

■ 承包商应向工程师提交一份月进度报告纸质版原件和一份电子件，若合同数据表中规定需提交附加拷贝，按数据表要求提供。

在国际工程实践中，一般来说，在递交第一个月的进度报告之前，承包商与工程师通常以合同的规定为基础商定月进度报告的格式，之后每个月就按该格式上报月进度报告。其实，在很多国际工程中，合同不但要提交月进度报告（月报），而且还常要求提交周进度报告（周报），有的甚至还要求提交日进度报告（日报）。但随着计算机越来越广泛的应用到工程管理中，编制和提交进度报告相对变得比较容易和便捷了。目前无纸化办公成为一项环保节能的绿色活动潮流，本款2017版顺应这一潮流，将1999版要求承包商提交六份进度报告改为一份纸质版原件附加一份电子版。

除了本款规定的进度报告内容之外，在实践中，有的合同还要求承包商在月进度报告中列入该月出现的质量事故的次数以及补救措施，即：该月内业主/工程师发现承包商工作质量问题而下达的整改通知，英文为Non-performance Report（违规报告）。

进度报告实际上是承包商每月所做的一次工作总结，写入重要的事件和资料。如果不按时提交，工程师可以拒绝承包商的期中支付证书的申请。详见1999版第14.3款[期中支付证书的申请]。

4.22　现场安保（Security of Site）（1999版）
4.21　现场安保（Site Security）（2017版）

现场的安全保卫工作越来越为合同各方所关注，尤其工程现场处于社会治安不太好的国家和地区。

1999版本款的规定如下：

■ 承包商应负责将没有得到授权的人员拒之于现场以外；

■ 有权进入现场的人员仅限于业主的人员，承包商的人员，以及业主或工程师通知承包商允许进入现场的其他承包商的人员。

2017版对本款进行了修订，在一开始增加了一个总体说明，具体如下：

■ 承包商应负责现场安保。

本款对现场安保工作规定比较简单。近年来，随着国际政治经济社会形势的不稳定越来越加剧，安保成为国际工程承包中一项重要和敏感的工作。

2017版本款增加了承包商负责现场安保的内容，那么，如何理解这一规定呢？

我们通过一个例子来说明。某国际工程，由于业主得到信息，一些恐怖分子计划对项目进行破坏，因此请求政府派安全部队来保护，同时通知承包商为军队提供食宿条件。承包商认为，为部队提供食宿条件的费用在投标中没有考虑，属于额外费用，应由业主补偿，但业主认为，按照合同，安保是承包商的责任，因此此类费用应由承包商支付。应该认为，业主的观点是不对的，因为承包商作为一个私人商业实体是无法为防范此类恐怖行为的军事行动而招致的费用负责的，合同赋予他的安保责任仅仅限于合理聘请保安与看守人员，提供正常的防护设施等，而不能负担此类防范恐怖性质的行为招致的费用，除非在合同中有特别规定，如设定安保费用于相关事宜，否则，此类活动应该作为不可抗力或特别风险事件，由业主补偿。

在国际工程实践中，为了防止偷盗和人为破坏，合同可能要求承包商雇用正式的保安公司的人员来保卫现场的安全。对于一些特别设施，如：承包商爆破作业所用炸药的仓库，可能需要请求当地部队来守卫。在国际工程实施过程中，有时甚至发生工程人员被枪击、绑架等恶性恐怖事件发生，严重影响工程的正常进行，降低承包商的施工效率。对此类风险比较大的项目，承包商不但在投标时进行风险评估，施工期间应当有适当的防范措施。适应世界形势，安保体系也应成为国际承包商管理体系中的重要内容。

4.23　承包商的现场作业（Contractor's Site Operations）（1999版）
4.22　承包商的现场作业（Contractor's Site Operations）（2017版）

国际工程合同常常要求承包商的现场工作遵循一些"专业化"规则，如：不得私自占用现场以外的土地，现场要布置得井井有条等，本款就具有类似作用。

1999版本款的主要规定如下：

■ 承包商应将自己的施工作业限制在现场范围以内，在工程师同意后，也可另外征地作为附加工作区域，承包商的设备和人员只准处于这些区域，不得越界到毗邻土地；

■ 施工过程中，承包商应保证现场井井有条，没有不必要的障碍物，施工设备和材料应妥善存放；

■ 验收证书签发后，承包商应清理好相关现场，除缺陷通知期（维修期）必需的设备材料外，其他一切应清理出现场，使现场处于"整洁和安全"的状态。

2017版没有对本款进行实质性修订。

作为一个管理水平高的承包商，其施工作业应体现出自己的"职业形象"，而不能像一个毫不遵守任何规则的"游击队"。施工设备在下班后应停放指定的位置，而不应乱放，这不仅涉及形象问题，而且有时还导致事故。某对外公司的一项国际工程中，由于司机在下班时就势把推土机停放在正在回填的地面上，结果夜晚下雨，新回填的土塌落，导致设备滑落到旁边的深沟，招致不应有的损失。也许有人认为，凡事按条条框框去做，太教条，影响工作效率，但实践表明，一个布置妥当、井井有条的现场更易于提高总体工作效率。

4.24 化石（Fossils）（1999版）
4.23 考古与地质发现（Archaeological and Geological Findings）（2017版）

古代文物等保护是全世界共同关心的问题，很多国家尤其是一些文明古国，有严格的文物保护法。由于工程施工过程中常常碰到文物，为了处理好这一问题，在法律规定的基础上，工程合同中通常有保护现场发现的文物的规定。本款规定的目的就在于此。

1999版本款的主要规定如下：

■ 现场上发现的任何有价值的文物和遗迹应归于业主看管，处置权也在业主；

■ 承包商应采取合理措施，防止其人员肆意移动和损坏发现的文物；

■ 承包商在现场发现文物后，应立即通知工程师，工程师应签发处理该文物的指令；

■ 若承包商因上述情况遭受延误和多开支了费用，他可以按索赔程序索赔工期和费用；

■ 工程师收到索赔后，应按程序进行理赔工作。

2017版没有对本款进行实质性修订。

可以说，本款是近年来工程合同条件中的一个典型条款，也可看作是对第4.12款[不可预见的外界条件]的一个更加具体化的补充规定。但本款明确规定承包商可以索赔工期和费用，并且不像4.12款[不可预见的外界条件]给承包商索赔规定了一些限制条件，这实际上是一种"激励"条款，不但规定承包商有义务保护现场文物，而且通过规定承包商有权索赔来鼓励承包商愿意为保护文物而付出努力。可以想象；如果承包商认为他为保护文物付出的努力得不到补偿的话，他会积极主动的这样做吗？

本条到此讲完了，请检查一下自己是否达到了开始提出的要求，并思考下面的问题：

1. 本条涉及承包商可以索赔的规定有哪些？承包商在索赔时应注意哪些问题？

2. 根据4.21款[进度报告]的要求，自己练习编制一份月进度报告。

3. 请列出承包商在派遣其现场代表时应注意什么问题？一个优秀的项目经理应具备哪些素质？

4. 本条2017版对1999版的修订内容，对你有哪些启发？

管理者言：

　　未来承包商的竞争力不在于它有多少施工设备，而是取决于它有多少优秀的项目经理和良好的人才激励机制。

第5条 指定分包商（Nominated Subcontractor）（1999版）

第5条 分包（Subcontracting）（2017版）

学习完这一条，应该了解：

- 分包的类型；
- 合同对分包的限制以及分包后的责任；
- 指定分包商的含义；
- 承包商在什么情况下可以拒绝接受指定的分包商；
- 承包商在处理对指定分包商的付款时应注意的问题。

一般来说，尤其是对于大型的工程，由于一位承包商不可能对所有工种都擅长，所以分包是国际工程中常见的一种现象。但由于业主是基于承包商自身的优势让其中标的，所以，承包商不可能被允许自由地进行分包，而是受到业主或工程师的某些限制。对于工程中的一些特别专业的关键部位或生产设备，业主希望让一个有经验、有专长、自己熟悉和信赖的专业公司来承揽，以确保工程质量以及业主的其他特殊要求。基于这一原因，在国际工程中又出现了"指定分包商"这一角色❶。

关于分包的规定，1999版本条中规定的是指定分包商，而在第4.4款[分包商]、第4.5款[分包合同权益的转让]的规定的是一般分包商。在2017版中，FIDIC将所有与分包相关的条款都放到第5条，标题为"分包（Subcontracting）"，并在通用条件中删除了原来的第4.5款[分包合同权益的转让]，将相关内容放到专用条件中加以说明。由于本条结构的变化，我们先看1999版关于指定分包的全部规定，然后再看2017版关于分包的具体规定。

5.1 "指定分包商"的定义
（Definition of Nominated Subcontractor）（1999版）

作为合同条件中的一个惯例，在一个新概念出来时，一定进行定义，以免造成误解。本款即用来定义"指定分包商"这一概念，当然，这里的定义有时只是一种简单的说明。主要内容如下：

■ 指定分包商可以在合同中提前由业主指定；

■ 如果在工程实施过程中，业主让承包商去雇用某公司作为指定分包商，则工程师应依据第13条[变更与调整]来给承包商下达指令。

从本款的规定来看，指定分包商可以由业主和承包商在签订主合同时就已商定好，也可以在签订主合同后，由工程师指令承包商去雇用某专业公司，作为指定分包商来承担某部分工作。但这样做，需要按第13条[变更与调整]的有关规定作为变更的内容来处理。主要参见13.5[暂定金额]。

现在我们总结一下国际工程中关于分包商的类型。

---

❶ 确切地说，"指定分包商"起源于英国，FIDIC编制其合同条件时主要参考英国各类合同条件版本，如：ICE和JTC版本，也一直在其合同条件中采用这种"指定分包"方式。

5.2 对指定的反对（Objection to Nomination）（1999版）

承包商是否可以拒绝雇用业主指定的分包商呢？换句话说，他是否有义务接受这种指定的分包商呢？我们看本款的规定：

■ 如果承包商提出了反对雇用指定分包商的理由，又尽快通知了工程师，并附有证明资料，则承包商没有义务雇用指定分包商；

■ 反对指定分包商的理由有：

（1）有理由相信该分包商能力不足、资源不足或财力不足；

（2）分包合同没有明确规定，如果该分包商一方渎职或误用材料，他应保障承包商不会因此而招致损失；

（3）分包合同中没有明确规定，分包商向承包商保证，如果分包的工作出了问题，分包商将为之承担一切责任，以及没有履行此类责任的后果责任。

由于承包商要为整个工程的质量和工期负责，因此强迫承包商雇用指定分包商，会与"指定分包"的思想相违背。所以，一般规定，只要承包商提出拒绝的合理理由，业主不能强迫承包商，除非业主保证承包商不承担由雇用该分包商产生的一切后果，本款的规定目的即在于此。

5.3 对指定分包商的付款（Payment to Nominated Subcontractor）（1999版）

指定分包商是一种特别的分包商，那么对指定分包商如何付款呢？本款规定如下：

■ 指定分包商的应得款项，由工程师签证，承包商按照分包合同的规定支付；

■ 承包商支付给指定分包商的金额，再加上第13.5款[暂定金额]中规定的承包商的其他收费，增加到主合同中，并由业主支付给承包商。

学习本款时请注意，承包商应支付给指定分包商的款额的多少由工程师证明。本款中所说的"其他收费"是指的承包商因负责管理指定分包商而向业主收取的管理费和利润，此费用为指定分包合同额的一个百分数，一般在有关数据表或投标函附录中规定。通常，指定分包商承担的工作从主合同中的暂定金额中支付。参见第13.5款[暂定金额]。

5.4 付款证据（Evidence of Payments）（1999版）

业主方/工程师是否干预承包商向指定分包商的支付呢？如果承包商不按时支付指定分包商，业主可以采取什么措施呢？本款规定如下：

■ 在签发一个包含有指定分包商的款项的支付证书之前，工程师可以要求承包商提供证据，证明指定分包商已经收到了以前签发的支付证书中包含了指定分包商的有关款项；

■ 如果承包商

（1）不能提供支付证据；

（2）又没有向工程师书面说明他扣发指定分包商款项的理由；以及

（3）证明承包商已经通知指定分包商有关扣款事宜以及扣款理由；

那么，业主可以自行直接将有关款项支付给指定分包商；

■ 承包商应随后将业主支付给指定分包商的款项归还给业主。

从本款的规定来看，业主/工程师为了保证承包商按时支付指定分包商，对承包商向指定分包商的支付情况有知情权，并且在承包商无正当理由扣发指定分包商的款项的情况下，可以直接支付给指定分包商，并有权从承包商处收回。为什么这样规定呢？这大概与指定分包商的特殊性有关。为了理解本款的规定，先提出这一问题：承包商是否就指定分包商的工作出现的问题向业主承担责任呢？

首先可以肯定，一般情况下，承包商作为责任人应向业主负责，尤其是指定分包商的施工工艺或提供的材料出现问题时，但承包商可以根据指定分包合同从指定分包商那里得到赔偿。如果在承包商反对雇用指定分包商的情况下，业主坚持用该分包商，并保障承包商免遭由此带来的损失，那么，承包商在指定分包商的工作出现问题时是不向业主承担任何责任的。例如：如果指定分包商的工作延误，影响了承包商的工作，承包商以此为由可向业主索赔工期，业主由于指定分包商的工作而不能按时得到完工的工程，由此招致损失。但由于业主没有向承包商收取拖期赔偿费，承包商自然也不能向指定分包商征收此类赔偿费。因而，指定分包商可以逃脱此责任。为了解决这一问题，在实践中，业主往往与指定分包商签订一个协议，要求指定分包商向业主保证其恰当地履行分包义务，否则向业主承担责任；作为对应条件，业主向指定分包商保证，如果承包商不按时支付，业主可以直接支付指定分包商。由于业主向指定分包商有了这一承诺，因而也在主合同中加上本款规定的类似内容[1]。

5.1　分包商（Subcontractors）（2017版）

本款实际上是1999版中的第4.4款[分包商]，但2017版就某些要求进行了细化，本款修订的具体内容如下：

■　承包商对外分包的合同价值不得超过合同数据表中规定中标合同金额的百分比；

■　若数据表中没有规定分包的百分比，则承包商不得将整个工程分包出去；

■　承包商应对分包商的工作负责，并负责所有分包的协调和管理，并对所有分包商及其代理人的履约行为负责；

■　除了材料供货商与合同规定的分包商之外，承包商其他所有分包商需要经过工程师的事先同意；

■　对需要工程师同意的分包商，承包商需要将雇用的分包商名称、地址、相关经验、分包范围等情况上报工程师，若工程师需要补充材料，承包商也应进一步上报；

■　若工程师收到报给他的材料后14天内没有答复承包商，则认为工程师已经同意了相关分包；

■　每项分包工作在现场开始之前，承包商应至少提前28天通知工程师。

本款2017版与1999版相比，细化了很多规定，如提交分包商的具体情况，规定了工程师答复的时间限制。另外，2017版增加规定了在合同数据表中有分包范围的最大限制，即不能超过中标合同金额的某一比例，这意味着，FIDIC对分包范围的限制越来越严格。另外，在国际实践中，由于东道国就业等相关政策的需要，很多合同还规定，必须有一定比例的工作给当地公司，并规定优先采购当地材料和设备。本款规定材料的采购不需要经过工程师同意，在国际实践中，业主往往通过供货名单的方式对供货商进行控制。FIDIC也在专用条件中说明，业主可以根据自己的采购策略和法律要求，给出材料、设备、采购方面的限定。

---

[1] 关于指定分包商的论述，详见Construction Contracts：Law and management，Third Edition，275-292页，作者：John Murdoch和Will Hughes，E& F N Spon公司2000年出版。

5.2　指定分包商（Nominated Subcontractor）（2017版）

本款实际上是1999版中的第5.1款[指定分包商]～第5.4款[付款证据]中的内容，并结构成了四个子条款5.2.1～5.2.4，与原来的各款基本对应，但2017版进行了一定的细化修订，本款修订的具体内容如下：

■　若承包商反对工程师提名的指定分包商，则他应收到工程师指令后的14天内向工程师发出反对指定的通知。

本款其他内容与1999版相同。在上面修订的内容中，强调了承包商反对指定的时效性，即：承包商必须在收到工程师指定通知后的14天内给出，并附带各种证据。

有意思的是，FIDIC并没有规定，若承包商没有在14天内发出反对指定的通知，其面临的后果责任是什么。一般会出现两种情况：若指定的分包商基本合格，则承包商有可能失去反对权；或当有充分证据证明指定分包商的确不合格，则承包商可能会被判定有履约瑕疵行为，若给业主带来了相关问题，则可能承担相应责任。

关于分包，另外涉及的两个问题：一是"指定分包"名称的问题，严格地说，应该是"提名分包商"，原文Nominated Subcontractor中的"nominated"虽然在英文中也有"确定、明确"的含义，但其基本含义为"提名、提议"，因此，结合本款的具体内容，若翻译为"提名分包商"则更容易理解，但由于"指定分包商"已被广泛应用，成为了一个习惯用语，本书仍然按惯例使用该术语；二是关于分包合同权益转让问题，在1999版中，单独作为一个子条款（第4.5款）来规定，但2017版却删除了，只是在专用条件中做出了说明，这似乎不太好，因为国际工程分包是一个经常现象，而且分包合同的质保期往往与总合同的不一致，若在通用条件中没有此条款，则不利于实际合同的编制。

本条到此讲完了，请检查一下自己是否达到了开始提出的要求，并思考下面的问题：

1. 若承包商没有在规定的时间向工程师发出通知，反对指定分包商，可能会出现哪些后果？

2. 如果指定分包商的工作出了问题，导致承包商遭受了损失，承包商能向业主提出索赔吗？为什么？

3. 要满足哪些条件，承包商才能扣发指定分包商的款项而不会招致工程师反扣？

4. 请总结一下国际工程中分包商的类型。

管理者言：

　　承包商之于分包商，犹如业主之于承包商，在管理分包商时，承包商应懂得"己所不欲，勿施于人"的道理。

第6条 职员与劳工（Staff and Labour）

学习完这一条，应该了解：

- 承包商雇用职员和劳工应注意的问题，如：工资标准、食宿、交通、安全等；
- 承包商按规范/工程量表为业主的人员提供设施。
- 合同对承包商遵守劳动法以及工作时间的要求；
- 合同对承包商在施工期间日常管理工作的要求；
- 合同对承包商的人员技术水平与职业道德的要求；
- 合同对承包商的关键人员的规定。

在完成工程所需要的资源中，人力资源无疑是最活跃的因素。工程管理领域的一些研究发现，项目人力资源管理水平的高低，对项目执行的情况有很大的影响。在国际工程合同中，业主主要从保证项目顺利进行的角度出发，对承包商在雇用和管理其项目的职员和劳工提出了某些要求。本条主要是围绕着这一问题而做出相关规定的，1999版包括11个子条款，2017版在原来的基础上，增加了一个子条款：第6.12款[关键人员]，其他基本保持不变。现在我们一起看具体内容。

6.1 雇用职员和劳工（Engagement of Staff and Labour）

承包商为一个项目是要雇用一定数量的职员和劳工的，承包商在这方面有哪些义务和责任呢？

1999版本款的规定如下：

- 承包商应自行安排雇用一切职员和劳工，包括当地的和外籍的，并支付他们的工资，安排他们的食宿和交通；

- 如果在规范中有其他规定，则按规范的规定执行。

2017版本款基本保持不变，只是除掉了"包括当地和外籍员工"的说明，除了其他之外，增加了要求承包商为员工提供"福利（welfare）"一项新要求。

本款的规定是国际工程的通常做法。我们注意到，除了工资之外，本款还要承包商负责安排他的人员的食宿、交通和福利。在国际工程实践中，承包商可以根据项目实施计划来安排自己的项目人力资源。其人员一般分为：从母国带来员工；东道国雇用的员工；从第三国聘请的员工。对于自己从本国带来的人员，承包商一般在现场或附近建立自己的营地或租赁当地人的住房为他们提供食宿；对于当地或外籍雇员，如果施工现场距离当地的居民区不太远，一般承包商只提供上下班交通，不提供住房，也可以不提供三餐，但需要在现场提供饮用水。无论承包商如何安排，他必须在雇工时将雇工条件讲清楚，并且不违反当地劳动法的规定。至于如何激励自己的员工，则是每个承包商的管理者应注意的另一个问题。

总体来讲，从母国带来的员工一般工作技能好、效率高，沟通方便，但近年来我国外派员工工资比较高；从第三国聘用员工一般工资低、工作态度好，但这两类人员需要提供食宿，并办理工作签证，近年来为非东道国员工办理签证越来越难；东道国的当地员工虽然不需要办理签证，甚至不需要提供专门的食宿，但工作技能和态度常常不如前两类人员。

6.2 工资标准和工作条件（Rates of Wages and Conditions of Labour）

承包商雇用的劳工的工资水平是以什么标准作为参照的？合同对为劳工提供的劳动条件是否有规定呢？

1999版本款的规定如下：

- 承包商支付的工资水平和提供的劳动条件不得低于同行业中约定的标准；
- 若该行业没有相应的适用标准，则不得低于类似行业的标准。

2017版修订了本款，增加了以下内容：

- 承包商支付的工资水平和提供的劳动条件应符合适用法律的规定。

表面来看，此款的规定显得有点重复，尤其2017版中增加了要在雇工时遵守适用的法律，因为在第1条[一般规定]中，对承包商遵守法律有了明确的规定，并且下面的第6.4款[劳动法规]就是规定有关内容的。此处增加了这一规定，可能出于以下考虑：

（1）只有承包商支付的工资标准和提供的劳动条件不低于通行标准，才能雇用到比较合格的项目劳工，有助于保证项目的质量和进度；

（2）在工程所在国劳动法不健全的情况下，使项目劳工的权益得以保护，业主可以避免卷入不必要的劳资争议；

（3）明确规定在雇工方面遵守法律是一种强调，可以看出FIDIC对员工福利方面规定的重视。

但如果本款与第1.13款[遵守法律]以及下面的第6.4款[劳动法规]合并在一起，似乎显得更"整体化"一些。同时，本款也提醒我们在业主国进行市场调查的时候，不但要调查法律规定的最低标准，而且对当地通行的劳工工资标准进行详细的调查会有助于投标报价的准确性。

6.3 正在服务于业主的人员（Persons in the Service of Employer）

如果出于某种目的，承包商或业主希望从正在服务于另一方的雇员中"挖走"一些人，合同允许承包商这样做吗？

1999版本款的规定如下：

- 承包商不得从业主的雇员中雇用或企图雇用任何人员。

2017版对本款增加了下面的规定，并将标题修订为"雇用人员"：

- 业主或工程师也不得从承包商的雇员中雇用或企图雇用任何人员。

1999版本款的规定显然是保护业主利益的。如果承包商"挖走"业主的一些人员，不但会影响业主内部的工作，而且业主的有些保密事项也可能被泄漏。本款1999版中，并没有禁止业主从承包商的人员中"挖人"，2017版则补充了这项规定，从而实现FIDIC编制2017版所倡导的"对等原则"。

6.4　劳动法规（Labour Laws）

建筑业是一个劳动密集型的行业，一个工程要使用大量的工人，因此，对于这样一个行业，遵守劳动法就显得格外重要。

1999版本款的规定如下：

- 承包商应遵守与承包商的人员相关的一切劳动法规，包括对他们的雇用、健康、安全、福利、出入境，并让他们享有一切法定权利；
- 承包商应要求其雇员遵守一切适用法规，包括安全法规。

2017版对本款没有做实质性修订，只是对"雇用"增加了一个说明，包括"工资与工作时间"。

一般来说，各国的劳动法大同小异，与工程雇工相关比较密切的内容涉及以下方面：

（1）雇用程序和解雇程序；

（2）最低工资；

（3）福利条件，如劳保用品的发放等；

（4）办理社会保险或雇主责任险；

（5）病休与带薪休假；

（6）工作时间以及加班费支付问题等。

6.5　工作时间（Working Hours）

工程建设中加班是一种习惯做法，甚至"三班倒"也是司空见惯。在国际工程中，承包商可以在节假日自由加班吗？

1999版本款的规定如下：

- 在当地公共节假日和投标函附录中规定的正常工作时间之外，不允许承包商在现场加班；

■ 但如果合同规定可以，或工程师给予了许可，或为了抢救生命财产或为了工程安全，则承包商可以在现场加班。

2017版对本款没有实质性修订。

这是国际工程合同中的一个典型条款，对承包商的加班进行了限制。由于国外文化和价值观等差异，当地员工对我们国内加班习以为常的做法可能不认同，往往不喜欢加班。除此之外，这样规定可能主要出于这样的原因：如果承包商现场加班，业主/工程师也需要安排相应加班，以保证承包商的工作符合规范的规定，而业主的人员加班也会导致业主多付出一些加班费，而且有些工作，夜间加班可能会影响相关作业。由于业主和承包商在希望尽快完成工程这一问题上目标是一致的，因此，在实践中，承包商的加班申请一般是会得到许可的。（请大家思考：如果承包商加班，导致业主的人员也相应加班，业主可以向承包商索取他的人员的加班费吗？参阅第8.6款[进展速度]）。

若在签订合同时，如果承包商能争取在合同中写入"承包商可以在节假日加班"的规定，这将会给承包商在施工中赶工提供极大便利。

6.6 为职员和劳工提供设施（Facilities for Staff and Labour）

承包商的人员和业主的人员的生活设施和办工设施由哪一方提供？

1999版本款的规定如下：

■ 承包商应为其人员提供一切必要的用房和福利设施，规范另有规定者除外；

■ 承包商应按规范的规定同时为业主的人员提供设施；

■ 承包商不得允许他的人员在永久工程的构筑物内搭设临时或永久住房。

2017版对本款补充修订的内容如下：

■ 若承包商为其人员提供的住宿和相关设施位于现场，除非得到业主的事先许可，否则，住宿和设施地点必须在合同指定的区域。

本款规定的核心就是承包商为业主的人员提供设施的问题。这里规定，承包商按规范中的规定为业主的人员提供设施。在国际工程中，这项内容也常列在承包商的"工作范围"或"业主的要求"中，一般情况下包括：业主人员的现场办工用房；办工设备和相关设施（计算机、电话、传真等）；交通车辆等。对提供的内容和数量一定在投标前搞清楚，例如：承包商除了提供硬件设施外还负担使用费吗（如车辆用油、电话费等）?

员工食宿地点的安排应符合来往现场工作安全、方便、快捷为前提条件，因此，住宿地点离现场越近越好。在国外，由于土地常常是私人所有，使用土地比较敏感，承包商在安排员工住宿地时，既要符合合同的规定，也要了解毗邻区域土地所有权情况。

6.7 健康和安全（Health and Safety）

由于工程施工过程中的影响健康和安全的因素很多，工伤事故率比较高，为了减少此类问题，业主通常在合同中规定承包商在这方面的义务。

1999版本款的规定如下：

■ 承包商应始终采取各种防范措施，保证其人员的健康和安全；

■ 承包商应与当地医疗机构配合，保证在现场为承包商和业主双方人员的住宿地提供医疗人员和医疗设施以及救护服务，包括急救设施、病房、救护车等；同时防止流行病的发生；

■ 承包商应安排专职安全官员，负责现场安全保护和事故预防，安全官员应称职于这一工作，有权签发相关指令和提出防范措施，承包商应满足安全官员为保障安全而提出的各类要求；

■ 承包商应向工程师报告事故详情，并保持人员和财产伤亡和损坏的记录，供工程师检查。

2017版对本款做出少量的修订，标题改为"人员的安全与健康"，删除了承包商上报安全事故的内容（由于在第4.8款[健康与安全义务]进行了规定），增加了如下内容：

■ 承包商的健康安全官员应该有资格、有经验、有能力来胜任这一责任；

■ 为保持现场人员健康和安全事宜，采取防范事故措施，健康安全官员应有权直接下达指令。

健康和安全应是承包商在施工过程中注意的主要问题之一，作为一个成熟的管理者，即使合同中没有如此严格的规定，项目经理也应该慎重地对待此问题（您能举例说明一个项目频繁发生安全事故给承包商带来的后果影响吗?）。他应处理好施工速度与安全防范的辩证关系，指派合格的安全工程师来具体管理安全问题，使项目人员具有充分的安全意识，不但制订完善和可行的项目安全规则，而且要有贯彻这些规则的具体措施。本款的规定与国际劳工组织的167号公约是一致的，将员工的健康和安全统一起来。

2017版强调了承包商健康安全官员的管理权，作为承包商的一项义务执行，这对健康安全管理从组织上给与保障。

除本款外，FIDIC在第4.8款[健康与安全义务]，也都对健康安全事宜作出规定，反映了FIDIC的"人为本"思想。

6.8 承包商的管理工作（Contractor's Superintendence）

为了保证项目顺利和安全地进行，合同要求承包商实施良好的项目管理，作为承包商用来保证其履行合同义务的一项措施。

1999版本款的规定如下：

■ 在工程施工的过程中，承包商应提供一切必要的管理工作，具体包括计划、安排、指导和检验各项工作；

■ 为了保证工程顺利和安全实施，要有足够数量的从事管理工作的人员，他们要懂合同规定的沟通语言，懂施工作业方法和技术，熟悉施工中潜在的风险因素和避免事故的方法。

2017版对本款没有做实质性修订。

可以说，本款提出了对承包商进行项目管理总体要求，涉及项目管理的内容和管理人员的数量和素质要求。具体来讲，项目管理可覆盖以下8个方面的内容：

（1）范围管理（Scope Management）；

（2）时间管理（Time Management）；

（3）费用管理（Cost Management）；

（4）人力资源管理（Human Resource Management）；

（5）风险管理（Risk Management）；

（6）质量管理（Quality Management）；

（7）合同管理（Contract Management）；

（8）沟通交际管理（Communication Management）

可以认为，合格的项目管理人员应至少是其中一方面的专家，而一个优秀项目经理则应既是在其中一方面的专家（specialist），而又了解其他方面的通才人物（generalist）。

FIDIC在多处强调了承包商的代表（项目经理）以及关键职管理员必须能流利地

使用合同规定的沟通语言的技能。

从组织层面，根据项目的复杂度，承包商的项目部往往设置若干部门，包括：项目经理办公室、行政管理部、施工管理部、质量管理部、健康安全管理部、计划控制部、财务部、商务合同部等。不管如何设置，都必须遵循"目标统一""高效协调"原则。

6.9 承包商的人员（Contractor's Personnel）

高水平的管理和工作质量来自于高素质的管理人员和技术人员。

1999版本款的规定如下：

■ 承包商的人员应是各自工种或专业的称职人员，具有相应的技能和经验；

■ 如果承包商的人员有下列行为之一：

（1）一贯行为不轨或粗心；

（2）不能胜任工作或渎职；

（3）不遵守合同的规定；

（4）经常做出危害安全、有损健康或环保的行为；

则工程师有权将其驱逐出现场，不得再在项目上工作，包括承包商的项目经理。

2017版对本款进行了修订，增加的内容如下：

■ 除了1999版规定的四种情况外，又增加了两种：

（5）基于合理证据，腐败、欺诈、合谋、强制用工；

（6）违反第6.3款[雇用人员]的规定，从业主处"挖走"相关人员。

■ 承包商应立即补充任命替代人选，填补被驱逐人员的空缺，若被驱逐的人员是承包商的代表或关键职员，同时遵循相关条款规定。

本款的规定体现了合同对承包商的项目人员的素质要求，具体分为两个方面：技术水平和职业道德，并且工程师有权从现场"驱逐"走承包商的任何人员，包括承包商的代表（项目经理）。这样规定的优点是能保证项目拥有整体高素质的人员，同时，为了避免工程师滥用这一职权，规定了工程师行使这一权力的限定条件。

2017版本款补充了两种承包商违规情况，从合同规定角度加大了反腐败的力度。本款与上一条款的规定有一些交叉，但侧重点不同，请联系上一条款来体会关于承包商人员的规定。

6.10 承包商的人员和设备的记录
（Records of Contractor's Personnel and Equipment）

为了便于工程师监理承包商的工作，合同常要求承包商定期向工程师汇报承包商投入项目的人员和设备。

1999版本款的规定如下：

■ 承包商应向工程师提交承包商每一级别的项目人员数量以及每类施工设备的数量报告；

■ 报告应按工程师批准的格式，并每月提交一次，直到在缺陷通知期完成全部扫尾工作为止。

2017版对本款的标题修订为"承包商的记录（Contractor's Records）"，并修订增加了下列内容：

■ 除非承包商提议并经过工程师同意，否则，承包商应随每月的进度报告（第4.20款[进度报告]），针对进度计划中的每一道工序、在每个工作地点、每天使用的资源进行记录，并提交给工程师；

■ 这些资源包括：（1）承包商每一级人员的使用以及工作时间；（2）每类承包商设备的工作时间；（3）使用的临时设施的类型；（4）安装到永久工程上的生产设备；（5）使用材料的类型和数量。

由于本款的规定，工程师掌握了承包商整个项目人员数量和设备数量，这对业主了解项目的实施情况很有帮助。另外，承包商提供的设备与人员投入量如果不能满足项目顺利进行的需求，当承包商因其他事件索赔工期时，业主很可能以承包商的人员设备不足为理由来指责工程的延误是承包商造成的。

2017版明确规定，承包商关于人材机的记录随每月进度报告一起提交，并补充规定了提交记录的详细内容。

6.11 妨碍治安行为（Disorderly Conduct）

国际工程的复杂的特点导致在项目执行期间可能出现一些影响安定的"混乱"现象。为了尽可能减少此类情况的发生，以及在发生后保持安定，合同常规定承包商要负担这方面的责任。

1999版本款的规定如下：

■ 承包商始终应采取一切合理防范措施来避免在项目人员内部发生违法、动乱或妨碍治安的行为，保持项目的安定；

■ 承包商还应保护好现场上和周围的人员和财产的安全。

2017版没有对本款进行修订。

由于项目环境的复杂性，在国际工程中，工人罢工闹事以及外籍工人与当地工人发生冲突的现象并不少见，往往对承包商和项目的形象造成不好的影响。本款规定了承包商在防范这些问题方面的责任。请大家思考：承包商可以采取哪些预防措施来避免此类事件的发生呢？

6.12 关键人员（Key Personnel）

本款是2017版增加的一个子条款，具体规定如下：

■ 承包商应在其投标书中，任命相关自然人担任项目关键职位；

■ 若承包商在投标书没有任命或任命后相关人选无法就位，承包商应将相关人选和其简历提交工程师，供其同意；

■ 若工程师随后撤销或没有批准对相关关键人员的认可，承包商应随后上报工程师相关替代人选；

■ 若工程师收到承包商提交的上报人选材料后14天没有反对任命的通知或没有提供合理理由，则认为相关人选已经被批准；

■ 不经过工程师同意，承包商不得撤销这些人选的任命，若关键人员中因死亡、能力或辞职不能继续任职，承包商应立即任命临时人选接替，之后补报工程师批准程序后正式入职；

■ 所有关键人员应该全职在现场或为工程工作，若临时离开现场，则承包商应该立即补充替代人选，并经工程师同意；

■ 所有关键人员都需要流利使用第1.4款[法律与语言]规定的语言；

■ 若在规范中没有对关键人员规定，则本款规定不适用。

国际工程管理理论研究显示，项目人力资源的素养与项目成功有很大的正相关。2017版增加了关于关键人员的规定，则是这些研究结果的反映。在本款中，强调了对关键职位人选任命的要求，这样为项目顺利执行提供了人力资源方面的保障。

本条到此讲完了，请检查一下自己是否达到了开始提出的要求，并思考下面的问题：

1. 承包商雇用当地工人时应注意哪些问题？

2. 本款对项目中的健康和安全是怎么规定的？如果您是项目经理，应怎么认识项目的健康和安全问题？

3. 结合本条的规定，请思考一下如何在国际工程中恰当地激励员工。

4. 您对2017版增加的第6.12款[关键人员]是怎么认识的？

管理者言：

项目经理必须认识到这样一个事实：他的项目队伍中只有两类人：第一类为项目创造利润；第二类为项目创造亏损。他的工作之一就是激励前一类，消除后一类。

FIDIC

第**7**条 生产设备、材料和工艺
（Plant, Materials
and Workmanship）

学习完这一条，应该了解：

■ 承包商实施工程各个环节的总体要求；

■ 材料质量控制方法；

■ 业主与承包商的现场检验内容和程序；

■ 工程师的拒收与不合格工程的返工。

质量是工程的生命。在国际工程中，业主对工程质量管理和控制❶主要体现在规范、图纸以及合同条件的规定中。承包商根据合同的各项规定，编制自己内部质量控制程序，在工程实施中执行。本条给出了设备材料验收与工艺检验的有关规定，作为业主控制工程质量的手段，可以说，本条属于质量控制方面的内容。2017版本条的子条款数量仍为8个子条款，只是对其中两个子条款的标题作了修订，并细化了某些条款的内容，但总体来看没有做实质性修订，现在我们一起看具体内容。

7.1 实施方式（Manner of Execution）

英文工程合同条件编写的特色之一就是常常在一个条款的第一款中做出全面但笼统的规定，以期望覆盖该条规定的主要意图，然后，在后续的条款中将核心的内容再详细规定，这在涉及承包商的义务和责任的条款中表现尤为明显。FIDIC合同条件中的条款也体现了这一编写方法，本款就是这一目的，它概括了承包商在工程实施过程中为了保证工程质量而应采取的实施方式，包括材料、设备、工艺、现场作业（除了本款外，您能再从我们已经阅读过的内容中找一个类似方法编写的条款吗？）。

1999版本款的规定如下：

■ 无论是生产设备和材料的加工与制造，还是其他的工程施工作业，承包商都应遵守下列三项原则；

■ 如果合同中有具体的规定，按此类具体方式来实施；

■ 应按照公认的良好惯例，以恰当的施工工艺和谨慎的态度去实施；

■ 若合同没有另外的规定，应使用恰当配备的设施和无害材料来实施。

2017版没有对本款做实质性修订，但更加细化了生产设备与材料的全过程，修订如下：

■ 无论是生产设备的制造、供应、安装、试验、试运，材料的生产、制作、供应和试验，还是工程实施中的其他作业和工序，承包商都应遵守本款规定的三项原则。

本款为承包商实施工程的所有作业和工序限定了三项规则。第一项规则实际上主要体现在规范的规定中，承包商按规范中规定的标准执行即可；第二项是对第一项的补充，也就是说，在没有明确的规定施工方法时，应按"公认的良好惯例"（在FIDIC

---

❶ 在ISO8402–1994"质量—术语"中，给出了"质量管理"和"质量控制"的严格定义，前者的范围要比后者宽得多。由于FIDIC合同条件中没有使用此类术语，在本书条款的解释中，使用此类术语时并不严格遵守上述文件中的定义。见前面第4.9款中的解释。

合同条件中，对这一术语并没有定义，那么您是怎样来理解这一工程合同常常使用的术语的？）；第三项主要从施工中的设施与材料的安全性能方面提出了对施工方式的要求。本款的规定在下面几款中得到细化。

7.2 样品（Samples）

工程材料的质量直接关系到工程本身的质量，因此，材料质量控制是质量控制的一个关键内容。对业主来说，需要获得有关材料的技术数据，以确保工程用材符合合同的要求。为此，就需要在合同中规定承包商在这方面的义务。

1999版本款规定如下：

■ 承包商在将材料用于工程之前，应向工程师提交有关材料的样品和资料，取得工程师的同意；

■ 此类样品包括承包商自费提供的厂家的标准样品以及合同中规定的其他样品；

■ 如果工程师还要求承包商提供任何附加样品，则工程师应以变更形式发出指令；

■ 每种样品上应列明其原产地和在工程中的用途。

2017版对本款没有进行任何修订。

本款规定承包商在材料用于工程之前，向工程师提交样品。实际上，在工程实践中，对于工程中常用的大宗材料，如水泥，承包商可以依据规范以及有关设计要求，向厂家提出要采购水泥的技术数据。厂家将自己产品的技术数据提供给承包商，承包商认为符合要求之后，在下订单之前，把此类技术数据提交给工程师，经工程师同意后再下达订单，这样就可避免工程师对已经采购的材料拒绝用于工程的被动局面。另外，还请大家注意，有些国际工程合同中明确规定，一些重要的生产设备在下订单之前，需要得到业主方对厂家的批准，或者承包商只能从业主批准的供货商名单（Vendor List）中购买。请大家思考一下：此款规定承包商向工程师提交样品供其同意，但并没有规定工程师在多长时间中给予答复，万一工程师的答复太迟（虽然这种情况并不常发生），延误了承包商的工作，承包商有何保护自己的措施（参阅第1.3款[通信联络]）？

7.3 检查（Inspection）

业主在施工期间对承包商工作的检查是控制工程质量的手段之一，为此，合同中应规定工程师在这方面的权力以及承包商应给予的配合。

1999版本款的规定如下：

■ 业主的人员应有权❶在一切合理的时间进入现场以及天然料场；

■ 业主的人员还应有权在一切合理的时间进入项目设备和材料的制造生产基地，检验和测量生产设备和材料的用材、制造工艺以及进度；

■ 承包商应提供一切机会协助业主的人员完成此类工作，并提供所需设施等；

■ 此类检查不解除承包商的任何义务和责任；

■ 当完成的一项工作在隐蔽之前，或者任何产品在包装储存或运输之前，承包商应及时通知工程师；

■ 工程师应前来检验和测量等，不得无故延误；但如果他要求不检查，应及时通知承包商；

■ 如果承包商没有通知工程师，则在工程师要求时，承包商应自费打开已经覆盖的工程，供工程师检查，并随后恢复原状。

2017版对本款修订的内容如下：

■ 工程师有权在合同数据表规定的正常工作时间以及其他合理时间内进入现场以及天然料场；

■ 在同样的时间内，工程师有权对现场内外承包商的生产、制造、施工工作按规定进行（1）材料、生产设备、工艺方面的检测和试验，（2）生产设备和材料的生产制造进度检查，以及（3）对相关工作进行记录，包括照片和录像；

■ 在同样的时间内，工程师还有权履行合同条件规定的职责和其他事宜；

■ 工程师接到承包商的通知之后，业主的人员应当前来履行检查程序，不得无故拖延，或者工程师给承包商发出通知，告知承包商不必检查了。

本款规定了两部分内容：第一部分为业主的人员进入现场或有关场所检查工程的权力，同时规定承包商有义务协助业主的人员进行此类检查；第二部分为检查隐蔽工程的程序，包括工程构件包装储存或运输前的检查程序。本款中规定，工程师接到承包商的通知之后，应前来验收已经完成的待隐蔽的工作，不得无故拖延，但没有规定具体的时间限制，这给实际操作中可能带来不便，但如果业主的人员/工程师与承包

---

❶ 原文用的是"shall be entitled to"来规定"业主的人员有权……"，在合同语言中"shall"常表示"强制性的概念"，通常将其翻译为"应"。本款中用"shall"，似乎与本款的语境不太吻合。

商的合作愉快的话，不会发生故意拖延验收的情况，毕竟双方都希望工程按时竣工。由于实际工作中各类因素比较复杂，在具体的项目中，也可考虑在合同专用条件中对"不得无故拖延"做出进一步的规定，即：给出具体的时间限制。

2017版将1999版规定的"工程师"前来检查修改为"业主的人员"前来检查，虽然逻辑上不错，但与整个合同条件的行文风格及实际的操作过程有点不符。

7.4 检验（Testing）（1999版）
7.4 承包商的检验（Testing by the Contractor）（2017版）

检验可以说是深层次的检查，需要专门仪器和装置来进行。检验怎样安排？哪一方提供检验仪器和设施？检验程序如何？

1999版本款的规定如下：

■ 本款的规定适用于合同明文规定的一切检验（竣工后检验除外）；

■ 承包商为检验提供的服务包括：

（1）合格的人员，包括职员和劳工；

（2）设施和仪器等；

（3）消耗品，包括电、燃料、材料等；

（4）提供的数量以能够高效地实施此类检验为准。

■ 若准备对生产设备、材料以及工程的其他部分检验，承包商应与工程师提前商定检验的时间和地点；

■ 工程师有权根据变更条款（第13条[变更与调整]）的规定，来变更检验的地点以及其他方面的内容，也可下指令进行附加检验，但若检验结果发现，经过测试的材料、生产设备、工艺不符合合同规定，则相关变更和附加检验的费用由承包商承担；

■ 若工程师打算参加检验，应至少提前24小时通知承包商；

■ 如果工程师在商定的时间不到场，承包商可以自行检验，检验结果有效，等同于工程师在场；

■ 在开始检验之前，工程师可以通知承包商，更改已经商定好的时间和地点，但如果工程师的此类变动影响了承包商的工作，承包商可以按第20.1款[承包商的索赔]，提出工期和经济索赔（包括费用和利润）；

■ 工程师收到承包商的索赔通知之后，按第3.5款[决定]来处理；

■ 承包商应立即将其正式检验报告提交工程师，如果检验通过了，工程师应在上面背书认可，也可另签发一份检验证书，证明该检验结果；

■ 如果工程师没有参加检验，他应认可承包商的检验结果。

2017版对本款进行了一些修订，主要修订内容如下：

■ 用于检验的所有仪器、设备和工具都应根据规范规定的标准或适用法律规定的标准进行校正，若工程师要求，承包商应将校正证书提交给工程师；

■ 承包商应根据检验的地点，将相关检验的地点和时间给工程师提前发出合理的通知；

■ 工程师应提前72小时通知承包商是否参加该检验；

■ 若承包商关于检验安排延误招致的业主方的额外费用，则业主可以按索赔程序向承包商提出相应索赔。

本款从适用范围、检验投入、检验程序、例外处理等进行了详细的规定。在国际工程中，工程中的检验可大致分三类：施工过程中的检验，竣工检验，竣工后检验。对于施工合同，一般只有前两类检验，竣工后检验并不常见，通常只出现在包括设计的交钥匙总承包合同中。如：本施工合同条件中就没有出现关于"竣工后检验"的规定。参阅1999版第9条[竣工检验]和第11.6款[进一步的检验]。

由于检验仪器设备的校准对检查结果影响很大，所以2017版要求承包商在检验前对相关设备仪器进行校正，若工程师要求，还要将校准证书提交工程师。另外，工程师参加检验意向通知的时间也由原来的提前24小时改为提前72小时，但同时规定，若承包商关于检验的安排延误导致业主损失，则业主可以索赔。这反映了FIDIC在约束双方方面的对等思想。

7.5 拒收（Rejection）（1999版）
7.5 缺陷与拒收（Defects and Rejection）（2017版）

如果检验结果发现相关工作、材料或工艺有缺陷，不符合合同的规定，双方将如何处理？

1999版本款的规定如下：

■ 如果检查和检验发现生产设备、材料或施工工艺有缺陷或不符合合同的要求，工程师可以通知承包商，拒绝接收，但应说明理由；

■ 承包商应立即将缺陷修复，并保证被拒收的工作经修复后都符合合同的规定；

■ 如果工程师要求对经过修复或更换的新材料、生产设备，施工工艺重新进行检验，重新检验的条件应与以前的一样；

■ 如果重新检验使业主支付了额外费用，业主可以按第2.5款[业主的索赔]规定的程序向承包商索取。

2017版对本款相关程序进行具体化，修订和增加主要内容如下：

■ 收到工程师关于检验结果有缺陷的通知时，承包商立即编制和提交工程师一份整改方案；

■ 若工程师审查承包商的整改方案后认为不能达到预期修复效果，他可以要求承包商进行修改，承包商应立即将修正的整改方案再次提交工程师；

■ 若工程师收到承包商整改方案14天内没有答复，则认为工程师发出了不反对通知，认可了整改方案；

■ 若承包商没有立即提交整改方案或实施整改工作，工程师可以按第7.6款[补救工作]发出通知，要求承包商再次提交整改方案和实施相关补救工作，或按照第11.4款[未能修复缺陷]拒收相关工作。

从本款的规定来看，工程师拒绝接收承包商的工作的原因有两大类：第一类是工作本身有缺陷，如浇筑的混凝土出现了规范不允许的裂缝或蜂窝麻面；另一类是产品本身没有缺陷，但不符合合同规定，如：合同要求工程中用的UPS的原产地为法国，而承包商购买的UPS的原产地却是新加坡。但在实践中，由于有时工程本身十分复杂，检验的标准不太明确，可能双方对检验结果的看法不太一致，因此，为了避免工程师滥用职权，本款要求他在拒绝承包商的某工作时给出理由。

由于重新检验增加了业主的人员的工作量，导致业主多支付他的人员工资以及各种补助，因此本款规定，业主可以通过索赔的手段从承包商处得到补偿。这是一种比较合理的规定，因为重新检验是由于承包商的过错引起的。类似本款的规定还可以在第8.6款[进展速度]中发现。

2017版本款在修复检验发现的工程缺陷程序上给出了更具体的规定。在工程师通知有缺陷后，要求承包商立即编制整改方案，并提交工程师审查，通过后实施补救工作。又进一步规定，若承包商没有及时提交整改方案并加以落实，工程师有权按合同条件相关条款予以处罚。

7.6 补救工作（Remedial Work）

如果材料、生产设备和施工工艺已经进行了检验，并且也已经被认可了，是否就意味着工程师不能再"说三道四"呢？如果现场出现紧急情况，工程师是否有权指示承包商进行任何补救工作呢？

1999版本款的规定如下：

■ 尽管已经进行了检验或给予了认可，工程师仍有权指示

（1）承包商换掉不符合合同的材料和生产设备；

（2）不符合合同要求的工作一律返工；

（3）承包商在发生紧急情况时，如：事故、意外事件等，为了工程的安全需要紧急做的任何工作；

■ 承包商应在合理的时间内执行工程师的指令，如果属于紧急情况，他应立即执行；

■ 如果承包商没有执行工程师的指令，业主可以花钱雇人来做相关工作；

■ 如果这些工作本属于承包商职责范围内工作，业主可以按照索赔条款向承包商索取。

2017版对本款进行了一项明晰性修订，内容如下：

■ 如果工程师下达的补救工作的指令是由于业主人员的行为或特别事件引起的，则承包商有权按照索赔程序提起相关索赔。

本款可分两大部分内容：第一部分规定工程师下达指令的权力；第二部分规定何方承担相应费用。

本款第一部分规定，不管工程师是否已对承包商完成的工作认可，如果随后他发现已经认可的工作不符合合同要求，仍可以下达指令令其更换或返工。这通常是国际工程合同中典型规定，即：工程师的认可和批准不解除承包商的任何合同义务，而承包商的合同义务就是提供给业主一个符合合同规定的工程。

现在，我们从管理学的角度进一步分析这种规定。从积极意义上说，这一规定能起到约束承包商投机取巧的作用；但这种规定也有其消极的一面，即：它可能纵容作为管理者的工程师在监督承包商执行工作过程中不负责任的行为，因为只要他以前认可或批准的工作有问题（当然要依据合同判定），他就可以随时下达新指令要求承包商返工，而自己不负担任何责任。这可能导致工程实施过程中低效率，不利于工程顺利执行，甚至导致合同双方的对立情绪。一个理想的合同条款应当能够激励合同双方以积极的态度去实施工作并且避免一切消极行为。本款还规定在紧急情况下为了工程的安全，工程师可以命令承包商立即实施任何必要的工作，赋予工程师这一权力显然

是非常必要的。

第二部分内容规定，如果承包商不执行工程师的指令，业主有权雇用并支付他人来做此类工作。如果此类工作属于承包商的本职工作，业主可以向其索取他支付的费用。表面看，这是一个业主索赔的规定，但同时也隐含了一个承包商索赔的规定，即：如果承包商执行了工程师的指令，在紧急情况下做了超出合同范围以外的工作，他同样有权向业主索赔。在1999版隐含的承包商的索赔权，在2017版中得以明晰。

7.7 生产设备和材料的使用权（Ownership of Plant and Materials）

工程的建设周期一般比较长，承包商采购的生产设备和材料很多，在国际工程中，常规定这些设备和材料在安装或消耗到工程上之前，其所有权归业主所有。

1999版本款的规定如下：

■ 生产设备和材料在运到现场之后，或者，在工程暂停的情况下（第8.10款[暂停工作情况下对生产设备和材料的支付]），当承包商有权从业主处获得设备和材料款时，这些生产设备和材料的所有权即归属业主，以先发生的时间为准；

■ 对所有此类生产设备和材料不得设有留置权或其他产权妨碍；

■ 如果上述规定与工程所在国的法律的相违背，以法律为准。

2017版对本款增加第三种所有权转移的情况，即：根据第14.5款[拟用于工程上的生产设备和材料]，承包商获得了相关款项。

本款的目的就是解决工程待安装的生产设备和待消耗材料的所有权问题。之所以规定在上述两种情况下所有权归业主所有，大概是因为，在上述情况下，承包商一般就可以有权从业主处获得到一定的设备和材料款（见第14.5款[拟用于工程的生产设备和材料]），因此业主有理由获得它们的所有权，但由于业主的此类付款一般不是全部，而且在所有权转移给业主时此类款项可能还没有实际付出（承包商此时只是有权获得付款），因此，这一规定可能与某些国家的法律相违背，故本款说明，其规定以不与工程所在国的法律相违背为前提。

这一规定不但解决相关设备和材料所有权方面的矛盾，保护业主的利益，而且有利于对工程办理相关保险（为什么？）❶。

---

❶ 可以参阅第18条[保险]的相关规定。

7.8 矿产使用费（Royalties）

在工程施工过程中，常需要从现场内外取用一定的天然材料，另外，施工后剩余的废弃物也需要处置，那么涉及的有关费用由哪一方负担呢？

1999版本款的规定如下：

■ 如果在规范中没有另外规定，承包商应支付他从现场外取得的天然材料的一切费用；

■ 如果在规范中没有另外规定，施工中开挖和拆除的废弃物或剩余材料的处理费，也由承包商自行负担，但如果在现场内指定了废弃物处理区，承包商可免费在此区域内处置其废弃物。

2017版对本款没有修订。

承包商也许在投标期间，就要考虑其施工中所需的某些天然原料的来源，尤其是黏土、细砂、碎石等。有时在合同规范中会作出说明，承包商可以从现场内的某一区域取用施工所需的天然原料，但如果承包商在现场外获取天然原料，一般需要承包商自己与料场的所有人协商，并支付取料费。当今，越来越多的国家重视环境问题，因此，即使在现场设有垃圾处理场，合同规范中对施工中的废弃物的处置的规定也很严格，如有些废弃物必须在指定地点焚烧，有些则必须掩埋。如果合同不允许在现场处理废弃物，承包商只有自费将其倾倒到现场外，由此发生的费用通常是由承包商承担的。

本条到此讲完了，请检查一下自己是否达到了开始提出的要求，并思考下面的问题：

1. 本款的规定主要从哪些方面控制工程质量？

2. 请您基于本条的规定试着编制一份工程检验的操作程序。

3. 请总结和评述一下2017版本条修订的相关内容。

管理者言：

"百年大计，质量第一"，这句话写在工地大门外的牌子上易，但要刻在每个项目人员的心中难。

FIDIC

第8条 开工、延误及暂停 (Commencement, Delay and Suspension)

学习完这一条，应该了解：

■ 关于开工的具体规定，尤其是开工日期的确定；

■ 承包商进度计划的编制与提交；

■ 承包商索赔工期的权利和条件；

■ 业主对承包商延误工期的管理方法以及收取拖期赔偿费
的规定；

■ 工程暂停的条件以及暂停的后果。

"时间就是金钱"，对工程建设的各方来说再恰当不过了。进度管理是项目管理的主要内容之一，无论是业主，还是承包商，通常以工期、费用和质量三个指标来判断项目是否成功。从工程实施进程来看，与工期管理密切关联的内容有：开工、进度、竣工、缺陷通知期，以及工程延期。从第8条到第11条可以看作是对工期管理的内容。本条基本上覆盖的是开工、进度、暂停、工期延长等方面的内容。1999版包括12个子条款，2017版对某些条款进行了细化，修订了某些条款的标题，并增加一个子条款：8.4[预警]（Advance Warning）。现在我们一起看具体内容。

8.1 开工（Commencement of Work）

开工是实施工程的重要里程碑。承包商在收到中标函后，最关心的问题之一就是什么日期开工，以便及时启动项目的实施。那么合同对开工是如何规定的呢？

1999版本款的规定如下：

■ 工程师至少应提前7天将开工日期通知承包商；

■ 如果专用条件中没有其他规定，开工日期应在承包商收到中标函后42天内；

■ 承包商在开工日期后应"尽可能合理快"地开始实施工程，之后应以恰当的速度施工，不得拖延。

2017版对本款修订了工程师提前通知的时间：

■ 工程师至少应提前14天将开工日期通知承包商。

工程开工日期是一个十分重要的日期。可以说本款的前两个规定主要是限制业主，保护承包商利益的，为什么呢？因为承包商在中标之后，就会全力投入施工准备，如果因为业主的原因，迟迟不签发开工通知，承包商就无法做出合理的开工安排，可能导致设备和人员的闲置，招致无效费用。所以，本款规定，开工日期必须在承包商收到中标函之后的42天期间内，按照1999版的规定，工程师最迟必须在承包商收到中标函后的第35天签发开工通知，按照2017版的规定工程师最迟必须在承包商收到中标函后的第28天签发开工通知。应注意，本款同样允许业主在专用条件中对"42天"这一期限加以修改，具体到某一项目，还需要看业主在专用条件中修订的具体时间。但无论将此期限延长或缩短，承包商至少能获得明确的信息，以便做出相应合理的安排。因此，本款同样隐含着这样一个规定：如果业主没有在规定的时间内允许承包商开工而导致了承包商的损失，承包商是有权索赔的。但一个项目没有开工就发生索赔事件，无论对业主还是对承包商决非好事，双方应本着合作精神去解决此类问题，这才是问题的关键。同时，承包商又可能不希望工程师太快签发开工通知，以免来不及做开工准备，如：承包商一般是不会愿意工程师在承包商收到中标函后立即签发开工通知的。

前面两项规定是约束业主的，最后一项明显是约束承包商的，即：承包商在开工日期之后应立即行动起来，至少看起来是"尽可能合理地快"开始实施工程，并在之后的工期内恰当施工，不得延误。虽然这一规定比较模糊（如：什么是"尽可能合理地快"？），但如果承包商由于自己的原因，迟迟不能开工，业主有哪些权利处置承包商呢？请参见1999版第8.6款[进展速度]和第15.2款[业主提出的终止]。

无论业主，还是承包商，都需要一定的时间准备开工，因此，工程师在签发开工通知时，应考虑双方的准备情况。FIDIC在2017版将原来1999版规定的提前7天工程师发出开工通知延长到提前14天，这一修订更便于承包商的项目启动，为承包商提供了更加充分的准备时间。修订的原因大体是因为近年来国际工程项目总体上规模越来越大，承包商需要更长的时间集中准备。

笔者认为，本款是2017版FIDIC条件中高质量条款中最具有代表性的一个，既有约束双方的原则，又在操作上有一定的弹性。

另外，承包商收到开工通知后首先要做的就是占有现场，大家还记得业主将现场移交给承包商的规定吗？如果不记得了，那么请再查阅一下第2.1款[进入现场的权利]和投标函附录/合同数据表吧。

8.2 竣工时间（Time for Completion）

竣工时间就是合同要求承包商完成工程的时间段。那么，在这一时间段内，承包商完成哪些工作才算竣工呢？

1999版本款的规定如下：

■ 承包商应在竣工时间内完成整个工程；

■ 完成整个工程的含义是：

（1）通过竣工检验；

（2）完成第10.1款[工程接收]中要求的全部工作。

■ 如果合同同时还规定了某区段的竣工时间，其原则同上。

2017版对本款没有进行修订。

这里的竣工时间指的是一时间段，相当于我们国内通常所说的"工期"，即：承包商必须在这一段期限内完成有关工作，达到第10.1款[工程接收]中规定的移交标准供业主接收，除非承包商通过索赔得到延期。如果在合同中将整个工程划分为若干个区段，并要求分别移交，那么，合同就有若干个对应于各个区段的竣工时间。大家还记得竣工时间的计算是从哪一天算起的吗？竣工时间的具体日期是在哪个合同文件中规定的呢？如果不记得了，请查阅第1条[一般规定]中的"定义1.1.3.3 竣工时间"和投标函附录。

8.3 进度计划（Programme）

"凡事预则立"。要实施一个项目，需要有精心的计划。工程项目的实施就必须有进度计划这个"纲"。承包商的项目管理需要这个"纲"，业主为了了解承包商对项目实施安排和管理承包商，也需要这个"纲"。因此，国际工程合同常规定承包商向业主递交一份的进度计划。那么，如何编制此类进度计划，是否需要工程师审查通过，如何更新此类进度计划呢？

1999版本款的规定如下：

■ 承包商应在收到开工通知后的28天内向工程师递交一份详细的施工进度计划；

■ 如果承包商现有的进度计划与承包商的实际进度或合同义务不符，承包商应对其进行修改，并再次提交给工程师；

■ 进度计划应包括下列内容：

（1）承包商实施工程的顺序，即：各阶段工作的时间安排，如：设计（如果工作包含设计内容），承包商文件的编制，货物采购，施工安装，检验等；

（2）涉及指定分包商的工作的各个阶段；

（3）合同中规定的检查和检验的顺序和时间安排；

（4）一份支持报告，包括承包商的施工方法和主要施工阶段，以及各阶段现场所需的各类人员和施工设备的数量。

■ 如果收到承包商的进度计划后，工程师认为某些方面不符合合同的规定，他可以在收到后的21天内通知承包商，否则，承包商可以依据该进度计划进行工作，但同时不得违反其他合同义务；

■ 业主的人员在进行工作安排时，可以依据该计划；

■ 在实施过程中，如果承包商认为有可能随后发生的事件可能会消极地影响到工作，增加合同价格和延误进度，他应立即通知工程师；

■ 工程师可要求承包商提交一份未来事件预期影响的估算，以及按第13.3款[变更程序]提交一份建议书；

■ 如果工程师向承包商发出通知，说明进度计划不符合合同要求或与实际进度和承包商既定目标不相符，无论何时，承包商都应根据本款向工程师提交一份修正的进度计划。

2017版本款用了很多的篇幅对进度计划的编制、提交和作用进行了增补和细化，由于修改内容较多，在此给出主要规定如下：

■ 承包商应在收到开工通知后的28天内，向工程师提交一份工程实施的初始进度计划；

■ 进度计划的编制应使用规范中规定的软件，若没有规定，按工程师接受的软件；

■ 当进度计划变得不符合实际情况时，承包商应提交修订的进度计划；

■ 提交初始进度计划和修订计划应包括一份纸质版原件，一份电子件，外加合同数据表中规定的份数；

■ 进度计划的内容应包括：

（1）工程及相关区段的开工日期和竣工时间；

（2）按数据表的规定给与承包商现场进入权和占有权的日期，若数据表没有规定相关日期，按承包商要求业主给出此类权利的日期；

（3）承包商计划实施工程的工序，包括相关设计、承包商的文件的编制和提交、物资采购、制造、检验、交付现场、施工安装、分包商工作等每阶段的时间安排；

（4）规范或本合同条件规定的提交文件的审查期；

（5）合同规定的检查和试验的顺序和时间安排；

（6）对修订的进度计划而言，还需要反映出对工程师通知整改的工作顺序和时间安排；

（7）按规范规定的详细程度，反映出所有工序的逻辑关系，每一工序最早、最晚开工日期和完工日期，出现的时差以及关键路径；

（8）一份支持性报告，内容包括：①工程实施各阶段划分描述；②承包商拟采用的总体施工方法；③承包商对每阶段在现场需要的各类人员和各类承包商的设备的需求量的合理估算；④若是修订的进度计划，还需要标识出修订的主要变化；⑤承包商的赶工计划书。

■ 工程师应对承包商提交的初始进度计划或修订的进度计划进行审查，并可向承包商发出通知，说明哪些方面不符合合同规定或不反映实际进度情况，要求承包商修正；

■ 若工程师在收到初始进度计划21天内，或收到修订的进度计划的14天内，没有向承包商发出反对通知，则相关进度计划成为"正式进度计划"；

■ 承包商在不违反其他合同义务的情况下，按正式进度计划实施工程；

■ 业主的人员的工作安排有权依据正式进度计划进行；

■ 不管是初始进度计划，还是正式进度计划和支撑性报告，都不解除承包商按照合同发出通知的义务；

■ 在工程实施过程中，如果工程师向承包商发出通知，说明原来同意的正式进度计划不能反映实际的进度状态，或不符合承包商的合同义务，则承包商应在收到通知14天内提交修订的进度计划。

本款规定了何时提交进度计划以及编制进度计划的原则，这一进度计划实际上是投标时的进度计划的具体化，是要正式实施的一个进度计划。

2017版对本款进行了大量的细化，并将"进度计划"术语分为三个类别：初始进度计划、修订的进度计划、正式进度计划。同时，对进度计划的编制也给出了更高的要求，包括限定使用的软件、工作事项、详细程度、工序逻辑关系、时差等。

本款出现了两个关于时间方面的限制：一是对承包商第一次提交详细的（初始）进度计划的时间限制，即承包商收到开工通知后28天内提交；另一个是对工程师认可承包商提交的进度计划的限制，即如果工程师对承包商的进度计划有意见，在收到初始进度计划后21天或收到修订的进度计划后的14天内，他必须通知承包商，否则承包商就可认为工程师认可了该进度计划，并可依据该进度计划进行工作。1999版并没有对承包商提交修改的进度计划给出时间限制，只是规定，如果工程师认为现行进度计划有问题，他可以随时要求修改，承包商应再次提交修改的进度计划。2017版对此进行了补充，要求工程师14天内答复。同时还规定，若收到工程师要求对原批准的正式进度计划修订时，承包商必须在14天内容提交修订的进度计划。2017版的具体化，大大有利于在实践中的操作❶。

---

❶ 本书的第一版曾提出这一问题，并在脚注中给出了ICE合同条件的相关规定，予以借鉴，2017版的修订完善了进度计划的管理程序。

承包商编制进度计划时，应基于本款规定的原则，并在具体操作中注以下几个因素：

（1）业主向承包商移交现场可能规定的时间限制（大家还记得有关业主向承包商移交现场的规定吗？如果忘记了，请查阅第2.1款[进入现场的权利]和投标书附录或合同数据表）；

（2）业主是否规定了编制进度计划的使用软件（如：国际工程中常应用的项目管理软件Primavera Project Planner，简称P3软件）；

（3）进度计划编制的方式和详细程度（如：网络图、横道图等，要达到哪一级或层次[1]）。

（4）在编制进度计划时，承包商最好采用"两头松，中间紧"的原则。

下面我们讨论两个与进度计划有关的问题。

（1）进度计划是否是合同文件的一部分？

回答应是否定的[2]。由于进度计划是双方签订合同之后才由承包商编制提交给工程师的，经过工程师同意，它只是一个承包商据此实施工程的一个程序性文件，它并没有改变双方在合同中的任何义务（大家是否记得构成合同的文件有哪些呢？如果忘记了，请再查阅一下第1.5款[文件的优先次序]和第1.6款[合同协议书] 吧），而是对合同义务的落实。除了作为施工的依据之外，它对承包商的作用至少还有：如果在投标函附录或合同数据表中没有规定业主向承包商移交现场的具体日期，则，承包商就有权按照进度计划的安排要求业主逐步移交现场（见第2.1款[进入现场的权利] ）；进度计划还有助于承包商索赔时计算工期和费用，因为有时它可以作为判断工程师的指令或图纸等的签发是否延误的依据（参见本书中关于索赔内容的解析）。对业主方来说，进度计划是其监督承包商工程进度的一个"标杆"，便于及时发现承包商进度方面的问题，并要求他及时采取赶工措施（见第8.6款[进展速度] ）。

虽然国际惯例做法及FIDIC的思想都不主张进度计划作为合同文件的组成部分，

---

[1] 关于进度计划的编制的详细程序，请参阅中国化学工程（集团）总公司编写，《工程项目管理实用手册》（第5分册 进度管理和控制），化学工业出版社，1998。

[2] 这是基于本合同条件的规定以及国际惯例而给出的一个一般结论，但在个别情况，有的进度计划是合同双方在合同签订之前商定的，并纳入合同，对双方都有约束力，此时，进度计划当然是合同的一部分，但这属于特殊情况，见Brian Eggleston：*The ICE Conditions of Contract：Sixth Edition A User's Guide*，p103 Blackwell Science Ltd，1993.

但在特殊情况下，根据业主的项目策略，若工期对业主项目目标至关重要，也可以将一些里程碑计划作为合同文件，并且规定，若不能按里程碑完成工程，对于每个里程碑，业主有收取拖期赔偿费的权利。这种做法在大型复杂商业项目中还是时常出现的。

（2）如果承包商没有按时提交进度计划怎么办？

本款只规定承包商应在收到开工通知后28天应提交进度计划，但无论是1999版还是2017版都没有规定承包商如果不按时递交怎么办。看起来，承包商延误递交进度计划，似乎对业主影响也不会太大，业主也比较难以提出由此招致损失的索赔证据。仔细研究整个合同条件，似乎业主可以利用第8.8款[暂停工作]和第15.2款[业主的终止]，但如果动用这两个条款，似乎又太重，恐怕不但承包商难以接受，业主也一般不会动用此类极端规定，因为这样做的结果会导致两败俱伤。但是如果承包商迟迟拿不出进度计划，承包商在业主的心目中的形象是会受到影响的。为了激励承包商按照本款的规定及时递交进度计划，可以考虑将递交进度计划作为业主支付进度款或预付款的一个条件，即：在承包商递交进度计划之前，业主不必支付承包商任何工程款项。

8.4　预警（Advance Warning）（2017版）

从管理的角度而言，事前预防要比事后补救高效的多，因此，若合同设立一种协调机制，使得各方能对各种不测事件提前预警，就能避免更大的损失，本款就是努力实现这一目的的。具体的规定如下：

■ 若已知发生了或预计发生下列事件或情况之一：

（1）对承包商的人员带来不利影响；

（2）对完成的工程的性能带来不利影响；

（3）可能增加合同价格；

（4）可能延误工期。

则业主、承包商以及工程师三者之间的知情方应该向其他两方发出通知；

■ 工程师可以按照变更条款的规定，要求承包商提交一份避免或降低此类事件或情况造成的不利影响的建议书。

本款是2017版新增加的子条款，将1999版中相应的内容移到本款，并加以完善，形成了一个独立的子条款。这可能是借鉴了英国NEC合同范本的相关规定，属于一种典型的协调机制。国际工程合同管理的最新研究表明，合同具备三种功能：控制、协调与适应。协调机制有助于合同双方避免或减少争议，提高工作效率[1]。

8.4/8.5[2]　竣工时间的延长（Extension of Time for Completion）

由于工程实施过程一般都很长，参与方众多，问题重重，这些都有可能影响到承包商的工作速度，降低工效，进而影响到工期，那么哪些情况由承包商负责，哪些由业主方负责呢？即：承包商在哪些情况下可以索赔工期呢？

1999版本款的规定如下：

■ 如果因下面的原因延误了工程按时完工，承包商有权索赔工期：

（1）发生工程变更或某些工作量有大量变化；

（2）本合同条件中提到的赋予承包商索赔权的原因；

（3）异常不利的气候条件；

（4）由于流行病或政府当局的原因导致的无法预见的人员或物品的短缺；

（5）业主方或他的在现场的其他承包商造成的延误、妨碍或阻止。

■ 承包商应根据第20.1款[承包商的索赔]向工程师发出索赔通知；

■ 工程师在决定是否给予延期时，应考虑以前已经给予的延期，但只能增加工期，不能减少在此索赔事件之前已经给予的总的延期时间。

2017版对本款的相关规定进行了细化和补充规定，但承包商依据的五类索赔原因基本保持不变，具体内容如下：

■ 变更引起的工期延长，不需要遵循第20.2款的索赔程序的要求；

■ 详细界定了"异常不利的气候条件"，即：依据业主按合同条件提供的现场数据和参照项以及在工程所在国出版的相关气候数据，承包商在基准日期时无法预见的在现场发生了不利气候条件；

■ 从第一版规定的第一类原因"发生工程变更或某些工程量有大量变化"中，单

---

❶ 参阅：
（1）Zhuojun QJ, et al（2016），Contractual Governance Effects on Cooperation in Construction Projects：Multifunctional Approach，*J. Prof. Issues Eng. Educ. Pract*，Volume 143 Issue 3；
（2）Chen Yongqiang, et al（2017），Understanding the multiple functions of construction contracts：the anatomy of FIDIC model contracts，*Construction Management and Economics*，Volume 36，Issue 8
（3）张水波、高颖著，《国际PPP项目合约治理研究》，法律出版社，2018.
❷ 表示1999版条款编号为8.4；2017版条款编号为8.5，下同。

独将"工程量变化"拿出来进行了具体界定，即：若工程量表某项工作量经过计量，实际完成了超过原工程量表中估算量10%以上，且延误了工期，承包商有权索赔工期，但在工程师商定或决定此类延期时，他应该对整个工程其他工作项的工程量进行审查，看看是否存在某些工作项的工程量减少超过10%，且导致了关键路线上的工序提前完成，若有，工程师在商定或决定延期时应予以考虑相应减少，但相关减少不得使原工期有净减少；

■ 工程师在决定每项工期索赔时，应再回顾以前的工期索赔决定，并根据情况，再增加延期的时间，但对已给予的总延期不能净减少；

■ 若某项工期延误属于业主与承包商的交叉责任所致，在确定承包商工期索赔权时，应根据专用条件中特别条款规定的规则和程序执行；若没有此类规定，则在全面考虑具体情况后恰当决定。

大部分国际工程合同都赋予承包商在某些情况下索赔工期的权利。这些情况包括两个方面：一是由于业主方的过错导致工期的延误；另一是外部原因导致工期延误。这种规定主要来自于工程建设的独特性质以及风险分担理论。但在某个合同中规定在哪些具体情况下允许承包商索赔工期，则由取决于业主的工程采购策略和项目的具体特点。从本款的规定以及本合同条件的其他相关条款来看，本合同条件允许承包商索赔工期的规定还是比较宽松的，1999版红皮书基本上继承了1987年红皮书第四版的这方面的规定，该红皮书在国际工程承包界常常被认为是"亲承包商的（pro-contractor）"。

本款1999版中有一些情形没有给出具体规定，如"工程量重大变化"的界限；工期交叉责任如何界定等。2017版各项规定的具体化，使得其在实践中更有操作性。同时，FIDIC在界定交叉责任时，只是规定按专业条件中的特别规定执行，若没有规定，按具体情况合理确定，这实际上表明，虽然FIDIC认识到国际工程中的交叉责任是一种常见现象，需要重视，但FIDIC并没有给出自己的具体立场，即：存在交叉责任的情况下，如何具体处理。

但伦敦工程法学会的《工期延误和干扰索赔准则》则给出了具体规定[1]："若出

---

❶ 具体见：Society of Construction Law Delay and Disruption Protocol, second edition, 2017（p6）：10 Concurrent Delay-Effect on entitlement to EOT。关于工期索赔分析方法，以邱闯院长为代表的联合建管国际工程技术研究院专家们对国际工程工期索赔进行了系统深入的研究，具体请参见联合建管公众号相关文章。

现承包商的延误或其发生的影响与业主的延误同期发生的情况，则承包商的同期延误不应减少他应得的工期补偿。（ Where Contractor Delay to completion occurs or has an effect concurrently with Employer Delay to completion, the Contractor's concurrent delay should not reduce any EOT due. ）"显然，这一规定也比较偏向承包商。

需要注意的是，承包商要想使索赔成功，不但要善于发现其索赔权利，而且应严格遵守实施此类的程序。本款明确提出了此类要求，参见本书第20条的相关规定。

8.5 当局引起的延误（Delays Caused by Authorities）

很明显，对于任何合同来说，合同双方各自承担由自己一方的错误造成的损失，而对于第三方对合同实施造成的影响则属于风险分担问题，那么，对于工程合同而言，合法当局的行为延误了工程实施，哪一方来负责呢？

1999版本款的规定如下：

- 承包商已经积极遵守了工程所在国的合法当局制定的程序；
- 这些当局延误或打扰了承包商的工作；
- 延误或打扰是承包商无法提前预见的。

如果上述三个条件都满足，则此类延误或打扰可作为承包商可以提出工期索赔的原因。

2017版没有对本款进行实质性修订，只是把合法当局界定为两种机构：公共当局以及私人公用事业机构。

从本款看，虽然合法当局的延误或打扰可以作为承包商索赔工期的一个原因，但在同时提出了三个前提条件，也就是说，只有承包商提出证据，证明自己的做法符合这三个条件，才获得索赔工期的权利。

工程的实施受公共当局或私人公用事业机构的规则、政策等影响的可能性还是较大的。如：环保部门在非常时期关于对施工噪声的限制，自由贸易区当局对经过其土地附近的管线工程的种种限制等都可以归于这一类情况。

2017版本款将"私人公用事业机构"也界定为合法当局，这大抵是因为近年来很多国家将水、电、气等公用设施采用PPP模式或私有化的方式交给私人公司经营。但本质上，由于此类公司经营的是公用基础设施，政府赋予这些机构为了公共利益可以制定相关规则，要求公众遵守。

8.6 进展速度（Rate of Progress）

红皮书模式下，工程师受聘于业主，就是来管理工程的，工程进度当然也是工程师管理的内容之一，那么如果承包商的施工进度就是上不去，明显落后于进度计划，工程师可以行使哪些权力来进行干预呢？

1999版本款的规定如下：

■ 如果实际进度太慢，不能在合同工期内完成工程，以及/或者进度已经或将落后于现有的进度计划，而承包商又无权索赔工期，在此类情况下，工程师可以要求承包商递交一份新的进度计划，同时附有赶工方法说明；

■ 若工程师没有另外通知，承包商应按新的赶工计划实施工程，这可能要求延长工作时间和增加人员和设备的投入，赶工的风险和费用也由承包商承担；

■ 如果新的赶工计划导致业主支付了额外费用，业主可以根据第2.5款[业主的索赔]向承包商索赔，承包商应将此类费用支付给业主；

■ 如果承包商仍没有按期完工，除了上述费用外，他还应支付拖期赔偿费。

2017版对本款进行了修订，补充的一项具体内容如下：

■ 若出现承包商根据8.5款[竣工时间的延长]有权延期的情况，但工程师下达赶工令，则第13.3.1[变更指令]适用此类情况。

本款的规定为工程师提供了管理承包商的工程进度的合同依据。其核心内容是在两种情况下工程师可以要求承包商赶工，并且承包商承担自己的赶工费和业主为赶工付出的额外费用（为配合承包商的加班，业主的人员一般也得加班，导致业主比正常情况施工多付加班费等）。

在实践中，1999版本款的规定仍不能很好地回答两个问题：①如果承包商不听工程师的指令怎么办？这个问题与前面的"提交进度计划"涉及的问题比较类似，似乎只能借用第15.2款[业主的终止]中规定的极端做法来惩罚承包商，但实际上不太可能，除非承包商的进度十分糟糕，业主对其能否完成工程失去信心；②如果工程师要求承包商赶工，承包商按其要求也进行了赶工，但承包商认为此类情况下他有权索赔工期，并同时提出了工期索赔，双方产生争执怎么办。1999版对此情况保持了"沉默"，2017版补充增加了一项规定，即：若延误原因不是承包商的责任，他有权要求延期，此类情况下，工程师要求赶工的指令可以按变更指令对待，这样就比原1999版的规定增加了操作性。

即使这样，此类赶工情况在实践中往往出现争执，承包商认为自己有工期索赔权或相关赶工应该按变更对待，而业主不同意，工程师没有批准延期。这种情况下，承包商往往陷入被动的地位。这是因为，如果经过承包商赶工，工程按时完成了，再索赔显然难度加大；但如果此时启动索赔，则会影响与业主的关系。那么承包商如何做才能获得合理的补偿呢？笔者认为，此时一定做好各种记录，按照程序给工程师发出相关通知，本款若是按1999版规定，这种情况下，承包商可以将工程师要求赶工的通知看作一项可推定的变更命令（constructive change order），即：工程师变更了新的合同工期（等于原工期加上裁定的延期工期）；若是根据2017版，则直接要求工程师应按第13条[变更与调整]处理，继而提出经济索赔。

同时，我们也可以从另一个角度来看这个问题，即：如果双方形成了争议，但最后DAAB/仲裁裁定承包商有权获得延期，此时若工程已经通过赶工按时完成，则承包商应当获得赶工费，作为补偿。同时，裁决结果也证明工程师"没有正当的原因"而扣发了给予承包商的延期决定，而这是违反第1.3款[通信联络]中"……决定……都不得无故扣发或拖延"的规定，是一种违约，业主方应承担相应责任[1]。

关于工期管理，在英国判例法中，还有一个"工期处于自由状态（Time at large）"的法律概念，即：若承包商由于业主的原因无法按原工期完成，但业主（工程师）却不给与承包商合理的延期，此时原工期就不再对承包商有约束力，承包商只要在合理的工期内完成，业主就不得收取承包商的拖期赔偿费。但在此法律规定下，承包商必须保持很好的同期记录，既要证明的确是业主负责的原因引起的延误，同时还要证明自己完成工程的时间是合理的，即没有出现因自身原因造成的延误（但这有可能涉及同期交叉责任问题，见前面的讨论）。

英国的工程合同管理专家William Harris曾发表过下列观点：

"如果合同中关于工程延期方面的规定不能恰当地被运用，不但业主获得拖期赔偿费的权利可能得不到行使，而且，如果业主迫使承包商在原合同工期内完成工程，但最终裁定承包商有权获得延期，此情况下，业主就会面临承包商索赔赶工费

---

[1] 在Fernbrook Trading Co. Ltd. *V.* Taggart（1979）以及Perini Corporation *V.* Commonwealth of Australia（1969）的土木工程合同的争议案中，法院判定，"工程师没有在合理的时间内给予延期是一种违约。"（见参考文献：Brian Eggleston：*The ICE Conditions of Contract：Sixth Edition A User's Guide*，p103 Blackwell Science Ltd，1993）

的危险。❶"

笔者认为，这一观点是很有见地的，值得从事国际工程合同管理的人士思考。

8.7/8.8 拖期赔偿费（Delay Damages）

按期完工是承包商的一个合同义务，那么，如果承包商没有按期完工，业主方可获得哪些救济呢？

1999版本款的规定如下：

■ 如果承包商没有按期完工，承包商应根据业主的赔偿要求，向业主支付拖期赔偿费；

■ 拖期赔偿费的支付标准在投标函附录中规定，其额度为每天的标准乘以拖期的天数；

■ 拖期的天数为合同竣工日期到接收证书上书明的实际完工日期之间的天数；

■ 拖期赔偿费的总额不得超过投标函附录中规定的最高限额；

■ 除了在竣工前根据第15.2款[业主的终止]发生终止情况之外，拖期赔偿费是承包商对其拖延完工的唯一赔偿责任；

■ 拖期赔偿费的支付并不解除承包商完成工程的义务，也不解除合同中规定的他的其他责任和义务。

2017版没有对本款进行实质性修订，只是将"投标书附录中规定"更换为"合同数据表中规定"。

本款规定，承包商没有按期完工应向业主支付拖期赔偿，同时规定了支付赔偿费的标准以及拖期天数的计算方法和拖期赔偿费的最高限额。

"拖期赔偿费"理念在国际工程中被广泛地接受，并被认为是一种合理而有效的约束机制。请注意，有些国家的法律规定，"赔偿费（damages）"与"罚款（penalty）"的概念是不同的，前者的额度是获得赔偿一方因对方违约而损失的额度，而后者则是带有惩罚性质，通常大于实际损失。由于在工程合同中，拖期赔偿费标准是在合同签订前由业主方确定下来的，只是在招标时对拖期损失的一种合理预见，因此，与实际的拖期损失可能不一致。但如果拖期赔偿费标准明显高于业主的损

---

❶ 来源同前，原文为英文，中文为笔者所译。

失太多，或被认为带有惩罚性质，则有可能被法律认定此规定没有效力❶。近年来，随着国际工程规模越来越大，拖期赔偿费用每天的赔偿标准也在降低，以前每天赔偿费的标准大抵为中标合同额的千分之一左右，但最近的合同规定要低得多，一般是每周千分之二左右，甚至更低。最高拖期赔偿费大约在10%左右。确定这些标准还要考虑项目按时竣工对业主的重要性以及项目规模等。

请大家思考一个问题：如果承包商拖期的时间特别长，拖期赔偿费也已经达到最高限，再继续拖延下去，业主将会遭受更大的损失。那么，除了拖期赔偿费之外，业主还有其他权利可以行使吗？大家可以参考1999版与2017版第8.1款[开工] 和第15.2款[业主的终止]，其中2017版明确了业主终止合同的权利。

8.8　暂停工作（Suspension of Work）（1999版）
8.9　业主的暂停（Employer's Suspension）（2017版）

在工程的实施过程中，业主有权暂停项目的执行吗？暂停后如何处理？暂停的后果由哪一方承担呢？

1999版本款的规定如下：

- 工程师随时可以指示承包商暂停整个或部分工程的进展；
- 暂停期间，承包商应保护好工程，避免损失；
- 工程师可以将停工的原因通知承包商；
- 如果工程师将停工原因通知了承包商，而且停工属于承包商的责任，本款后面的三个条款的规定都不适用。

2017版对本款没有做实质性修订，只是标题更明确提出是业主的暂停。

本款规定了工程师下达暂停工作指示的权力以及承包商在暂停期间的义务。如果暂停的责任应由承包商负担，而且工程师通知了承包商，那么暂停的后果由承包商承担，否则，在下面的三个条款中规定了承包商获得补偿的权利。

工程暂停条款也是工程合同的传统条款之一，原因是工程执行过程中出现不能持续实施工程的情况常常发生，因此，有必要编入此类条款来"管理"这方面的问题。

---

❶ 见John Murdoch and Will Hughes（2000）：*Construction Contracts：Law and Management*（*Third Edition*）p302

8.9 暂停的后果（Consequences of Suspension）（1999版）

8.10 业主暂停的后果（Employer's Consequences of Suspension）（2017版）

上面的条款说明，工程师有权暂停工程，那么，如果暂停的责任属于业主，承包商能获得哪些补偿呢？

1999版本款的规定如下：

■ 如果承包商因暂停工作以及复工招致了费用损失和工期延误，他可以按索赔程序通知工程师，提出索赔；

■ 工程师收到承包商的通知之后按第3.5款[决定]去决定或商定应给予承包商费用和工期的补偿；

■ 但如果因为承包商的设计、工艺、材料等有缺陷或他没有根据上一款的规定尽到暂停期间的保护（存放和保安等职责），则他没有权利就补救由此带来的后果获得费用和工期补偿。

2017版对本款没有做实质性修订，只是标题更明确提出是业主暂停的后果。

承包商的索赔权利已经在本款规定得很明确了，核心问题是如何计算暂停期间承包商的费用问题，这通常涉及承包商的项目现场人员和现场施工设备的闲置费、总部和现场管理费等。计算的标准通常是依据承包商投标报价，有时需要承包商对某些内容进行价格分解。由于停工期间，设备和人员只是闲置，因此，业主一般是不会同意按工作时的费率来支付闲置费的，这需要承包商将暂停期间各项开支做好记录，作为索赔费用的依据。在实践中，有些项目，为了避免麻烦和争执，在合同谈判阶段，业主和承包商可能就施工设备和人员闲置费等相关费用商定一个补偿标准❶，在实际发生暂停时执行。

本款的另一个规定避免了承包商"混水摸鱼"的情况，即：凡因承包商一方的过失导致暂停期间的费用，由承包商自己承担，业主不予以补偿，因此，承包商应注意自己在暂停期间的行为，履行好自己一方的义务，这是索赔成功的基础。

---

❶ 设备人员闲置费补偿标准常取决于双方根据项目的实际情况而进行的谈判，在笔者参加的一个项目合同谈判中，双方接受的标准是合同单价的70%。

8.10　暂停工作情况下对生产设备和材料的支付（1999版）

（Payment for Plant and Materials in Event of Suspension）

8.11　业主暂停后对生产设备和材料的支付

（Payment for Plant and Materials after Employer's Suspension）（2017版）

如果工程在正常情况下进行，生产设备和材料的付款就会按正常的付款程序进行（见第14条[价格与支付]），但暂停工作可能影响到正在采购的一些生产设备和材料。如何处理这一问题呢？

1999版本款的规定如下：

■ 如果涉及生产设备的工作或生产设备和材料的运送暂停超过28天，并且承包商按照工程师的指令已经将此类设备和材料标记为业主的财产，那么承包商有权从业主处获得这些仍没有运至现场的设备和材料的支付；

■ 支付的金额应为暂停日这些物品的价值。

2017版除了对本款的标题进行了修订之外，具体内容没有做修订。

本款规定了暂停情况下受到影响的设备材料等物品的支付问题。虽然与暂停密切相关，但由于其本质属于付款内容，因为截至本条款，关于整个合同价格和支付普遍适用的规定都还没有涉及，而突然给出暂停情况下的一个特别支付规定，在编排上显得有点唐突，似乎将本款编排到第14条[价格与支付]更自然一些。

8.11/8.12　持续的暂停（Prolonged Suspension）（1999版/2017版）

虽然前面的条款规定，如果暂停，承包商可以索赔费用和工期，但如果暂停的时间太长，承包商不愿意再等待，他是否还有其他权利？

1999版本款的规定如下：

■ 如果工作暂停超过84天，承包商可以要求工程师允许复工；

■ 如果工程师在承包商提出复工要求后28天内没有给予复工许可，承包商可以按照第13条[变更条款]将暂停的工作看作该工作被删减，但需要通知工程师；

■ 如果暂停涉及的是整个工程，承包商可以按第16.2款[承包商的终止]，向业主发出终止通知。

2017版对本款进行了修订，具体内容如下：

■ 若28天内没有收到工程师给予的复工许可，则承包商可以采取以下措施：

■ 一是承包商同意进一步的暂停，双方商定由此类累计暂停给承包商的工期补偿与费用利润补偿，以及支付暂停情形下的各种生产设备与材料款；

■ 若双方协商不成，再按变更删除或终止合同处理。

1999版本款的规定限制了业主的暂停行为，对承包商是一种保护。原因是，如果暂停的时间太长，虽然可以索赔，但会打乱承包商整个公司的整体业务安排，不一定对他有利，根据本款规定，如果他觉得从合同范围删减掉暂停的工作，或终止整个合同对其有利的话，他有权做出自己的选择。

1999版本款的规定有点僵硬，原因是，即使工程师在28天内没有给出复工通知，承包商可能也不想删除相关工作或终止合同。2017版，增加了一项承包商的选择权，即：他可以同意进一步暂停，并与业主方商定暂停情形下对他的各类补偿，若协商不成，再行使其终止合同的权利。这样的规定具有一定的柔性，对履约双方都有利。

8.12/8.13 复工（Resumption of Work）

如果没有出现删减暂停的工作或终止整个合同的情况，那么，工程在开始复工时有何具体的程序呢？

1999版本款的规定如下：

■ 在工程师同意复工或下达复工令后，承包商与工程师应联合对受到暂停影响的工程，生产设备和材料进行检查；

■ 如果暂停期间，工程、设备或材料出现了问题，承包商应进行补救。

2017版对本款进行了修订，给出了更具体的程序，规定如下：

■ 在收到工程师的复工通知后，承包商应立即着手进行复工；

■ 在复工通知书明的日期，承包商应与工程师联合对受到暂停影响的工程、生产设备和材料进行检查；

■ 若复工通知没有书明日期，双方应立即展开联合检查；

■ 工程师应对暂停期间工程、材料和设备的坏损情况进行记录，并提供承包商一份。

1999版本款要求复工前先进行联合检查，并由承包商修复受损工程或物品，但在本款中没有说明哪一方负责修复费用。请大家思考一下：此类修复费用应由哪一方支付？（参考第8.9款[暂停的后果] ）。

2017版本款对联合检查的时间以及检查过程和结果记录进行了更加具体的规定，强化的操作程序。

以上几款只回答了工程师有权暂停工程以及相应后果的问题，请大家思考：承包商有权暂停工程吗？在后面的第16.1款[承包商暂停工作的权利]/[承包商的暂停]可以回答这一问题。

本条到此讲完了，请检查一下自己是否达到了开始提出的要求，并思考下面的问题：

1. 请您列出可能影响工程工期的关键因素。它们在本条中是如何体现的？
2. 按照本条中的规定，进度计划是否属于合同文件的一部分？请解释一下原因。
3. 2017版对本条进行了哪些修订？如何理解这些修订内容？

管理者言：

　"时间就是金钱，效率就是生命"，这句话也许我们搞工程管理的人理解得更透彻些。

本条附录：

国际工程每周进度审议会议内容纲要

1. 上周会议纪要中的内容涉及的问题

2. 上周会议讨论的事宜在本周已经采取的行动

3. 承包商的总体进度汇报

4. 承包商关于分包商的工作情况汇报

5. 计日工情况汇报

6. 本周现场工作的劳务人员的种类和数量；投入的设备种类与数量

7. 本周天气对工程进度的影响

8. 业主关注的有关问题

9. 承包商对工程师/业主本周下达的指令提出质疑，并要求澄清

10. 与会人员的意见

11. 其他（设计深化图、支付、安全、环保、质量等问题）

12. 下周会议安排

第**9**条　竣工检验（Tests on Completion）

学习完这一条，应该了解：

- 承包商在竣工检验过程中的义务；
- 如果检验被延误，延误检验的一方的责任和对方的权利；
- 竣工检验不能通过情况下的处理方式。

工程竣工检验是体现工程已经基本完成的一个里程碑，也是业主控制质量的一个十分关键的手段❶。对于竣工检验，合同通常规定的内容包括：进行竣工检验的前提条件；双方各自的义务；检验过程中出了问题怎么办：如检验被延误，检验结果不合格等。2017版对1999版进行了一些修订，补充了一些程序的规定。现在我们一起看本条的具体规定。

9.1 承包商的义务（Contractor's Obligations）

凡涉及工程执行过程中的一项重要事项，都需要规定由哪一方去做以及如何执行，竣工检验也不例外。

1999版本款的规定如下：

■ 承包商应根据本款和第7.4款[检验]中的规定来执行竣工检验；

■ 但在开始检验之前，承包商必须提交第4.1款[承包商的一般义务]中规定的相关文件；

■ 承包商需要将准备好进行竣工检验的日期提前21天通知工程师；

■ 如果双方没有另外商定其他时间，那么竣工检验应在上述承包商"准备好进行竣工检验的日期"后的14天内开始，具体到在哪一天（几天）进行，则按工程师的指令；

■ 如果业主在竣工检验前使用了工程，那么在评定竣工检验结果时，工程师应考虑业主的使用对工程的性能造成的影响；

■ 一旦通过竣工检验，承包商应尽快将一份正式的检验报告（certified report）提交给工程师。

2017版对本款的修订主要体现在以下几点：

■ 承包商应根据第4.4款[承包商的文件]中竣工记录与操作维护手册向工程师提交竣工检验开始前所需要提交的文件；

■ 承包商至少比计划开始竣工检验日期提前42天将一份详细的检验计划提交给出工程师，说明检验的时间安排与需要的资源；

■ 工程师收到承包商建议的检验计划后14天内予以答复，给出不反对通知，或

---

❶ 在新版FIDIC中，涉及"竣工检验"的内容虽然被编排在贯穿于工期管理的内容之中，从本条的核心内容上来看，更容易被视为是一个质量管理条款。

指出检验计划不完善的方面，承包商应相应修改后再次提交；

- 若工程师14天没有给与答复，则视为不反对该检验计划；

- 只有收到工程师的不反对通知后，承包商才能开始竣工检验；

- 除了提交检验计划之外，承包商还需至少提前21天另行通知工程师各项工作已经就绪可以开始竣工检验的日期，承包商应于该日期后的14天内或工程师指示的日期开始竣工检验；

- 竣工检验结束后，承包商应立即将签字的正式检验报告提交工程师，供其审查，工程师可以指出哪些方面检验结果不符合合同规定，若工程师收到报告后14天内没有给出不满意通知，则视为工程师已经给与承包商不反对通知了；

- 工程师审查检验报告结果时，若业主在竣工前使用了工程，应考虑业主可能对工程使用造成的影响。

本款规定了承包商在竣工检验时的义务，开始检验的前提条件，检验结果评定应考虑的特殊情况等。

阅读本款需要注意的是，在开始竣工检验之前，根据1999版，承包商需要提交第4.1款[承包商的一般义务]规定的相关文件。大家是否还记得是什么文件呢？对了，是"承包商的文件（Contractor's Documents）"，那么，哪些类型的文件属于承包商的文件呢？这可以从1999版"定义1.1.6.1承包商的文件"中查到。就施工合同的竣工检验而言，通常涉及的文件是一些操作维护手册、竣工资料（如果承包商负责某些设计工作）等。

2017版对检验程序进行了详细的补充规定，要求承包商需要编制一个检验计划，供工程师批准后执行，反映了FIDIC在1999版中更加重视合同的协调机制，完善了竣工检验的管理程序的可操作性。这一补充规定有重大意义，因为竣工检验是一项重要的里程碑，涉及竣工日期的确定，同时后续还会影响保留金和履约保函的退还等，一项完善的程序有助于控制双方的机会主义行为。

9.2 延误的检验（Delayed Tests）

对于一项工作，计划往往被变化所打乱，竣工检验亦如此。那么，如果出现竣工检验被某一方延误，没有按双方事先商定进行怎么办？

1999版本款的规定如下：

- 如果竣工检验被业主延误，应按第7.4款[检验]和第10.3款[对竣工检验的干扰]

中的相关规定处理；

■ 如果竣工检验被承包商无故延误，工程师可以发出通知，要求承包商在收到通知后的21天内进行检验，承包商可以确定在这一期间内的某日期进行检验，但应将确定的检验日期通知工程师；

■ 如果承包商没有在上述的21天内进行，业主的人员可以自行检验，检验的费用和风险由承包商承担，并且承包商应接受检验结果的正确性。

2017版对本款进行了少量修订，具体如下：

■ 若承包商延误了原定的竣工检验计划，则工程师在给与了第二个通知后，可以自行开始检验，但承包商可以派员参加，在完成检验后的28天内，工程师应将检验结果报告发送给承包商一份。

本款对业主和承包商延误竣工检验的情况分别进行了规定。如果业主延误了，则按第7.4款[承包商的检验]和第10.3款[对竣工检验的干扰]处理，即承包商有权向业主方提出费用和工期索赔（请参阅这两个条款）；如果承包商延误竣工检验，工程师可以要求承包商按工程师重新指定的时间段内进行，否则，业主的人员可以自行进行竣工检验，承包商应承担有关费用和风险，并应接受检验结果的正确性。注意，这里的规定是"工程师可以"这么做，因此，这种规定只是赋予工程师这样做的一种权力，但他无须这样做，可以消极等待。毕竟，从合同角度而言，由于承包商的原因不能按期进行竣工检验，意味着承包商不能及时拿到验收证书，并承担一切后果责任。然而，作为工程的"管理者"，优秀的工程师应本着负责的态度，以对整个工程执行有利的方式去处理上述情况，从而在工程执行的过程中体现出自己高度的管理水平和职业道德。

9.3　重新检验（Retesting）

那么，如果工程没有通过竣工检验怎么办呢？

1999版本款的规定如下：

■ 如果工程没有通过竣工检验，按第7.5款[拒收]的有关规定处理；

■ 工程师和承包商双方任一方都可以要求对没有通过检验的工作按相同的检验条件重新进行检验。

2017版对本款没有做出实质性修订。

本款规定第7.5款[缺陷与拒收]同样适用于工程没有通过竣工检验的情况，即：对于没有通过竣工检验的工作，开始的补救方法基本与没有通过其他检验的情况类似，承包商应对相关工作进行修复，并再次检验，并由承包商承担可能由此造成的额外费用。

9.4 未能通过竣工检验（Failure to Pass Tests on Completion）

如果再次检验仍通不过，如何处理这一情况？

1999版本款的规定如下：

■ 若工程仍通不过重新进行的竣工检验，工程师有权采取下列方式之一来解决这一问题：

（1）下达指令，按第9.3款[重新检验]再次重复进行竣工检验；

（2）如果发现工程中出现的问题使得整个工程（或区段）基本上对业主没有使用价值，那么可以采用第11.4款[未能补救缺陷]规定的补救方法；

（3）如果业主要求工程师签发接收证书，则工程师可以照办。

■ 如果采用第三种方法，承包商应继续履行合同中的其他一切义务，并对合同价格进行减扣，减扣的额度应等同于因出现的问题而导致工程价值降低的额度，即：给业主带来的损失；

■ 如果减扣的具体方法没有在合同中规定，业主可以要求双方商定减扣额度（仅限于弥补给业主造成的损失），并在签发接收证书之前支付给业主；也可按第2.5款[业主的索赔]以及第3.5款[决定]来处理。

2017版对本款进行了少量的修订，改变了一点表述结构，将上述第二项中的"整个工程"与"区段"分开规定，内容没变，在整个条款最后增加的一项补充规定：

■ 此处的规定不影响业主在合同中的其他权利。

本款给出了几种处理工程未能通过再次竣工检验的方法。新版中这种处理问题的方式显然比以前的规定更加灵活和明确。本款规定，即使工程不能通过竣工检验，但如果业主愿意，他仍可以要求工程师签发给承包商接收证书，同时他有权要求承包商在获得接收证书之前将造成的损失赔偿给业主。

2017版本款的补充规定，实际上明确赋予了业主更大酌情处置权和补偿权，比如说，业主由于工程检验发现的问题增加了管理负担和工作，则可以根据其他条款，如第7条[生产设备、材料和工艺]、第8条[开工、延误及暂停]等索赔增加的相关费用。

本条到此讲完了，请检查一下自己是否达到了开始提出的要求，并思考下面的问题：

1. 承包商在竣工检验中有哪些具体的义务？

2. 如果您是业主，在竣工检验未能通过的情况下，您更愿意采用哪种方式来解决这一问题，为什么？

3. 如果您主要从事国内工程，请对比一下国内工程的竣工检验程序与本条的规定的异同。

4. 2017版本条在竣工检验程序方面的补充和具体化，对我们有哪些启发？

管理者言：

竣工检验宛如一面镜子，能照出工程质量的优劣。业主希望这面镜子亮些，承包商希望这面镜子暗些。

第**10**条 业主的接收（Employer's Taking Over）

学习完这一条，应该了解：

- 业主接收工程和区段的前提条件以及承包商获得接收证书的程序；
- 业主接收部分工程的限制条件和处理方法；
- 业主阻碍承包商按时进行竣工检验的后果责任。

在工程实施的过程中，当工程的实施到达验收阶段，对项目各方，尤其是业主与承包商双方来说，无疑是漫漫征程之后看到了胜利的曙光：业主能够即将享用其投资成果；承包商即将卸去肩上的重担，带着智慧和汗水之果，遥途而归。虽然工程的验收不需要投入大量的工作，但由于责任重大，倍受项目各方重视。因而，合同应当给出一个清晰的验收程序来使双方顺利完成这一工作。本款2017版对1999版总体结构保持不变，也没有进行实质性的修订。现在我们一起看本条的具体规定。

10.1　工程和区段的接收（Taking Over of the Works and Sections）

业主什么情况下才有义务接收工程和区段呢？接收证书签发的程序如何？

1999版本款的规定如下：

■ 除一些不影响工程使用的扫尾工作之外，当工程按照合同已经完成，并通过了竣工检验，且接收证书已经签发或已经视为签发，业主应接收工程；

■ 如果承包商认为在14天内工程将完成并能准备好供业主接收，他此时可以通知工程师，申请接收证书；

■ 若工程分为若干区段，承包商同样可为每个区段提出申请；

■ 工程师应在收到申请后的28天内给出答复；

■ 如果同意承包商的申请，工程师应签发接收证书，注明工程完成的日期，同时列明在该日期仍没有完成但不影响工程使用的扫尾工作或缺陷，待此类工作和缺陷修复完成后予以注销；

■ 如果拒绝承包商的申请，工程师应说明原因，并列出签发接收证书之前承包商应需完成的工作；

■ 承包商完成上述工作后，可以根据本款再提出申请；

■ 如果工程师在接到承包商申请的28天内，既不签发证书，也没有拒绝承包商的申请，并且此时工程或区段基本符合合同的规定，则可视为在上述28天的最后一天，接收证书已经签发。

2017版对本款没有做实质性修订，只是在措辞和行文上有一定变化，主要变化具体如下：

■ 当工程达到下列五项条件，即认为业主接收了工程：

（1）工程已按照合同竣工，并通过竣工检验；

（2）对承包商按第4.4款[承包商的文件]中提交的竣工记录没有给出反对通知；

（3）对承包商按第4.4款[承包商的文件]中提交的操作维护手册没有给出反对通知；

（4）承包商根据第4.5款[培训]完成了合同要求的培训工作；

（5）根据本款签发了接收正式或被视为签发了接收证书。

■ 当承包商提交接收申请28天内，工程师仍不答复，则若工程达到了上述前四个条件，则被视为工程已在工程师收到承包商的申请通知后的第14天竣工，且被视为已签发了接收证书。

阅读本款时，承包商应注意的是，他不必等到工程已经全部完成才提出申请接收证书的申请。只要是工程基本或实质性完成，即：剩下的扫尾工作或小缺陷并不影响工程的使用功能时，他就可以提出申请。

1999版本款规定，如果工程师在承包商提出接收证书的申请后28天内不予答复，但如果此时工程或区段基本符合合同的规定，则应视为在第28天当天接收证书已经签发。这一规定不太完整，似乎存在这样一个问题，即：在这种情况下，工程竣工的日期，也就是说缺陷通知期开始日期从哪一日算起，并没有明确，因为签发证书的日期并不一定为工程竣工日期，竣工日期通常要比接收证书签发日期早一些。在正常情况下，工程的竣工日期是在工程师在签发的接收证书中注明的，本款前面也是这样规定的。

2017版本款对此类情况进行了明确补充规定，即：若工程竣工的所有条件都达到了，但工程师没有签发接收证书，则认为工程在工程师收到承包商申请后的第14天竣工，这就明确了具体的竣工日期，很好地解决了这一问题。

结合前一条与本条的规定，整个工程验收程序大致可描述为：

（1）准备好竣工检验；

（2）申请竣工检验；

（3）提交竣工资料；

（4）开始竣工检验；

（5）通过了竣工检验；

（6）申请接收证书；

（7）签发接收证书；

（8）业主接收工程。

10.2　部分工程的接收（Taking Over of Parts of the Works）

在工程执行过程中，业主出于某种目的，可能希望接收工程中某些完成的部分，他是否有此权利？执行程序如何？

1999版本款的规定如下：

■ 工程师可以为永久工程的任何部分签发接收证书，但具体签发与否，完全取决于业主的决定；

■ 只有在工程师为某部分工程签发接收证书之后，业主才可以使用该部分工程，但如果合同中有明确规定或双方同意的情况除外；

■ 但如果业主在工程师签发接收证书之前使用了某工程部分，该部分应被视为在开始使用的日期已经被业主接收，承包商照管该部分的责任即转移给业主，并且如果承包商要求，工程师应为该部分签发一份接收证书；

■ 在工程师为某部分工程签发接受证书后，应尽早给予承包商机会，使其进行该部分的竣工检验的准备，承包商在相应的缺陷通知期届满之前应尽快完成竣工检验；

■ 如果因业主如此接收或使用工程的原因导致承包商发生一定的费用，承包商应通知工程师，并有权按第20.1款[承包商的索赔]提出费用和利润索赔，工程师应按程序确定该索赔；

■ 如果为某部分工程签发了接收证书，剩余工程的拖期赔偿费应相应减少，这一规定适用于整个工程或工程区段中的任何部分；

■ 拖期赔偿费减少的比例应等于签发证书的部分占整个工程或区段的比例，但此类减少只适用于每天拖期赔偿费的额度，并不适用于拖期赔偿费的最高限额。

2017版除了一些措辞外，其他方面对本款并没有实质性修订。

本款的规定实际上是给予业主方一个随时可以接收承包商已经完成的任一部分工程的权利。由于此类接收大都是业主随时决定的，可能对承包商的施工部署有影响，因此在此类情况下，承包商有权提出索赔，包括利润。

本款还提出了业主在接收之前使用工程的情况。规定，出现这种情况，即认为业主接收了该部分工程，同时要求工程师给予承包商机会进行该部分的竣工检验，承包商应在该部分工程的缺陷通知期内完成该检验。请思考：如果竣工检验中，发现在该部分的工程不合格怎么办？（请参阅1999版第9.1款[承包商的义务]和第9.4款[未通过竣工的检验]）

10.3　对竣工检验的干扰（Interference with Tests on Completion）

如果承包商已经做好了工程竣工检验的准备，并相应地通知了工程师，但还是不能按时开始竣工检验怎么办？

1999版本款的规定如下：

- 如果由于业主负责的原因，致使竣工检验在14天内仍不能进行，则在本应该完成竣工检验的那一天，即认为业主已经接收了相应的工程或区段；

- 工程师随后应签发接收证书；

- 承包商也应在缺陷通知期内在条件允许下尽快完成竣工检验；

- 工程师应要求根据有关合同规定进行竣工检验，但须提前14天通知承包商；

- 如果因竣工检验延误导致承包商额外费用或延误工期，则他有权索赔工期、费用以及利润；

- 工程师收到索赔通知后应按第3.5款[决定]处理。

2017版对本款有少量修订，除措辞外，增加了一项承包商的义务，即：在业主延误竣工检验时，承包商还需要向工程师发出通知，才能获得其他相应权利，1999版则没有要求此义务。另外，关于业主延误的14天时间，也明确了不管是连续14天还是断断续续累计达到14天都满足条件。

无论是1999版还是2017版，本款开头所提到的14天，并没有给出哪一天之后的14天，但从上下文看，应为承包商准备好开始进行竣工检验的前一天之后的14天，即：如果承包商通知8月1日后他将准备好随时开始竣工检验，那么，竣工检验应在8月15日或以前进行，具体日期应由工程师给出指令，否则承包商可以索赔工期和费用/利润。（参阅1999版第9.1款[承包商的义务]）

本款还规定，"承包商应在缺陷通知期内在条件允许下尽快完成竣工检验"。请思考：承包商在此情况下应遵循怎么的竣工检验程序？（参阅第7.4款[检验]）

10.4　地面需要复原（Surfaces Requiring Reinstatement）

接收证书签发是否意味着承包商完成包括该工程中的地表面复原等扫尾工作呢？

1999版本款的规定如下：

- 如果对某区段或工程部分签发了接收证书，这并不证明要求复原的外表面或地表面的工作也已经完成；

■ 但如果接收证书上注明了此类工作已经完成，则属于例外。

2017版对本款没有修订。

本款明确提出，一般情况下，工程师签发了接收证书，并不意味着地表复原工作也同时完成了，而要具体看接收证书是否注明完成，否则，该工作则属于扫尾工作，承包商应在缺陷通知期中完成。但在本款中，只是针对区段和工程部分的接收证书而作出此类规定，而并没有提到整个工程的接收证书的签发是否意味着承包商完成了地表复原工作，似乎本款中应将整个工程的接收证书情况也加入，因为无论是区段工程、部分工程，还是整个工程，所签发的接收证书一般仅仅证明工程"基本"竣工，而非全部工程竣工。本款只提到了区段工程和部分工程，容易造成一种误解，即：如果颁发的是整个工程的接收证书，即使该证书上没有注明地表复原工作已经完成，也应认为已经完成。然而这种理解是不符合实际情况的。

本条到此讲完了，请检查一下自己是否达到了开始提出的要求，并思考下面的问题：

1. 请简述工程接收之前必须完成的各项工作。

2. 就干扰竣工检验这一问题，您能举例数出一些具体情况吗？

管理者言：

承包商移交的是沉重的工程，留下是轻松的心情；业主送走的是紧张的心理，接收的是沉甸甸的果实。

FIDIC

第**11**条 缺陷责任（Defects Liability）（1999版）

第**11**条 接收后的缺陷（Defects after Taking Over）（2017版）

学习完这一条，应该了解：

- 承包商在缺陷通知期的主要责任是什么；
- 修复缺陷的费用由何方承担；
- 在什么情况下延长缺陷通知期；
- 履约证书签发的条件以及由谁签发；
- 收到履约证书后承包商还应注意的事项。

随着业主接收了工程，工程实施进入"收官"阶段。建设工程虽然是一项特殊的产品，但与其他产品类似，它也有质量保证期，红皮书中被称为"缺陷通知期"[1]。本条1999版的标题为"缺陷责任"，2017版的标题改为"接收后的缺陷"。从标题上看，更加明确了承包商的责任期。有些子条款标题也进行了微调，努力使标题与内容更加一致，但整体结构不变，仍包括11个子条款。那么，承包商在缺陷通知期中有哪些责任呢？工程最终验收的标志是什么呢？现在我们一起看本条的具体规定。

11.1 完成扫尾工作和修复缺陷（Completion of Outstanding Work and Remedying Defects）

工程被接受后，缺陷通知期就开始了。在该期间内，承包商还有哪些义务呢？

1999版本款的规定如下：

■ 承包商应在工程师指示的合理时间内完成签发接受证书时还剩下的扫尾工作，并修复业主方在缺陷通知期期满之日或之前通知的缺陷，使工程达到合同要求；

■ 如果发现了缺陷或发生了损害，业主应相应地通知承包商；

■ 承包商承担前面所述的责任的目的是保证在缺陷通知期期满之日或之后尽可能快地保证工程和承包商的文件到达合同要求的状态，即：完成全部合同义务。

2017版对本款进行了修订，补充的内容如下：

■ 在收到业主通知的缺陷或损害之后，双方立即展开联合调查；

■ 承包商之后应该提交必要的补救工作建议书给业主；

■ 补救工作按第7.5款[缺陷与拒收]的规定进行。

大家是否还记得缺陷通知期的开始之日是哪一天呢？对了，是接收证书上面注明工程基本完成的那一日期，其长度为365天[2]。（参见1999版"定义1.1.3.7缺陷通知期"以及投标函附录；2017版"定义1.1.27缺陷通知期"以及数据表）由于通常允许承包商在业主接收工程时剩下一些不影响工程功能的扫尾工作，因此，本款规定，除了承包商有义务承担在缺陷通知期内修复缺陷的责任外，他还必须在工程师通知的合

---

[1] 在第三版和第四版《FIDIC土木工程合同条件》中使用的分别是"维修期（Maintenance Period）"和"缺陷责任期（Defects Liability Period）"。

[2] 注意，FIDIC新版中规定的365天只是一个通常在国际工程中通行要求，在实践中，业主根据工程的具体特点，也可能给出不同要求，如对于机电工程项目，业主可以要求两年，甚至更长。也有的合同根据工程组成部分的不同特点来分别规定缺陷通知期，如：土建部分是一年；机械部分是两年；电气部分是三年。

理时间内完成此类扫尾工作。至于涉及的扫尾工作的范围以及修复缺陷达到的标准，都要以合同的规定为准，即：承包商承担完成扫尾工作以及修复缺陷的目的是"保证工程在缺陷通知期期满之时达到合同要求的状态"。同时还应注意，本款还赋予了业主一项义务，即：他若发现了缺陷或工程受损，应及时通知承包商。这样规定的目的可能主要是防止损害进一步恶化。

2017版本款增加了补救工作修复过程的规定，包括联合检查以及准确第7.5款[缺陷与拒收]的规定，使整个缺陷通知期的修复工作的规定更完整。

11.2　修复缺陷的费用（Cost of Remedying Defects）

承包商在缺陷通知期内有义务对工程发生的问题进行修复，但这涉及一个问题，即：工程所发生的问题导致的原因可能多种多样，既有工程本身质量问题，又有自然原因或业主的人员误操作或使用造成的问题，那么修复缺陷的费用是否都由承包商负担呢？

1999版本款的规定如下：

■ 如果工程缺陷是由于：承包商负责的设计工作，设备、材料和工艺不符合合同，承包商没有遵守其他合同义务三类原因中任一种情况造成的，那么，承包商应自负费用和风险来修复；

■ 如果工程缺陷不是由上述原因造成的，业主方应立即通知承包商，同时将承包商修复缺陷的工作以变更方式处理（1999版第13.3款[变更程序]）。

2017版本款对承包商负责的原因增加了一条，并补充规定了认定业主方责任的程序，具体如下：

■ 除了1999版中规定的三种情况外，若工程缺陷是由于不恰当的操作维护引起的，且不恰当的操作维护是由于承包商负责的竣工记录、操作维护手册、培训等问题导致，则修复缺陷的费用仍有承包商负责；

■ 若承包商认为工程缺陷是其他原因引起，则他应立即通知工程师，工程师根据第3.7款去商定或决定缺陷引起的原因；

■ 若工程缺陷最终认定是其他原因造成的，则修复工作按变更处理。

本款对修复缺陷的工作分为两类，一类是由于承包商负责的原因造成的；另一类是其他原因造成的。对于前一类情况，承包商当然自己负担发生的维修费用，并承担维修过程中的风险；对于后一种情况，则由业主负担一切费用和风险。

　　1999版本款规定，如果维修工作不是由于承包商负责的原因造成的，业主应立即通知承包商，并将维修工作视为变更来处理。此项规定有些模糊，似乎不太可行。一般来说，在缺陷通知期内，承包商可能留有少量的项目"留守"人员，负责与业主方的联络和沟通，甚至没有任何留守人员。前面的条款规定，如果出现缺陷或发生损害，业主应随即通知承包商，承包商有义务去完成。但由于涉及责任问题，承包商对发生的问题同样十分关心。那么由哪一方来判断问题发生的原因呢？从本款的措辞来看，似乎是业主，因为本款规定"如果工程缺陷不是由承包商负责的原因造成的，业主应立即通知承包商"，并且在后面的第11.8款[承包商调查]中也仅仅规定"承包商只有在业主要求时，并在工程师指导下来调查事故原因"。由于众所周知的原因，在实践中，除非极个别原因特别清楚的事故，否则，业主不太会主动这样做，因为这样做就意味业主方要承担责任。工程发生了问题，原因常常比较复杂，本款只是要求业主在"得知"工程发生的问题不是由于承包商负责的原因引起时才通知承包商，如果这样的话，业主在任何时候都不会愿意去"调查得出"这样的原因的，因此，本款的规定可能将承包商置于不利的地位。比较切实可行的方法是，如果工程发生了问题，业主立即通知承包商来查看问题并修复。在不影响修复的情况下，由业主和承包商组成事故原因调查小组联合调查，并依据调查结果来判断事故原因是属于哪一方负责的。如果双方不能达成一致意见，可以按本合同中的争议解决程序来处理。

　　本款2017版对1999版的修订，明晰了两个问题。第一个是由于承包商负责的竣工记录、操作维护手册、培训引起的不当操作维护行为而导致缺陷也由承包商负责；这实际上是将隐含在1999版的规定更加明晰化了，但规定由"培训"带来的问题也由承包商负责，则使得问题变得更加复杂了。因为，培训工作是针对"人员"的培训，培训效果最多也只是让受训人员掌握专业的操作维护技术问题，而出现操作维护事故也可能不是技术水平问题，而是操作维护人员渎职造成了。这些问题是在实践中是很难界定的。本款将培训纳入承包商的责任范围，似乎不太恰当，对承包商不利，因此，承包商应重视培训效果在规范中是否有清晰的界定，并努力使得培训效果达到规范中规定的标准。请参阅2017版第4.5款[培训]中的讨论。

　　第二个问题是，对认定和处理修复缺陷的程序进行了细化和完善，原来规定由业主通知承包商，本款2017版修改了这一要求，规定，若承包商初步认定工程缺陷不属于他的责任范围，则他应立即通知工程师，由工程师来根据实际情况与双方商定或单独决定责任方。确定了业主为责任方后，修复工作按变更处理。这样的规定比第一版原来的规定更加有操作化。

笔者认为，好的合同规定应该"公平、可行，鼓励合作，从而降低'交易成本'"。

11.3 缺陷通知期的延长（Extension of Defects Notification Period）

如果在缺陷通知期内发生了质量问题，导致工程或区段无法按预期目的使用，那么在此情况下，工程的缺陷通知期是否应予以延长呢？

1999版本款的规定如下：

■ 如果在缺陷通知期内发生了质量问题，导致工程或区段无法按预期目的使用，业主有权根据第2.5款[业主的索赔]对缺陷通知期进行延长，但在任何情况下，延长的时间不得超过2年；

■ 如果由于业主负责的原因导致暂停了材料和生产设备的交付或安装，在此类材料或设备原定的缺陷通知期届满2年后，承包商不再承担任何修复缺陷的义务。

2017版对本款修订了相关措辞，使得逻辑更加严谨，具体如下：

■ 如果由于业主负责的原因导致暂停了材料和生产设备的交付或安装，则含有此类材料或设备的工程原定的缺陷通知期届满2年后，承包商不再承担任何修复缺陷的义务。

无论是1999版还是2017版，本款只是给出了原则性的规定，即：如果缺陷是由于承包商负责的原因发生的，业主有权延长缺陷通知期，同时规定最多延长2年（即：缺陷通知期最多为3年），但并没有规定具体如何延长，例如：如果工程因维修暂停了3个月，是否意味着缺陷通知期也相应地延长3个月？❶

1999版本款中第二项规定也比较模糊。此项内容涉及工程暂停情况下生产设备和材料推迟交付和/或安装的情况，本款中的具体措辞为"该生产设备和/或材料的缺陷通知期本应届满2年后"，承包商不再有任何修复义务。因而，此处出现一个"生产设备和/或材料的缺陷通知期"（the Defects Notification Period for the Plant and/or Materials）的措辞，因此，本项规定隐含着，此类因暂停而被推迟安装的生产设备和材料有独立的缺陷通知期，但通常情况下，此类生产设备和材料是没有独立的缺陷通知期的（大型相对独立的生产设备除外）。在2017版中，修订了相应的措辞，改为：

---

❶ 在1995年FIDIC出版的《设计–建造与交钥匙合同条件》第12.3款明确规定，此情况下，"延长的长度相当于工程或任何区段或某些生产设备因某种缺陷或损害不能按预期目的投入使用的时间长度的总和"。

"含有此类材料或设备的工程原定的缺陷通知期"（the DNP for the Works, of which the Plant and/or Materials form part），逻辑更加通顺了，若在"the Works后面加 or Section"就更完整了。

11.4 未修复缺陷（Failure to Remedy Defects）

如果在缺陷通知期内，工程出现了缺陷，而承包商又不去及时修复怎么办？

1999版本款的规定如下：

■ 如果承包商没有在合理的时间内修复工程出现的问题（包括缺陷和损害，下同），业主可以确定一个截止日期，要求承包商必须到该日期完成此类修复工作，但业主应及时通知承包商该日期；

■ 如果承包商在截止日期仍不修复出现的问题，并且此工作本应由承包商自费完成，那么业主可采用下列三种方式之一来处理；

（1）业主可以自行或委托他人完成修复工作，费用由承包商承担，但承包商对修复工作不再承担责任，承包商应支付业主由此造成的合理费用，业主应按第2.5款[业主的索赔]来索取此类费用；

（2）要求工程师与双方商定或决定从合同价格中进行相应的价款减扣；

（3）如果出现的问题致使业主基本上不能获得工程和其主要部分预期使用价值，业主可终止全部合同或涉及该主要部分的合同，业主有权收回其支付的所有工程款或就该主要部分的合同款（视情况而定），加上业主的融资费和工程拆除清理等相关费用，同时保留合同或法律赋予业主的其他权利。

2017版对本款进行了部分修订，增加的内容具体如下：

■ 业主可以接受承包商未修复好的那部分工程，但业主根据索赔条款提出索赔，合同价格相应减少，工程师可以将此类工作作为删减，并按类似变更程序处理；

■ 此处的规定不影响业主合同中的其他权利。

本款是针对承包商不履行在缺陷责任期的修复义务而规定的处理方法。注意，业主在采用三种处理方法之前，必须：（1）提前通知承包商，告诉其完成修复工作的截止日期，并且该日期应是一合理日期（业主当然不能通知承包商在第二天就完成耗时若干天的修复工作）；（2）造成缺陷或损害的原因必须是由承包商负责的。虽然在第11.2款 [修复缺陷的费用] 中规定，如果修复工作不是承包商原因造成的，承包商的修复工作可以按变更处理。但本款并没有规定，如果承包商不来修复非承包商原因造

成的问题（比如有外界原因）如何处理，虽然从第11.1款[完成扫尾工作及修复缺陷]
的规定中可以推定，即使发生的问题不是由承包商负责的原因造成的，承包商也有义
务修复发生的缺陷，只不过他可以按变更得到补偿而已。可以肯定的是，如果业主通
知承包商来修复非承包商负责的问题，而承包商不来修复，即使业主拿不出强有力的
惩罚措施，承包商在申请履约证书时可能会遇到麻烦的。请思考；业主有哪些借口拖
延签发履约证书？（参阅第11.3款和11.9款）。

11.5 移走有缺陷的工作（Removal of Defective Work）（1999版）
11.5 在现场外修复有缺陷的工作（Remedying of Defective Work off Site）（2017版）

某些工程缺陷可能在现场无法修复或维修代价比较大，如：工程中安装的一些大
型设备。此情况下，也许将其拆下来运到设备制造厂去修理是比较好的方法。合同是
否允许这样做呢？

1999版本款的规定如下：

■ 如果缺陷或损害的部分在现场无法及时修复，在业主的允许之下，承包商可以
将此类工程部分移出现场进行修复；

■ 业主允许这样做的同时，可以要求承包商增加履约保函的额度，增加的部分等
同于移出工程部件的全部重置成本；

■ 如果不增加履约保函额度，也可以采用其他类似保证。

2017版对本款增加了大量细节方面的规定，具体如下：

■ 若在缺陷责任期中，承包商认为在现场不能快速修复相关生产设备，需要移
除现场外修复，则他应通知业主，要求业主同意将设备移到现场之外修复，并给出
理由；

■ 该通知应清晰表明相关生产设备的具体信息，具体包括：需要修复的缺陷或损
坏的细节，要运往的地点，使用的运输工具，在现场外拟进行的检查和试验，需要多
长时间在现场外修复好送回现场，在现场重新安装和调试所需的时间；

■ 承包商还应根据业主要求提供其他细节；

■ 业主可以要求承包商增加履约保证的额度，与需运到现场外修复的生产设备的
等值。

本款的规定主要是针对在现场不便修复而需要移出现场进行维修的生产设备等。

由于将此类生产设备移出现场，造成业主无法控制承包商对该设备的处置，因此业主可以在此情况下要求承包商追加担保额度或提供其他担保。请注意，本款只是规定业主"可以"这样做，原因是，这样做虽然对业主比较安全，但追加履约保函额度或提供其他担保会导致承包商的额外费用。如果业主对承包商比较信赖，业主也许对承包商不会提出此类要求。因此，承包商的信誉在此情况下会给承包商带来一定的"收益"，这也是商业社会"信用价值"的体现。

本款2017版比1999版增加了更详细的规定，操作性更强，但从内容来看，增加的细节也不一定必要，因为此情况下，由于要征得业主的同意，而不提供详细情况，业主是有权不同意的，因此，实践中，不会因具体程序方面而产生争执，因此2017版增加的细节也不一定的必要，因为合同越详细，虽然某种程度上增加操作感，但会给用户带来阅读和理解负担，有时细致的规定可能造成与实际具体情况有偏离。从一般合同理论而言，在双方利益有冲突且问题十分重要的情形下，这是双方最容易出现机会主义行为的时候，合同应规定的更加细致，并给出具体的操作程序；但若双方利益一致、问题不太重要，或一方有明显保护自己利益的博弈力，则合同条款的规定则应以简明为原则。

11.6 进一步的检验（Further Tests）

对于有缺陷的工程部分，尤其是缺陷涉及生产设备时，在修复之后如何才能保证其性能达到要求呢？显然这只能通过重新检验才能知道。

1999版本款的规定如下：

■ 如果对工程的修复影响到了工程的性能，工程师可以要求重复合同中规定的任何检验；

■ 工程师应在修复工作结束后的28天内将此要求通知承包商；

■ 进行检验的条件应与以前进行检验时一致，但风险和费用由承担维修费用的责任方负担，具体可见第11.2款[修复缺陷的费用]。

2017版对本款修订较大，现将全部条款的内容简述如下：

■ 承包商在完成工程修复工作之后的7天内，应将完成的相关工作内容以及拟进行的重复检验通知工程师；

■ 工程师收到该通知后，应同意承包商开始实施承包商拟定的重复检验，或者另行指示承包商进行其他必要的检验，以便能证明修复的工作符合合同要求；

■ 若承包商没有在7天内通知工程师，则工程师可以在相关修复工作完成后的14天内通知承包商，指示承包商实施相关必要的重复检验，以便能证明修复的工作符合合同要求；

■ 所有此类重复检验的条件与以前进行的建议相同，但修复费用由责任方承担，具体可见第11.2款[修复缺陷的费用]。

1999版本款的规定义务与责任方面本身比较明确，只是执行程序方面仍不太具体。

2017版本款从整体程序作出了更细致的规定，从原来需要工程师主动通知承包商进行相关检验，也变为由承包商在完成修复工作后，提出重新检验计划，并通知工程师，若工程师对计划满意，则同意承包商按计划进行重复检验，若工程师认为承包商计划不妥，则可以下指令要求承包商进行能证明修复工作符合合同的必要的进一步的检验，而且规定了，若承包商不能按时通知工程师，工程师有权主动下达相关指令。考虑到工程修复工作是一项敏感与重要的工作，笔者认为，这一子条款细化管理程序有利于提高工作效率。

请思考这一问题：如果承包商不听工程师的进行检验的指令会有什么后果呢❶？首先，根据本款，如果工程师通知，承包商有义务进行此类检验；若缺陷是由承包商负责的，而如果承包商不进行此类检验，就会导致业主借用第9.2款[延误的检验]等相关条款来保护自己；如果缺陷不是由承包商负责，似乎业主没有十分有力的约束手段，但业主可借助第11.3款[缺陷通知期的延长] 来延长缺陷通知期，以保护自己。

11.7 进入权（Right of Access）（1999版）
11.7 接收后的进入权（Right of Access after Taking Over）（2017版）

承包商在缺陷通知期内要进行修复或必要的检查工作，就必须进入工程现场，那么，承包商是否有自由出入工程的权利呢？

1999版本款的规定如下：

■ 在签发履约证书之前，只要是为了履行本款规定的义务的合理需要，承包商有权进入工程；

---

❶ 这一问题在实践中发生的可能性较小，提出此问题的主要目的是希望读者将相关条款联系起来阅读，并希望借此问题培养从事工程合同管理的专业人员合同管理方面的思维能力。

■ 但业主基于安保原因，可对承包商的进入权进行合理限制。

2017版对本款补充了具体的进入现场的程序，同时对进入权的时间安排规定的更加详细，具体如下：

■ 在签发履约证书后的28天之前，只要是为了履行本款规定的义务的合理需要，承包商有权进入工程；

■ 但业主基于安保原因，可对承包商的进入权进行合理限制；

■ 若在相关缺陷通知期内的任何时间，承包商打算进入某部分工程，承包商应将进入的工程具体位置、进入的原因以及希望的具体日期通知给业主，但考虑到具体情况，如业主的安保要求等，承包商应合理提前通知；

■ 在收到承包商的通知后的7天内，业主应答复承包商，要么同意承包商的要求，要么提出另外的合理日期，并给出理由。若业主在7天内不答复，则应视为同意承包商在通知中给出的具体进入日期；

■ 若业主在许可承包商进入现场的答复中出现不合理的延误，导致承包商开支的额外费用，则承包商有权根据索赔条款规定，索赔费用和利润。

1999版规定比较简明和灵活，原则上，既考虑了承包商维修工程的合理之需，又考虑了业主安保方面的原因，毕竟某些项要求具有高度的保密性。

2017版则补充了进入现场的具体程序，给出了严谨的时间约束，同时规定，若业主不予合理配合承包商进入工程，承包商有权提出费用和利润索赔。同时，还将承包商有权进入工程的时间段，由原来签发履约证书，延长到之后的28天，这大概是因为，即使履约证书签发，仍有可能出现一些后续事项。

虽然增加本款使程序更加具体，但考虑的承包商及时进入现场修复缺陷既符合自身利益，也符合业主的利益，因此双方一般对此项工作会积极配合。本款复杂的程序规定似乎读起来有点繁琐。

11.8 承包商调查（Contractor to Search）

由于承包商是工程的具体建造者，对工程比较清楚，如果工程出现了问题，业主常希望由他调查事故原因。

1999版本款的规定如下：

■ 如果工程师要求，承包商应在工程师的指导下调查工程缺陷的起因；

■ 如果根据第11.2款[修复缺陷的费用]，由承包商负担维修费，此类调查费用也由承包商承担；

■ 否则，应支付承包商调查费以及合理的利润，具体数额由双方商定或由工程师按第3.5款[决定]来确定。

2017版在本款程序方面进行了更加细致的规定，补充的具体如下：

■ 承包商应按照工程师通知的日期或双方商定的日期去调查缺陷的原因；

■ 若承包商不按照工程师的指令去调查缺陷原因，此类缺陷原因调查可由业主人员执行，但应通知承包商此类调查的实施日期，承包商可以自费参加；

■ 若此类被调查的缺陷属于承包商的责任范围，则业主可以根据索赔条款对承包商提出调查费用索赔。

根据本款的规定，只要工程师要求，承包商就有义务来调查质量事故的起因。由于调查的结果可能关系到双方的责任问题，因此，本款规定，承包商调查过程在工程师指导（当然在实践中也有监督）下进行，以保证过程的客观性。

2017版本款对调查的时间给出了具体安排，同时规定，若承包商不按时进行检验，业主方可以自行调查，但应将日期通知给承包商，承包商可以自费参加，若调研的缺陷属于承包商的责任，则业主可以就调查费用向承包商提出索赔。这样的程序安排更有利于激励承包商积极进行调查，若业主自行调查，则调查结论有可能对承包商不公，这样，承包商为了保证自身的利益，会配合调查。

另外，本款规定，若调查的缺陷属于承包商的责任范围时，业主才有权向承包商提出调查费用的索赔，这一具体规定，可能使得本款前面的规定不完全一致，因为，按照本款规定，只要是工程师要求，承包商就应在工程师指导下进行缺陷原因调查，这是承包商的义务，而不管缺陷造成的原因归于哪一方。即使调查结果表明，缺陷原因不是承包商的责任，若承包商违反合同义务，给业主带来的不利的影响，也应承担相应责任。同时阅读本款请参阅11.2款[修复缺陷的费用]。

11.9 履约证书（Performance Certificate）

如果说承包商获得了工程的接收证书只是标志着他基本上完成了工程，那么，履约证书则标志着他彻底履行了合同中的全部义务。履约证书签发的前提条件是什么呢？具体程序又如何呢？

1999版本款的规定如下：

■ 只有当工程师向承包商签发了履约证书之后，才能认为承包商的义务已经完成；

- 履约证书中应载明承包商完成其合同义务的日期；

- 工程师应在最后一个缺陷通知期届满后28天内签发履约证书；或之后，在承包商提交了全部承包商的文件，完成了工程，并进行了检验以及修复了全部缺陷条件下，尽快签发；

- 履约证书的副本应提交给业主。

2017版对本款进行了补充规定，补充的内容具体如下：

- 若工程师没有按本款规定的28天内向承包商签发履约证书，则应视为履约证书在本应签发日期后的28天当天签发；

- 只有履约证书才构成业主对工程的接受。

本款规定了承包商获得履约证书的前提条件，可分两类情况：

（1）如果在缺陷通知期内承包商完成了扫尾工作，没有发生工程缺陷，或发生了缺陷，但及时在该期间完成并得到认可，那么，工程师应在缺陷通知期届满后的28天内将履约证书签发给承包商；

（2）如果缺陷通知期届满时，承包商还有些工作没有完成，如提交文件、修复缺陷等，那么，工程师应在此类工作完成之后尽快签发履约证书给承包商。

1999版本款规定会导致一个问题：在第2种情况下，没有给出工程师必须签发履约证书的时间限制，只是笼统的规定"尽快"，这容易导致合同双方理解上的分歧，似乎给出具体的时间（如7天或14天）更容易在实践中操作。但无论怎样，从上下文来看，这个时间决不会超过承包商完成所有剩余工作后"28"天。

1999版本款出现的另一个问题是：如果在条件达到后，工程师不签发履约证书，出现这样的问题如何怎样处理，本款并没有给出明确的方法。在实践中，出于种种考虑，工程师总是希望尽可能拖延签发履约证书的时间。由于履约证书签发的问题涉及承包商的利益，如保留金和履约保函的退还等，因此，如果发生拖延签发的情况，承包商利益就会受损。尽管承包商可以根据第1.3款[通信联络]来保护自身的利益，但毕竟该款的约束力太"软"。因此，笔者认为，在涉及关键、重大的问题上，在可行的情况下，合同文件的规定尽可能具体、清晰、完整，以免双方打"擦边球"。就本款而言，可增加类似措辞："如果在整个工程达到上述履约证书签发的条件后，工程师无故拖延签发履约证书，则应视为在本应签发履约证书的截止日已经签发。"

我们在2017版本款中看到，修订的内容已经基本回答了1999版带来的问题，但增加的表述："若工程师没有按本款规定的28天内向承包商签发履约证书，则应视为履约证书在本应签发日期后的28天当天签发"（the Performance Certificate shall be deemed to have been issued on the date 28 days after the date on which it should have been issued），似乎还不太严谨。这是因为，"本应签发的日期"是个时间段，即：满足条件后的28天内，工程师应签发履约证书，即：工程师可在第一天签发，也可以在第28天签发，这个日期在实际并没有发生时是不确定的。因此，原文应更明确是第一天或是最后一天。

与上述相关的一个问题是，若视为工程师签发了履约证书情况下，如何界定工程实际竣工日期，本款并没有说明，因为正常情况下，工程师在履约证书中会写明工程实际竣工日期的，因此，也最好在此情况下说明实际竣工日期的认定方法。

11.10 未履行的义务（Unfulfilled Obligations）

虽然履约证书签发后，则认为业主方接受了工程，承包商的义务业已完成，但是否这意味着合同到此失效呢？

1999版本款的规定如下：

■ 在履约证书签发之后，各方对在签发履约证书时没有履行的义务仍有责任继续履行；

■ 对于确定此类没有完成的义务的性质和范围，合同仍然有效。

2017版对本款增加了一个特别说明，具体如下：

■ 除非法律禁止或出现欺诈、严重渎职、故意违约或一意孤行的不轨行为，否则，承包商对缺陷通知期期满两年之后的生产设备保修不再负有责任。

一般说来，签发的履约证书，意味着承包商实施工程的义务已经全部完成，那么本款所说的"在签发履约证书时仍没有履行的义务"指的是哪些义务呢？

我们知道，一项工程的实施，除了实施工程本身之外，还要涉及一些在工程完成之后需要一定时间才能解决的问题，如：承包商申请最终支付证书和提交结清单，工程师签发最终支付证书，业主的支付义务，索赔争议解决，以及下面一款中关于现场的清理等。

另外，在FIDIC合同条件中，并没有规定合同的有效期，只是规定了"竣工时间"和"缺陷通知期"。本款的规定意味着只要有关本合同的任何事宜在双方之间还没有解决，合同依然有效，仍应依据合同的规定来处理。

2017版对缺陷通知期的特殊情况进行了说明，因为各个国家的规定有可能不尽相同，甚至期限长于合同约定的期限，此时应以法律规定的为准；另外出现欺诈等原因，如：购买的生产设备品牌不是正规产品等，承包商仍应继续承担相关责任，即使缺陷通知期届满。

11.11 现场清理（Clearance of Site）

在签发履约证书时，承包商可能没有来得运走在现场留存的一些施工机具或清理一些剩余物品，这意味着占有了业主的现场空间。那么如何处置此类情况呢？

1999版本款的规定如下：

■ 在收到履约证书之时，承包商应随即将仍留存在现场的承包商的设备、剩余材料、垃圾和废墟等清理走；

■ 如果承包商在收到履约证书28天内仍没有清理，业主可将此类物品出售或处理掉，进行现场整理；

■ 业主为上述工作付出的费用应由承包商支付，从所售收入中扣取，多退少补。

2017版对本款增加了一些补充内容，具体如下：

■ 承包商还应将施工作业影响了的非永久覆盖的现场表面恢复原貌；

■ 使现场恢复到规范要求的状态，若规范没有规定，恢复到安全干净的状态。

由于缺陷通知期内可能要做些扫尾工作和修复工作，因此，承包商可能会在现场留存适当的设备或材料，由于在签发履约证书和缺陷通知期之间只有28天，因此，承包商在收到履约证书时也许还没有将自己的全部物品清理好。本款的规定实际上是要求承包商在收到履约证书后28天内清理好现场，防止其长期占用业主的场地，否则业主有权对其留存物品进行处理。

2017版本款补充了关于现场地貌恢复以及恢复标准的规定，使得现场清理工作更完善，对承包商清理现场的标准进行了明确规定。

请大家思考一下：如果承包商留存的物品不值钱，其所售收入还不及业主的处理费用大，那么，根据本款的规定，承包商应将不足部分支付给业主，如果承包商拒绝支付，此时业主还能够动用承包商的履约保证索取该笔款项吗？业主有其他方法控制承包商吗？（参见1999版第4.2款[履约保证]，第11.10款[未履约的义务]，第14.7款[支付]，第14.13款[申请期中支付证书]。）

本条到此讲完了，请检查一下自己是否达到了开始提出的要求，并思考下面的问题：

1. 承包商在缺陷通知期的主要义务有哪些?

2. 如果承包商不及时修复缺陷怎么办?

3. 结合2017版本条的内容，合同规定的细致程度越高是否越好? 为什么?

管理者言：

　　"缺陷通知期"似乎也可以定义为这样一个时间段，在这一时间，承包商关心的不仅仅是"瑕不掩瑜"，而是"瑜能掩瑕"；业主最希望的是要看到"瑜"，却努力寻找"瑕"。

FIDIC

第 **12** 条 计量与估价
（Measurement and
Evaluation）（1999版）

第 **12** 条 计量与计价
（Measurement and
Valuation）（2017版）

学习完这一条，应该了解：

■ 实际工程量的计量程序和计量方法；

■ 对工程量的估价原则；

■ 删减的工程量估价的处理方法。

作为国际惯例，施工合同一般为单价合同，工程量表中的工程量只是估算工程量，因此投标价格只是一个名义价格，而最终的合同款额按承包商完成的实际工程量而定。在FIDIC施工合同条件下，实际工程量是如何计量与估价的呢？本条2017版与1999版结构和基本内容保持不变，仍为四个子条款，但2017版在标题和程序方面进行了少量修订。本条针对这一问题给出了相应的规定。

12.1 工程计量（Works to be Measured）

随着工程的进行，承包商每月完成的工程量都需要计量，因此需要一个工程计量的具体操作程序。

1999版本款的规定如下：

- 工程的计量和为支付目的的估价都应根据第12条[计量与估价]的规定；

- 工程师要求计量工程任何部分时，应向承包商的代表发出合理通知；

- 承包商的代表自行或派员协助进行工程计量以及提供工程师要求的详细资料；

- 如果承包商没有参加计量，工程师的计量结果应被视为准确无误，承包商应认可该结果；

- 如果永久工程要依据记录进行计量，此类记录应由工程师准备，合同另有规定除外；

- 工程师要求时，承包商应来审查此类记录，并在同意后签字，如果承包商不来审查，则工程师的记录应视为正确无误；

- 如果承包商审查记录后有不同意见，或者不按原商定好的内容签字，则他应通知工程师他认为不准确的方面；

- 工程师收到承包商通知后进行复查，随后可以决定维持原记录或对原记录加以改正；

- 如果承包商在工程师要求他审查记录后14天内没有提出意见，则应视为工程师准备的记录准确无误。

2017版对本款补充修订内容如下：

- 无论在现场测量实际完成的工程量还是按施工记录计量实际完成的工程量，工程师应至少提前14天通知承包商；

- 若工程师收到承包商对工程量计量结果有异议的通知，除非相关工程量已经按照变更程序解决，否则，他应按第3.7款[商定或决定]去商定或决定完成的工程量；

■ 在商定或决定工程量之前，工程师可以先确定一个临时工程量，作为期中支付的依据。

从本款的规定可以看出，在FIDIC施工合同条件下，任何的实际付款都应按照计量完成的实际工程量进行，因此，国际上也将该模式下的合同称为"重新计量合同"。本款给出计量的两种方法，一种是对工程量进行现场实测，由双方共同完成；另一方法是依据记录进行计量，主要指的是施工图纸等技术文件。另外，无论承包商还是工程师都应注意计量程序中的时间限制，尤其是2017版增加了对工程师向承包商发出通知的时间限制。

2017版本款还补充了一个规定，弥补了原规定的不足，即：若双方对工程量不能达成一致意见，则承包商当月完成的工程量就无法及时进行支付，因此，拖延下去对承包商是不公平的，会极大地影响承包商的现金流。2017版规定此情况下，工程师可以先确定一个临时工程量（一般是无争议的那部分工程量），走支付程序，这样承包商就能及时拿到大部分进度款。

12.2　计量方法（Method of Measurement）

国际上不同的国家或地区的工程量计量方法并不完全一致，重新计量工程量必须有一定的具体方法。

1999版本款的规定如下：

■ 对永久工程每项工程应以实际完成的净值计量，而不考虑当地习惯做法；

■ 计量方法应符合工程量表或其他适用的明细表中的规定；

■ 合同另外规定除外。

2017版对本款基本规定保持不变，但将规定的顺序修改，并补充了一些措辞，具体如下：

■ 永久工程每项工程计量方法应按合同数据表中规定的方法，若没有规定，则按符合工程量表或其他适用的明细表中的规定；

■ 对永久工程每项工程应以实际完成的净值计量，不考虑膨胀、收缩或浪费。

在施工合同条件下，虽然工程量表中的工程量为招标阶段业主工程师估算的工程量，但本款规定，若合同中没有其他规定的具体方法，则在测量实际工程量时，测量方法应与工程量表或其他明细表中的内容和编排方法相对应。这样既能方便工作，又能避免各类文件编排方式的不一致。2017版本款明确的一般情况下，具体计量方法在合同数据表中规定。

12.3 估价（Evaluation）（1999版）
12.3 工程计价（Valuation of the Works）（2017版）

在计算出工程量之后，又该怎么进行进度款的计价呢？

1999版本款的规定如下：

■ 除合同另有规定外，工程师应对每项工作进行估价，具体方式是按前两款的规定，计量出工作量之后，再乘以每项工作适用的单价；

■ 按此程序，工程师应即可累计计算出合同价格，但确定合同价格应符合第3.5款[决定]；

■ 每项工作适用的单价或价格应依据合同中的规定，如果合同没有明文规定，可采用合适的类似工作的单价；

■ 但如果同时满足以下四个条件，即：

（1）一项工作的数量变动超过工程量表或其他明细表中列明的10%以上；

（2）并且变化数量乘以单价已经超过了中标合同款额的0.01%；

（3）而且数量变化对单位工作量费用的直接影响超过1%；

（4）以及该项工作并没有在合同中被标明为"固定单价项"。

则对该项工作的估价时，应再确定新的适宜单价或价格；

■ 如果同时满足下列三个条件，即：

（1）该项工作是按第13条[变更与调整]指示承包商实施的；

（2）在合同中没有为此变更工作项规定单价或价格；

（3）由于该项工作的性质不同或者实施的条件不同，合同中没有适合单价或价格。

此时，也应使用新的单价来对该项工作进行估算；

■ 确定新单价或价格时，应参照合同中其他相关单价或价格，同时根据上面所述情况做出适当调整；

■ 如果没有可参照的相关单价或价格，新单价或价格应依据合理的工作费用，加上合理的利润，同时考虑相关情况予以确定；

■ 在最终确定一个新单价或价格之前，为了支付进度款，工程师可以临时确定一个单价或价格。

2017版对本款的进度款的计价做出了更加具体的规定，修订内容如下：

■ 在计价每项工作时，应按工程量表或其他数据表规定的单价或价格，若工程量表或其他数据表中没有列出该项工作，则按类似工作项的单价或价格计价；

■ 除了1999版规定的两种情况，又增加了一种确定新单价或价格的情况，即：该项工作既没有在工程量表或其他数据表中规定，也没有对应的类似性质的工作价格，或实施条件发生了变化；

■ 新单价或价格的确定应参照原来相关单价或价格，若没有可参照的相关单价或价格，则考虑到具体情况，按实际费用（成本）加利润的方法确定，利润按合同数据表中的规定，若无规定，按成本的5%计；

■ 若承包商对计价方法有不同意见，应发通知给工程师，除非相关工作按变更已经得以处理，否则，工程师按第3.7款[商定或决定]来商定或确定。

本款对计价规定比较详细。2017版对子条款的标题进行了修订，由原来的"估价（Evaluation）"修订为"工程计价（Valuation of the Works）"更加准确和符合国际习惯说法。1999版给出了三种情况：（1）正常情况下，计价依据测得的工程量和工程量表中的单价或价格得出；（2）如果某项工作的数量与工程量表中的数量出入太大，其单价或价格应予以调整；（3）如果是按变更命令实施的工作，在满足规定的条件下也应采用新单价或价格。

本款2017版对1999版进行了修订，又增加了采用新单价或价格的情况，即：出现了新的工作，原单价或价格不合适。另外，2017版还明确规定，调价应参照原单价，若是新工作，可以采用实际成本加利润的方法。这些补充规定增强了实践中的操作性。

在本款的规定中，作为调整单价的条件之一，就是工程量的变动的幅度必须造成其实际的单位费用变动超过1%，但在实际工作中，如何计算由工程量变动直接造成的实际单位成本的变动，承包商可能与工程师有不同意见。合理的做法是，如果承包商认为应调高单价，则他应给出导致单价升高的具体依据；如果工程师认为应降低单价，也应给出相应的理由。本款的规定也考虑到了双方意见不一致的情况，即：如果工程师与承包商对新单价达不成一致意见，工程师可以临时决定一个单价或价格，以免耽误进度款的计算和支付。如果承包商对计价有不同意见，则他可以向工程师发出通知，由工程师根据第3.7款[商定或决定]进行商定或决定，若承包商仍不满意，则可按照争议程序解决，参见1999版第20条[索赔、争议与仲裁]。另外，关于调价，本款给出的调价门槛数字只是一个比较合理的经验数字，业主也可以根据项目的具体情况，做适当的调整❶。

请思考：是否工程量增加，合同单价就应降低；工程量减少，单价就应升高？为什么？

12.4 删减（Omissions）

如果由于某种原因导致工程师删减了某项工作，那么它会对承包商产生什么潜在的影响呢？如何处理呢？

1999版本款的具体规定如下：

■ 如果删减的任何工作构成了变更的一部分，而且双方对该删减的工作价值在删减前没有达成一致意见时，在符合三项条件的情况下，承包商可发出通知，同时附证明材料，要求对因删减该工作而造成的影响予以费用补偿；

■ 这三项条件是：

（1）如果不发生删减的情况，承包商的某笔费用本可以从中标合同款额中的该部分的工程款中分摊掉；

（2）由于删减了该工作，使得承包商的该笔费用无法在合同价格中消化掉；

（3）在对任何替代工作估价时，也没有含该笔费用。

■ 工程师收到承包商的通知后应按第3.5款[决定]去商定该费用补偿，并加到合同价格上。

2017版没有对本款做出实质性修订，只是补充规定承包商的通知时按第13条[变更与调整]变更的相关程序发出。

本款实际上解决的是删减工作估价涉及的问题。大家知道，如果删减了工程中某项工作，承包商就会因此得不到这项工程款。但问题是，在减扣款中可能分摊有某些费用，如管理费等，因为国际工程中单价一般属于综合单价（all-inclusive rate），而承包商的某些工作，如总部和现场管理工作并不随着该项工作的删减而消除或减少，结果造成承包商的这类费用无法在剩余的中标合同款额中分摊掉。针对此问题，本款做出了相应的规定。在承包商索要这类费用时，根据本款的规定，承包商有举证的责任，即证明符合规定的三项条件，并应通知工程师，由工程师根据程序进行处理。2017版更加明确了应按变更程序处理此问题。

---

❶ 在FIDIC为世界银行编制的《施工合同条件》（粉皮书）中，对工程量变化的门槛就定为30%。

本条到此讲完了，请检查一下自己是否达到了开始提出的要求，并思考下面的问题：

1. 工程量是如何计量和计价的？

2. 什么条件下需要确定新单价？采用新单价时应考虑哪些因素？

3. 从承包商的角度而言，合同规定固定单价好，还是可调单价好？若是可调单价，调价门槛设定较高好还是较低好？为什么？

管理者言：

　　国际工程中，业主通常想的是承包商"多劳少得"；而承包商通常想的是自己要"少劳多得"，本条的规定是阻止这两种想法成为现实。

第13条 变更与调整（Variation and Adjustment）

学习完这一条，应该了解：

- 工程师变更工程的权力范围；
- 承包商提出变更建议的权利以及被采纳后应获得的收益；
- 暂定金额覆盖的工作范围以及计日工实施和支付方法；
- 因物价波动和立法变动原因导致的费用和工期的调整。

工程项目的复杂性决定业主在招标阶段所确定的项目方案往往存在某方面的不足，工程合同是一类天然的不完全合同。随着工程的进展和对工程本身认识的加深，以及其他外部因素的影响，业主常常在工程施工期间需要对工程的范围、技术要求等进行修改。另外，有些情况下法律或市场出现新变化也会对合同执行存在影响。这些修改或变化无疑会对工期、费用，甚至QHSE都可能产生影响。如何恰当地处理这些修改对工程实施造成的影响，是工程合同的另一个重要内容。本条的目的就是解决这一问题，这也是工程合同中一项重要的协调机制。

本条除删除了1999版中的13.4[以适当的货币支付]外，2017版总体结构与1999版基本保持一致。因此，1999版共有8个子条款，而2017版共有7个子条款，其他子条款保持相同，但个别子条款标题的英文措辞稍有修订。

就合同安排而言，双方之间哪一方有变更权？变更带来的影响如何处理？若出现法律变动或市场物价波动的情况下，合同价格是否相应调整？双方有不同的意见怎么办？我们现在来看看具体规定。

13.1　变更权（Right to Vary）

由于种种原因，业主/工程师可能在工程实施的过程中希望对合同中规定的工程进行改动，他有权这样做吗？

1999版本款的规定如下：

■ 在签发接收证书之前，工程师有权签发工程变更指令，或要求承包商提交变更建议书；

■ 承包商应按变更指令来实施变更；

■ 但如果承包商在收到变更指令后立即通知工程师，说明无法立即得到变更工作需要的物品，并附有证明资料，则可以暂不去执行该变更指令，直到工程师再次确认，或对其修改；

■ 工程师收到承包商的通知之后，可以考虑撤销、确认或修改原来的变更指令；

■ 每项变更涉及的范围可以覆盖下列六项内容：

（1）合同中单项工作的工程量的改变，但此类工程量的变化也不一定构成变更❶；

---

❶ 有的工程量的增加，如：工程师要求增加管线上的安全阀就属于变更；而对于地基开挖，开挖量超过了工程量表中的数量，则不能算变更的。

（2）合同中单项工作的质量或其他特性的改变；

（3）工程某部分的标高、位置或尺寸的改变；

（4）某项工作的删减，但此类删减的工作也不得由他人来做；

（5）对原永久工程增加任何必要的工作、生产设备、材料，包括各类检验，钻孔和勘探工作；

（6）工程实施的顺序和时间安排的变动；

■ 如果没有得到工程师的变更指令，承包商不得对永久工程做任何改动。

2017版对本款修订的具体内容如下：

■ 若删减的工作由业主或其他方来实施，则此类删减不得以变更的名义下达，需要征得承包商的同意或按11.4[未能修复缺陷]规定进行；

■ 除了1999版规定的承包商不能立即获得相关变更需要的物资的理由外，若发生：承包商根据规范规定的工作范围和工作性质，无法合理预见下达的变更工作；或者，下达的变更指令会对HSE造成不利影响，则承包商可以向工程师发出通知，对下达的变更指令提出质疑。

本款的核心有两点：一是业主（通过工程师）可以在项目实施期间对工程进行变更，并给出了变更的范围；二是承包商不得自行对工程进行变更。

本款赋予承包商有权质疑工程师变更指令的情况由1999版规定的第一种，在2017版中又增加了后两种，即：对于工程师的变更指令，如果：（1）承包商无法随即获得变更需要的物品，并有证明资料；（2）承包商无法合理预见变更指令涉及的工作；（3）变更指令对HSE造成不利影响，承包商可以向工程师提出质疑，暂停执行变更指令，但工程师在权衡承包商的通知和证明后，可以撤销变更、修改变更，也可以仍然要求按原指令变更。虽然规定到此为止，并没有做出进一步的规定，但我们可以推定，如果在这种情况工程师坚持变更，那么承包商这一通知和证据无疑为索赔工期和费用提供的比较可靠的证据，因为这项变更工作对承包商来说无疑是比较困难的，甚至需要承包商进行大的方案调整，那么工程师在决定补偿费用和工期时应对这一工作的"难度"加以考虑。

另外，虽然2017版本款增加了两种情况，承包商有权质疑工程师的变更指令，但本款除了所列的三种原因外，似乎也应加上"缺乏现成的劳工"，因为缺乏相应劳工与物质对承包商执行变更产生的影响是类似的。

阅读本款时，可同时参照1999版第8.4款[竣工时间的延长]和第12.3款[估价]和第

12.4款[删减]。

13.2 价值工程（Value Engineering）

由于承包商是工程的具体执行者，他比较了解工程实施中的实际情况，加上有的承包商经验丰富，因而可能会有一些降低成本、缩短工期的想法或方案。那么承包商有无变更权？若业主同意了承包商的变更建议，产生的利益由哪一方享有？

1999版本款的规定如下：

■ 如果承包商认为自己的建议能够使得工程缩短工期，降低工程实施、维护或运营之成本，提高项目竣工后的效率或价值，或者对业主产生其他利益，那么他可以随时向工程师提出建议；

■ 承包商应自费编制建议书，建议书中应包括第13.3款[变更程序]中要求的内容；

■ 如果工程师批准的该建议书中包括设计内容，并且如果双方没有另外商定，承包商应进行该部分设计，并按第4.1款[承包商的一般义务]中的相关规定对该设计负责；

■ 如果承包商的建议节省了工程费用，承包商应得到一定的报酬，其额度为节省的费用净值的一半；

■ 节省的费用计算方式为：降低的合同额度减去因变更而引起在工程质量、寿命以及运营效率等方面为业主带来的潜在损失，具体由工程师按第3.5款[决定]来计算；

■ 如果降低的合同额度小于潜在的损失，承包商则无任何报酬。

2017版对本款增加了工程师如何处理承包商建议书的具体程序，补充的具体规定如下：

■ 工程师收到承包商的建议书后是否同意，完全取决于业主的意见；

■ 承包商在等待工程师答复期间，不得耽搁正在进行的工作；

■ 不管工程师是否有补充意见，若他同意了承包商的建议书，则他应签发相应的变更指令；

■ 变更导致的收益的分配、费用、工期延误等应按第13.3.1款[变更指令]，在专用条件中具体规定。

"价值工程"是工程经济学中的一个概念，研究的是如何使功能/费用比最优化，以便使投入的资金产生最大的价值，本款使用了这一术语。由于工程项目涉及的资金额度比较大，优化设计和施工方案可能会给项目带来很大的效益。因此在近年来的工程新合同版本中，常常有这类合同条款，来激励承包商提出合理化措施，

使合同双方都获益。

1999版规定，承包商优化设计产生的收益的净值双方平分，但2017版没有给出承包商优化设计产生的收益等影响的分配方法，而是在专用条件中具体规定，这可能是因为，这类情况比较复杂，简单地规定"收益净值"的平分操作性不强，而是在专用条件中，根据项目的具体情况与业主的设想，给出具体方案，这样实践中更好操作些。

笔者认为，合同的设计，应鼓励承包商提出合理化建议，这是一种双赢的机制。将这一理念引入工程合同，标志着现代管理思想已融入工程建设管理之中，也体现了FIDIC新版本编制在管理理念上的前瞻性。

13.3　变更程序（Variation Procedure）

由于变更常常涉及费用、工期，甚至对QHSE都会产生影响，一个完善的管理程序则使得该项工作更加有序进行。

1999版本款的规定如下：

■ 若工程师在签发变更指令之前要求承包商提交建议书，承包商应尽快答复；

■ 如果承包商无法提交建议书，他应说明原因；

■ 如果提交建议书，则建议书应包括：变更工作的实施方法和计划，工程总体进度计划因变更必须进行调整的建议；承包商对变更的费用估算；

■ 工程师收到承包商的建议书后应尽快答复，可以批准、否决或提出意见，但承包商在等待答复的过程中应正常工作；

■ 任何变更指令都应由工程师签发给承包商，承包商在收到后应回函说明；

■ 每项变更都应按第12条[计量与估价]来估价，除非工程师根据本条做出其他指示或批复。

2017版对本款进行细致的修订，给出了更加完整的程序，具体规定如下：

■ 工程师实施变更的程序应按下列两种方式之一进行，同时受13.1[变更权]规定的约束；

■ 第一种方式是：工程师根据第3.5款[工程师的指令]，向承包商发出变更通知，说明变更范围以及记录要求；

■ 承包商应执行变更指令，并在收到工程师指令后的28天内，或双方商定的时间内，向工程师提执行变更指令的具体工作报告，具体包括以下三部分内容；

■ 一是总体工作说明，包括完成和计划进行的工作说明，相应投入资源以及实施方法。二是实施进度计划，以及对项目总体进度计划和竣工时间相应修改的说明。三是变更工作导致的价格调整以及相应的详细证明材料等；

■ 若工程师后续要求，承包商仍应提交进一步补充资料；

■ 工程师应根据第3.7款的程序和时间要求去商定或决定变更引起的合同工期和价格的调整；

■ 第二种方式是：工程师在下达变更指令之前给承包商发出一个通知，说明拟变更的意向，要求承包商给出变更建议书；

■ 承包商可采用两种方法之一来回应工程师的变更意向通知：一是给出变更建议书，给出工作说明、执行计划以及对合同工期和价格等造成的影响；二是拒绝该意向变更，说明详细的具体理由；

■ 若承包商提交的变更建议书，工程师应尽快决定是否同意变更工作，并尽快通知承包商，但承包商等待工程师答复期间应正常工作；

■ 若工程师同意承包商的变更建议书，不管是否有补充意见，则他应下达相应的变更指令，随后承包商根据工程师可能提出的进一步要求，提交补充材料，并执行本款规定的变更程序；

■ 若工程师不同意承包商的变更建议书，他可给出意见，也可以不给出，但若承包商编制变更建议书发生了相关费用，则其有权按索赔程序提出索赔。

本款主要规定工程变更程序，1999版只是规定的工程师签发变更指令前要求承包商提交变更建议书的程序；2017版则进行了大量修订，给出了更加完善的程序。同时，本款再次提醒承包商应当注意的是，在工程师正式给出变更指令之前，应正常进行工作，不能停下来等待变更指令。

根据本款的要求，承包商在其建议书中都应明确提出变更对工期与费用的影响，工程师首先审查承包商的建议书是否合理，然后决定是否进行变更。

1999版本款规定，工程师认为承包商的建议书提出的费用和工期影响不合理，他可以给出自己的意见，要求承包商修改；如果工程师认为承包商的建议书合理，但变更的代价太大，可能决定不变更；如果工程师认为承包商的建议书合理，而且变更的代价又可以被业主接受，则可以指示承包商进行变更工作。在这种情况下，工程师将根据承包商建议书来补偿承包商费用和工期。当然，在承包商提出建议书后，工程师可以决定放弃变更。问题是：承包商编制建议书的费用是否可以得到补偿？本款前面明确规定，如果是承包商主动提交建议书，则他应自费编制。但如果承包商是应工程师要求编制建议书，如果不进行变更，业主是否应补偿承包商的建议书编制费呢？这一点，1999版并没有说明。

2017版本款中却明确地规定承包商有权索赔因编制和提交变更建议书而招致的费用。在不涉及设计内容的情况下，此类建议书也许不需要承包商太大的投入，也许可以忽略不计，但有时编制一个建议书却需要承包商投入一定的人力和物力。2017版不但完善了全部变更程序，而且澄清了承包商编制的变更建议书在被工程师放弃后的索赔权，与世界银行等机构的规定保持了一致，也对承包商更加公平。

13.4 以适用的货币支付（Payment in Applicable Currencies）（1999版）

对于国际工程，支付工程款一般分为外币和当地币两部分，对于正常的合同款，可以按照合同中规定的比例进行支付；对于变更调整的款额应使用哪种货币支付呢？

1999版本款的规定如下：

■ 如果合同规定合同价格使用一种以上的货币支付时，那么在因变更而调整合同价格时应确定支付调整款额适用的货币；

■ 在确定适用的货币时，应参照完成变更工作需要的货币比例以及合同规定的支付合同价格使用的各类货币的比例。

本款是1999版的规定，解决了变更款支付应使用何种货币的问题。首先，在确定变更款时，应同时确定支付变更款使用的货币；在确定使用何种货币时，应考虑两个因素：一是完成变更工作实际需要哪些货币；二是合同规定支付合同价格的货币比例。

本款没有明确提出由工程师来决定具体的变更款的货币比例，但从上下文看，货币比例确定的方法应与变更款数额确定的方法是一致的，即："商定、批准或确定"，也就是说，工程师与承包商先协商，或承包商提出货币比例，由工程师批准，或者当双方意见不一致时，则暂时由工程师确定[1]。

---

[1] 对于支付货币比例问题，在实践中一般最终都会协商确定，如果不能确定，则可以按争议程序来解决，此情况下，工程师给出的决定应为暂时决定。

2017版将本款从本条中删除了，相关内容增加到第14条[价格与支付]，详见14.15款[支付货币]，同时参见第12条[计量与计价]相关规定。

13.5/13.4 暂定金额（Provisional Sums）

在前面的定义中，我们曾谈到暂定金额性质，那么，暂定金额具体如何使用呢？1999版本款的规定如下：

■ 只有按照工程师的指令才能全部动用或部分动用暂定金额，动用的部分成为合同价格的一部分；

■ 用暂定金额支付给承包商的款项需要满足两个条件：一是工程师下达的指令，要承包商实施该工作。二是此类工作属于暂定金额下的工作；

■ 工程师可以动用暂定金额来指示承包商实施某工作，并按第13.3款[变更程序]来估价；

■ 工程师也可以动用暂定金额来指示承包商从指定分包商那里或其他渠道采购生产设备、材料或服务，这种情况下，承包商应得到两笔款项：一是承包商为此工作实际支付的费用；另一笔是承包商实施该项工作的管理费和利润；

■ 上面所说的管理费和利润可以按有关数据表中规定的百分比收取，如果在数据表中没有规定此类百分比，则使用投标函附录中规定的百分比；

■ 工程师有权要求承包商提交有关报价单、发票、凭证、账目、收据等来证明承包商完成该项工作的实际费用。

2017版对本款完善了关于暂定金额项下的管理程序，补充的内容如下：

■ 在工程师下指令要求承包商在暂定金额下实施变更工作，或从指定分包商处或其他渠道采购物资或服务时，可以要求承包商先就相关工作提交报价单；

■ 工程师收到报价单后7天内予以答复，可以接受，也可以拒绝；

■ 若7天内不答复，则认为工程师接受了承包商的报价单；

■ 若某报表中包含有暂定金额项，则应伴随相应发票等凭证，作为暂定金额项下的开支证明。

本款规定了暂定金额的使用程序。可以看出，暂定金额主要涉及某些变更工作和指定分包商的工作。对于暂定金额下的变更工作，这笔款项按变更估价支付给承包商；如果是暂定金额下的指定分包商工作，承包商可以收取一定的管理费和利润，具体计算方法按明细表（如工程量表或计日工表）的规定的相关百分比或投标函附录中规定的百分比（即"暂定金额调整百分比"）乘以实际费用开支（即支付给指定分包商的费用）。

虽然在本合同条件中没有明确规定暂定金额是在合同价格中还是中标合同款额中，在实践中，通常暂定金额加入承包商的投标报价中，成为其整个报价的一部分。同时，应注意，凡指明由暂定金额下开支的费用（如：指定分包商的支付），无需再在报价中重计算。

由于暂定金额下的开支，往往是工程师下指令时要求承包商先报价，然后再决定，为了避免承包商降低工效，2017版补充规定了工程师接到承包商报价单后必须7天答复是否接受，若不答复则视为同意。

关于暂定金额的性质，大家可以再查阅一下前面在定义中对暂定金额（1.1.4.10）的讨论。

13.6/13.5 计日工（Daywork）

国际工程合同中，常出现"计日工"的概念，那么引入计日工的目的是什么呢？它有什么作用呢？

1999版本款的规定如下：

■ 如果在工程执行过程中，出现了一些额外的零星工作，工程师可以下达变更指令，要求承包商按计日工方式来实施此类工作；

■ 此类工作按合同中的计日工表和以下程序进行估价，若合同中没有计日工表，本款不适用；

■ 若因此类计日工需要购买物品，购买前承包商要向工程师提交报价单，承包商为此类物品向业主申请付款时应出示有关发票、收据、凭证等；

■ 除了某些计日工表中明确规定还不需要支付的工作内容外，承包商每天应将前一天为计日工所投入的资源清单提交给工程师，一式两份；

■ 清单中的具体内容为：承包商的人员的姓名、工种和工作时间，施工设备和临时工程的类别、型号和使用时间，生产设备和材料使用的数量和类别；

■ 工程师在核实每份报表并签字后退还承包商一份；

■ 承包商根据工程师核定的计日工报表进行计价，计价后再提交给工程师一份，之后就可将此类计价包括在第14.3款[申请期中支付证书]所述的每月报表之中，申请付款。

2017版修订了本款的一些内容，完善了程序上的规定，补充的具体内容如下：

■ 在为其计日工采购物资时，承包商应事先将报价单提交给工程师认可，工程师应在收到报价单后的7天内指示承包商是否接受此类报价单，若7天内不给出承包商指令，视为认可报价单；

■ 承包商每天应将前一天为计日工所投入的资源清单提交给工程师，一式两份，同时提交一份电子拷贝；

■ 除非在计日工表中另有规定，否则计日工表中的单价和价格被认为包括管理费和利润。

本款实际上规定的就是在什么情况下使用计日工方式来完成一些非合同范围的工作，以及如何支付以计日工方式完成的工作。在国际工程中，通常在招标文件中有一个计日工表，列出有关施工设备、常用材料和各类人员等，要求承包商报出单价，以备工程实施期间业主方/工程师要求承包商做一些附加的"零星工作"时的支付依据，这些费率一般是"一揽子"费率（all-in /flat rate）。计日工通常由相关的暂定金额支付。计日工本质上是一种介于单价和成本加酬金的工作，只不过计日工表中的报价通常包含了管理费和利润。

本款规定，承包商须每天将计日工作所耗资源报给工程师，一式两份，工程师核定后签字退还承包商一份，但没有规定工程师签字退还一份的时间规定。我们知道，在实践中，如果承包商与工程师关系良好时，工程师一般在这方面比较合作，承包商也就比较容易拿到工程师签字的核定计日工作量（其他类似的签证也是如此），但在施工过程中，承包商与工程师的工作关系通常并不都是融洽的[1]，合同中若没有规定工程师签证核定的时间规定，承包商有时是不太顺利拿到工程师的签字的，这不利于项目的顺利执行。如果能根据项目的具体情况，规定一适当的时间范围，既能使工程师有足够的时间去审阅核实，也有利于承包商顺利获得其应得的款项，这无疑更有利于项目的执行。

2017版本款完善了计日工实施和支付程序，对工程师的答复给出了7天的时间约束。

---

[1] 多年来，国际工程建设中，业主、工程师与承包商形成的敌对关系已经对项目的执行产生了很大的负面影响，并被工程管理学术界所重视。近年来在美国、英国、澳大利亚等国的工程管理学术界所倡导的项目伙伴关系理论（project partnership）目的就在于减少和消除这一敌对关系，提高项目执行的绩效（project performance）。

13.7 因立法变动而调整（Adjustment for Changes in Legislation）（1999版）

13.6 因法律变动而调整（Adjustments for Changes in Laws）（2017版）

工程建设的时间跨度一般比较长，承包商投标时所考虑的影响标价的因素可能会因建设期间相关立法/法律变动（如税法的变动）而受到影响，从而影响到工程的实际费用，出现这种情况如何处理呢？

1999版本款的规定如下：

■ 在基准日期之后，如果工程所在国的法律发生的变动，引入了新法律，或废止修改了原有法律，或者对原法律的司法解释或政府官方解释发生变动，从而影响了承包商履行合同义务，则应根据此类变动引起工程费用增加或减少的具体情况，对合同价格进行相应的调整；

■ 如果因立法变动致使承包商延误了工程进度和/或招致了额外费用，他可以根据第20.1款[承包商的索赔]索赔工期和费用；

■ 工程师收到承包商的索赔通知后，应按第3.5款[决定]处理索赔事宜。

2017版对本款修订了相应的措辞，并修订了具体操作程序。具体的补充内容如下：

■ 除了法律变更或司法或官方解释发生变化之外，根据第1.13款[遵守法律]需要获得的许可证、执照等发生了变化，或要求承包商应按法律去发出通知、支付各类税费、获得各类施工许可、批准等的规定发生了变化，这两项变化也被认为是属于法律的变更；

■ 如果法律变更导致费用增加或工期延误，承包商有权索赔工期和费用；

■ 若法律变更导致费用减少，业主有权按索赔程序要求减扣相关费用；

■ 若承包商或工程师意识到相关法律变更对工程实施产生影响，则应立即通知对方，并附有相关材料；

■ 之后，工程师根据变更条款规定程序处理。

我们知道，承包商编制投标报价的依据之一就是工程所在国的各项法律，如税法、劳动法❶、保险法、海关法、环境保护法等，如果这些法律发生变动，其工程费用当然会受到影响，因为这不但是承包商无法预见的，也是东道国相关政府部门或立法部门可以自行修改的，因此，根据影响的程度对合同价格以及工期做出调整是公平合理的。立法变更对工程的影响早已被工程管理界所关注，并在合同中对该问题加以"处理"，本款的规定体现了国际工程合同中处理这一问题的基本原则。

1999版本款的规定中出现一个有趣问题，按总体基调，无论立法的变动导致工程费用增加还是减少了，合同价格都作相应调整。问题是，具体到如何操作，本款仅仅规定，如果工程费用增大了、工期拖延了，承包商按照索赔程序进行索赔，却没有规定，如果立法变动导致工程费用降低了，怎样减扣合同价格。可以设想，如果要减扣，业主也应遵守业主索赔的程序，即第2.5款[业主的索赔]的规定，由于是业主主张权利，因此，举证的责任在业主，由他来证明某项法律的变动降低了承包商的工程费用以及降低了多少。2017版则补充了相关程序。若法律变更导致费用减少，业主有权按索赔条款进行索赔，并赋予承包商和工程师在意识到法律变更时的相互通知的义务。

2017版本款修订了相应的措辞，将标题由"立法（Legislation）的变动"修改为"法律（Laws）的变动"。从词语含义说，概念的外延扩大了，更符合本款规定的含义。"法律（Laws）"在本合同条件中第一条中有明确的定义，而且是广义的定义，包括各种地方法规和政府规章，在习惯法系中，也包括判例法（case law）。而"立法（Legislations）"通常指的是政府部门推动并且立法机关通过了的法律，常常指的是成文法（statutory law），语义比较窄，FIDIC在合同条件中也没有给出此词的定义。虽然以前的合同范本习惯用"立法的变动"，近年来的国际上的工程范本大体都用"法律的变化"这一术语。

注意，本款的规定仅仅适用于工程所在国的法律的变动。

13.8/13.7　因费用波动而调整（Adjustment for Changes in Cost）

市场经济下，物价的波动是一种正常现象，而业主在招标时如何看待这一问题呢？承包商投标时又如何来处理物价波动这一问题呢？这些实际上是一个风险分担问

---

❶ 我国的涉外工程小浪底水利枢纽工程因工程实施过程中我国劳动法的变动（工作日由5天半缩短到5天），导致承包商提出了巨额的经济索赔。

题。FIDIC施工合同条件中又是如何处理这一问题的呢？

1999版本款的具体规定如下：

■ 本款中提到的"数据调整表"指的是投标函附录中所附的、并且已经填写了数据的列表，但如果投标函附录中没有此类数据调整表，本款的规定不适用；

■ 如果实施工程的费用，包括劳工、物品以及其他投入，在施工期间有波动，则支付给承包商的工程款应按本款中的公式进行调整，可以上调，也可以下调；

■ 对于没有调整到的部分，应认为在中标合同款中已经包含了那部分物价波动的风险费；

■ 调价范围是针对那些按照有关明细表（工程量表）估价，并在支付证书中证明的工程款，同时适用于每种合同价格的支付货币，具体按调价公式来确定；

■ 根据实际费用开支或现行价格估价的工程款一律不作调整；

■ 调价公式为：

$$P_n = a + b\, L_n/L_o + c\, E_n/E_o + d\, M_n/M_o + \cdots$$

说明：

（1）"P_n"为适用于第n月的调价系数，用该系数乘以第n期间（一般为"月"，以下简称"月"）的估算工程进度款，即可得出调价后的该月工程款，该系数适用于各种支付货币；

（2）"a"为固定系数，表示不调整的那部分合同款，"b"，"c"，"d"…为工程费用构成的调整比例，如：劳工、材料、施工设备等，这些系数值的大小在数据调整表中规定；

（3）"L_n"，"E_n"，"M_n"为用于第n月支付的现行费用指数或参照价格，其指数值取该月最后一天以前第49天当天的适用的指数值，不同的支付货币，不同的费用构成取相应的指数值；

（4）"L_o"，"E_o"，"M_o"…为基本费用指数或参照价格，其指数取基准日期当天适用的指数值，每种支付货币所对应的费用构成，应取相应的指数值。

■ 应使用数据调整表中的规定的费用指数或参照价格，如果指数来源不清楚，由工程师决定，为此，工程师应参照投标函附录中相应的数据调整表中的在第5栏中的日期所对应的第4栏的指数值；此类日期和指数值不一定与基准费用指数一致；

■ 倘若数据调整表中的某指数的货币不是支付货币，该指数应转换为相应支付货币，兑换率采用施工所在国中央银行确定的该支付货币的在上述要求该指数适用的那一天的卖出价；

■ 在现行费用指数暂时不能得到时，为了签发期中支付证书，工程师可以暂时确定一临时指数，等现行指数出来后，再重新计算和调整；

■ 如果承包商没有在竣工时间内竣工，调价的指数值既可以是竣工时间期满之前第49天适用的指数值或价格，或者是现行指数或价格，以对业主有利的指数值为准；

■ 数据表中的权重（即系数）只有当工程变更太大导致这些权重不合适时才予以调整。

2017版对本款基本规定保持不变，只是把具体的调整公式删除，放到建议的专用条件中了，同时相关"投标函附录"的措辞修改为"费用指数数据表"。

1999版关于本款的规定可能是整个合同条件中最长的一个子款了，主要规定了因物价波动而带来的调价问题。可以看出，如果物价是上涨的，则"P_n"就大于1，反之，就小于1。从本款规定看出，调价公式并不适用于所有工程款，而只适用于调价公式中列明的各项，一般为劳工、材料、施工设备等，从"a"的大小可以看出工程款中不调价的部分所占的比重❶。应当注意的一点是，由于物价指数颁布滞后的原因，对每个月需要调整的工程款来说，适用的指数值也不可能就是该月的现行指数值，本款规定，每个月适用的指数值取的是该月最后一天之前第49天当天的有效指数值，基本是每个月用的是其上个月上旬、中旬的物价指数。阅读本款，可以参照投标函附录中与本款相应的数据调整表。

与前面立法变动而调整的原理一样，本款规定如果在基准日期后，某些材料、设备、劳工等的价格出现波动，应根据本款给出的调价公式予以调整中标合同款额。这两个条款的规定体现了国际上合同条件起草者在业主与承包商之间分摊风险的原则。虽然本款规定，根据具体情况，调价可以上调，也可以下调，但由于在当今国际市场上，物价基本上是上涨趋势，因此，可以狭隘地认为，加入调价条款总体上是对承包商有利的，但从深层次讲，合同条款这样规定并无对合同一方有利无利可言，因为在公开竞争性招标的条件下，合同中的规定对所有投标人都一样，如果合同条件中要求承包商承担的风险多，承包商当然应在报价中增加相应的风险费，增加额度取决于自己的管理水平，风险费增加的太多，导致标价太高，会影响自己中标；增加的太少，可能覆盖不了风险。因此，一个承包商能否在国际工程市场上有竞争力，归根结底是

---

❶ 国际工程中a的取值一般为0.1~0.2。

靠自己的管理水平和技术实力。而体现管理水平高低标志之一就是能否在投标前准确快速地看清楚招标文件的规定，包括工程范围大小、项目的技术要求和实施环境、合同规定的各项权利和义务，以及风险分担，结合自己公司的能力、经营战略和国际市场价格，做出正确的投标决策。

本条到此讲完了，请检查一下自己是否达到了开始提出的要求，并思考下面的问题：

1. 变更条款在整个工程管理中的作用是什么？

2. 根据本条的基本规定，以承包商的身份，为一个项目编制一个执行变更工作完整的程序。

3. 总结2017版本条修订的主要内容并分析评述。

管理者言：

工程建设过程中一个永恒不变的现象就是"变"：工作范围变，工作性质变，工作环境变。因此，变更条款在整个合同条件中的地位举足轻重。

第 **14** 条   合同价格与支付（Contract Price and Payment）

学习完这一条，应该了解：

- 本合同条件下的合同价格的性质；
- 工程预付款的支付与扣还；
- 期中支付证书和最终支付证书的申请和签发；
- 材料和生产设备款的支付方法；
- 支付时间以及延误支付的处理方法；
- 保留金的退还；
- 关于各支付货币之间的兑换率规定。

工程项目的特点决定工程款的支付方式也与一般的商业交易付款方式不同。这主要表现在工程完成之前合同价格的不确定性与支付程序的复杂性。对于国际工程而言，还往往涉及不止一种货币的支付问题。因此，合理的支付规定，清晰而完整的支付程序，是合同条件高水平的体现，也是承包商顺利获得工程款的一项重要保证。可以说，支付条款是工程合同中的核心条款。

2017版虽然对本条的个别子条款的标题进行了修订，补充完善了相关支付程序，但保持了1999版的结构和总子条款的数目。我们现在来看本条在这方面是如何规定的。

14.1 合同价格（The Contract Price）

作为一个专门术语，"合同价格"虽然在前面的定义中出现，但定义本身并没有赋予其太多内涵，只是说明它具有第14.1款 [合同价格] 赋予给它的含义，那么，在红皮书下，合同价格具有怎样的性质？

1999版本款的规定如下：

■ 合同价格应按第12.3款[估价]通过用单价乘以实际完成工程量来确定，并根据合同规定进行调整；

■ 承包商应支付合同下要求其支付的一切税费，合同价格已经包含了此类税费，只有因相关立法变更导致税费变化的情况下才予以调整合同价格（第13.7款）；

■ 工程量表或其他数据表中列出的工程量只是估算工程量，不能被认为就是要求承包商实际完成的工程量，也不能作为估价使用的正确的工程量；

■ 承包商在开工后28天内要向工程师提交数据表（工程量表）中的每一包干项的价格分解表，供工程师签发支付证书时参考，但不受其约束；

■ 如果在专用条件中另有规定，则以专用条件中的规定为准。

2017版对本款没有实质性修订，只是采用了个别新的术语名称，如：将原来所说的"估价（Evaluation）"修订为"计价（Valuation）"，但并没有含义的变化。

在1999版和2017版中，出现两个描述工程款的专门术语：中标合同款额（Accepted Contract Amount）和合同价格（Contract Price），前者指承包商投标报价，经过评标和合同谈判之后而确定下来的一个暂时初始工程价格，而后者指的是实际的应付给承包商的最终工程款。可以说，这种做法标志着工程合同在描述工程款方面措辞的进步，避免了以前版本在使用"合同价格"一词时的不确定性以及由此带来概念上的不清晰❶。

本款重点强调了两点：一是，承包商的合同价格中是含各类税费的；二是，工程量表中的工程量是估算工程量，而实际支付采用的工程量应是按第12条[计量与估价/计价]实际测得的工程量。在支付进度款时，包干项目通常不是一次性支付，而是根据承包商完成包干项目下相关工作量按比例支付。因此，工程师需要了解这些包干项目的构成，以便确定在某个月应将这项包干价中的哪些部分支付给承包商，本款要求承包商在开工后28天内要向工程师提交一份数据（支付）表中的包干项的分解表，就是为了方便工程师判断每月报表中的包干项的支付申请是否合理。

第12条[计量与估价/计价]与本款的规定明确了红皮书中合同价格的定价机制，即：单价合同。这种合同的显著特点是中标的价格只是名义价格，最终的决算款，才是合同价格。其计算依据是按照工程量表中的单价乘以实际完成的计量合格的每项工作的工程量，同时，根据合同的规定，再加上相关调整额度，如变更款、索赔款等。

本款可以与1999版前面的"定义1.1.4.1中标合同款额"、"定义1.1.4.2合同价格"、第12条[计量与估价]以及第13.7款[因立法变动而调整]或2017版相应条款串起来一起阅读。

14.2　预付款（Advance Payment）

由于工程耗资大，即使在项目启动阶段，承包商也需要大笔投入，为了改善承包商前期的现金流，帮助承包商顺利地开工，同时，也为了减少业主履约机会主义行为，在国际工程合同中，一般都有预付款的规定，形成了国际工程中一种支付制度。

1999版本款的规定如下：

■ 业主应向承包商支付一笔无息贷款，作为工程预付款，用于承包商启动项目，但承包商在得到预付款之前应提交一份预付款保函；

■ 应在投标函附录中规定清楚预付款的额度，分期支付的次数，支付时间，以及支付货币和货币比例；

■ 工程师为第一笔预付款签发支付证书的前提条件为：

（1）他收到承包商按第14.3款[申请期中支付证书]的规定递交的报表；

---

❶ 在《FIDIC土木工程施工合同条件（第四版）》中，对"合同价格"的定义比较模糊，因为根据其定义，它是"中标函中写明的…的那一金额"，根据指南中的解释，它不一定是承包商收到那一金额，这实际上就是承包商的中标合同款额，而并非真正的"合同价格"，2017版使用两个术语，则在概念上就比较清楚完整了。

（2）业主收到承包商按第4.2款[履约保证]提交的履约保证；

（3）业主收到一份金额与货币类型等同的预付款保函。

■ 预付款保函应由业主批准的国际（或地区）的机构开具，并符合专用条件中所附的或业主认可的格式；

■ 承包商应保证，在其归还全部预付款之前，该保函一直有效并能够被执行兑现，但保函额度可以随预付款逐步归还而相应递减；

■ 如果预付款保函有明确的有效期，并且在该有效期届满之前28天预付款仍没有全部归还，承包商应延长保函的有效期，直到预付款全部归还为止；

■ 预付款归还的方式是按每次付款的百分比在支付证书中减扣，如果减扣百分比没有在投标函附录中写明，则按下面的方法减扣；

■ 当期中支付证书的累计款额（不包括预付款以及保留金的减扣与退还）超过中标合同款额与暂定金额之差的10%时，开始从期中支付证书中抵扣预付款，每次扣发的数额为该支付证书的25%（不包括预付款以及保留金的减扣与退还），扣发的货币比例与支付预付款的货币比例相同，直到预付款全部归还为止；

■ 如果在整个工程的接收证书签发之前，或者在发生终止合同或发生不可抗力（第15条、16条、19条）之前，预付款还没有偿还完，此类事件发生后，承包商应立即偿还剩余的部分。

2017版对本款进行了部分修订，并将核心内容结构化成三个子款：预付款保函（14.2.1）、预付款支付证书（14.2.2）以及预付款的偿还（14.2.3），条款结构更清晰，但具体内容实质性变动不大，除了相关措辞修改外，补充修订的内容如下：

■ 承包商在提交预付款保函时，要同时以报表的形式提交一份预付款申请；

■ 若预付款保函有明确的有效期，则有效期届满前28天，预付款仍没有偿还清，则承包商应办理预付款保函延期并提交证据给业主，若业主在有效期届满前7天没有收到相关延期证据，则业主有权根据保函索赔没有归还的预付款余额；

■ 在业主收到承包商提交的履约保证与预付款保函，并且工程师收到了承包商提交的预付款申请后的14天内，工程师应签发预付款支付证书；

■ 预付款开始归还的时间为：对于每一种支付货币，进度款支付该货币的总额（扣除暂定金额）超过了该货币占整个中标合同金额比例的百分之十时，则从该期中支付证书开始扣还该货币的预付款，在计算该百分之十的比例时，不考虑预付款与保留金的减扣与归还。

本款是一个比较完整和清晰的预付款条款，它说明，预付款的额度在投标函附录（合同数据）中相应的条款下给出，同时规定了预付款支付和偿还的程序。

应注意，本款特别注明，在计算何时开始归还预付款的界限10%时，不要包括预付款本身以及保留金的扣发与支付。同样，偿还预付款时，每个支付证书的25%的计算方式同样也不包括预付款本身以及保留金扣发与支付涉及的款额。

对于承包商开始归还的时间和偿还的速度，应有一个适中的规定，如果要求承包商归还得太早，预付款也就没有起到帮助承包商改善现金流的作用，开始归还得太迟，到工程竣工时仍收不来，这将给业主造成被动。本款规定的数字都是经验数字，在一般情况下应该认为是比较合理的。表面来看，似乎开始偿还的时间比较早，但仔细思考一下，由于在计算开始还款的界限额10%时，是不包括预付款本身和保留金的扣发与偿还的款额，也就是说，如果预付款为中标合同款额的10%的话，承包商在偿还预付款之前实际上已经拿到差不多20%中标合同款额了。

1999版本款对于每次的扣还速度规定为每个期中支付证书上额度的25%，虽然不包括预付款和保留金的扣发与偿还，但笔者认为这一扣减比例还是比较高的，这一规定对预付款额度比较大的情况比较合适，如预付款为20%左右；但在一般情况下，国际工程中的预付款额度通常为中标合同额的10%，若按本款的规定，当合同额完成一半左右时，业主就可以收回全部预付款，这样快速地收回预付款与预付款的本质作用是不相符的，因此，对具体项目而言，笔者认为，在决定扣还预付款比率时，即要考虑业主在项目结束前应收回全部预付款的情况，又要考虑承包商的项目的现金流的具体状况，同时还应考虑预付款的额度，以便使预付款能实际起到帮助承包商实现良性的资金周转的作用，又不影响业主的利益。遗憾的是，在2017版中，FIDIC并没有修订，仍然规定的是25%的比例。

笔者根据工程实践，总结出了一个公式，可以来计算预付款的归还：

$$R = \frac{A(C-aS)}{(b-a)S}$$

式中　R——表示在每个期中支付证书中累计扣还的预付款总数；

　　　A——表示预付款的总额度；

　　　S——表示中标合同金额；

　　　C——表示截至每个期中支付证书中累计签证的应付工程款总数，该款额的具体计算方法取决于合同的具体规定，如，是扣除保留金之前或之后（一般不包括保留金）？是调价之前还是之后（一般为调价之前）？C的取值范围为：

$$a\,S < C < (b-a)\,S$$

式中　a——表示期中支付额度累计达到整个中标合同金额开始扣还预付款的那个百分数；

　　　b——表示当期中支付款累计额度（同样该款额的具体计算方法取决于合同的具体规定）等于到中标合同金额的一个百分数，到此百分数，预付款必须扣还完毕。

此公式的最大优点是在确定了归还的条件后，准确地将每次应归还的预付款计算出，具有很大的操作性和实用价值[1]。

本款2017版在1999版的基础上，更加完善了管理程序的规定。首先规定了承包商要随同预付款保函一起提交一份预付款支付申请；关于预付款保函的延期，也提出了具体时间的要求，即：承包商至少在预付款保函有效期届满前7天提交延期证据，否则，业主可以采取索赔行动。在1999版中，预付款的申请被视为是一种进度款的期中付款申请，但在2017版中，本款给出了具体规定，要求承包商在提交预付款保函时，同时提交预付款支付申请，并且要求工程师在收到后的14天（而非期中支付证书申请后的28天）签发支付证书。

关于开始预付款扣还的条件，1999版规定的是按中标合同金额各类支付货币的总额计算，2017版则规定，按支付的每一货币种类的进度款支付总额计算，这样似乎更合理些。

无论1999版还是2017版，都没有规定承包商提交预付款保函的具体时间要求，这可能是因为，由于承包商不提交预付款保函就无法获得预付款，因此，即使不规定，承包商也会尽快办理并提交给业主。另外，由于办理预付款保函需要向银行申请，程序比较复杂，不同的机构和承包商的地位，可能需要的时间不一样，规定具体时间限制会使得程序显得僵硬。（请回答：合同是否规定了履约保证提交的具体日期，为什么？参阅第4.2款）

---

[1] 关于预付款的进一步讨论，请参阅何伯森主编，《国际工程合同与合同管理》（P123~124），中国建筑工业出版社，1999。

2017版规定了更加详细的程序，对工程师签发预付款支付证书给出了明确的时间限制。根据第4.2款[履约保证]与本款的规定，承包商在向业主提交履约保证与预付款保函时，要同时抄送给工程师，但一个有意思的规定是，本款规定，在业主收到履约保证和预付款保函以及工程师收到承包商的预付款申请后14天内，就必须签发预付款支付证书，而没有规定，若工程师没有收到承包商提交给他的履约保证和预付款保函如何处理。从本款规定的逻辑来看，工程师没有收到抄送的履约保证和预付款保函副本，并不影响工程师应该按时签发预付款支付证书，但若将工程师收到副本作为签发预付款证书的条件，整个预付款支付程序显得更加完整。

14.3 申请期中支付证书（Application for Interim Payment Certificate）（1999版）

14.3 申请期中支付（Application for Interim Payment）（2017版）

期中支付在我们国内通常称为进度款[1]，其性质为工程执行过程中根据承包商完成的工程量给予的临时付款。承包商如何申请此类进度款呢？

1999版本款的规定如下：

■ 在每个月末之后，承包商应按工程师批准的格式向工程师提交月报表，一式六份，详细列出承包商认为自己有权获得的款额，并附有证明文件，包含第4.21款[进度报告]中规定的该月进度报告；

■ 月报表包括下列内容，并按所列顺序给出，但可视情况增减有关内容，涉及的款额用应支付的各类相应货币表示；

■ 月报表涉及的金额应以各种相应货币表示，具体内容包括：

（1）截止该月底完成的工程价值以及编制的承包商的文件的价值，包括变更款，但不含下面各项内容；

（2）第13.7款[因立法变动而调整]和第13.8款[因费用波动而调整]涉及的立法变更和费用调整的各类款项，根据情况，可以上调，也可以是减扣；

（3）保留金的扣除，额度为投标函附录中的百分率乘以前两项款额之和，一直扣到投标函附录规定的保留金限额为止；

---

[1] 在有些国家，如美国，其使用的术语与我国相同，为"Progress Payment（进度款）"，但从法律的严谨性来看，"期中付款/临时付款"这一术语内涵与用词更加准确。

（4）按第14.2款[预付款]的规定支付的预付款或扣还的预付款；

（5）按第14.5款[拟用于工程的生产设备和材料]规定的材料设备预支款或减扣款；

（6）其他应到期的追加或减扣的款项，如索赔款等；

（7）对以前支付证书中的款额的扣除。

2017版对本款进行了部分修订，具体修订补充的内容如下：

■ 在合同数据写明的支付期末之后，承包商应提交相应支付期报表，若合同数据没有写明支付期，则以每月为支付期；

■ 报表应提交一份纸质原件、一份电子拷贝件，另外附加合同数据规定的额外纸质件份数；

■ 除原来规定的内容外，报表中还应该包含：暂定金额项下增加的金额；到期应该归还的保留金；承包商因使用业主提供的公用设施应支付给业主的款项。

1999版本款主要规定了三大内容：提交月报表的时间；随报表提交的证明资料；报表的具体内容。

本款对提交月报表并没有规定严格的时间限制，只是规定在每月末之后（为什么不说在每月末呢？），因为对承包商来说，提交的越早，承包商收到进度款就越快，即使不规定限制时间，承包商也会尽快提交的。

在新红皮书单价合同模式下，计算每月完成的工程价值相对比较容易，所依据的是工程量表中的单价以及按照第12条[计量与估价/计价]测得的当月完成的工程量。

本款还规定，月报表要按工程师批准的格式提交。在实践中，为了避免承包商提交了报表之后因格式不被工程师接受而退还，一般在第一次提交报表之前，可以提前与工程师一起商定报表的格式，在提交报表前将格式确定下来。

在1999版的基础上，2017版对本款进行了某些修订，首先，提出支付期不一定是每月，应按合同数据规定时间段来支付，若没有特别规定，才按月支付；第二，对提交报表的形式和份数进行了修订，反映了FIDIC随数字时代的发展而对各种文件提交形式相应改变的与时俱进精神；第三，增加了三项报表包含的内容。严格说来只是将原来的"其他应到期的追加或减扣的款项"更加具体化了，实际上，所增加的三项仍可以理解为已经包含到其他项中，这三项的增加略显重复。

14.4 支付计划表（Schedule of Payments）

对于一些技术和工种相对简单，进度相对稳定的工程，按计划表支付工程款则是比较简单的支付方式，这种支付计划表规定分期付款次数和时间❶。

1999版本款的具体规定如下：

■ 如果合同中包含有支付计划表，里面详细地规定了合同价格分期支付方法，在遵循支付计划表的前提下，合同的具体支付程序如下；

■ 按14.3款[申请期中支付证书]申请期中支付证书时，支付计划表中规定的分期付款额即为该月完成的工程价值以及编制的承包商的文件价值；

■ 不再按第14.5款[拟用于工程的生产设备和材料]计算和加入材料设备费；

■ 如果支付计划表编制时所依据的计划进度与实际进度不符，并且实际进度低于计划进度，工程师可根据具体情况按照第3.5款[决定]，调整支付计划表；

■ 如果合同中没有支付计划表，承包商应提交工程季度用款估算书，但不具有约束力；

■ 第一份估算书应在开工日期后42天内提交，之后每季度提交一次修改的季度估算书。

2017版对本款内容做了少量修订，具体如下：

■ 如果分期付款不是参照实际进度计划编制，且工程师发现实际进度与分期付款计划所依据的进度不符，工程师可按照第3.7款[商定或决定]，去修改分期付款额度；

■ 根据第3.7.3款[期限]计算工程师应在42天内应发出商定或决通知时，其开始计算日期为工程师发现差异的日期。

如果项目进度稳定，按支付计划表支付进度款比较简单，但实际工程的进度往往偏离计划，因此支付计划也得随之而改动，这种方法也并不一定行之有效。按1999版本款规定，如果实际进度比支付计划表依据的计划进度慢，工程师可对支付计划表进行相应调整，但没有规定，如果承包商的实际进度快于计划进度时也应相应调整支付计划表。可以理解，对业主来说，如果承包商能按原计划进度实施工程，就已经对其项目目标没有影响了，他并不一定鼓励承包商的进度高于计划进度。我们知道，进度太快对工程质量造成负面影响的可能性会大些。但如果是私营投资的商业项目（如BOT项目），在保证质量的情况下，一般业主是希望承包商提前完成工程的，如果这

---

❶ 实际上，在施工单价合同下，采用支付计划表来支付工程款的支付机制并不常见，支付计划表更常常用于EPC/设计-建造与交钥匙总价合同中。但FIDIC三个主要版本（红皮书、黄皮书、银皮书）在支付方法方面保持了总体上一致的措辞。

样的话，本款的规定则应做出相应修改。从实践来看，重新计量的单价施工合同是不大采用这种支付方式的，使用这种支付方式的合同多为固定总价合同。

2017版本款在编制思想上发生了变化，与1999版规定实际进度落后于分期付款所依据的计划进度不同。2017版规定，若实际进度与计划的分期付款不一致，则工程师按程序可以进行调整。这一规定的变化带来一个有趣的结果，即：若实际进度快于分期支付依据的计划进度，则工程师也可以调整支付计划表，即提高前期分期付款的额度。但应当注意，无论1999版还是2017版，只是规定，"工程师可……（the Engineer may…）"，而不是"工程师应……（the Engineer shall）"。因此，若工程师认为，承包商的工程进度提前没有对业主带来利益的话，他有权作出不调整的决定。当然，按合同第3.7款[商定与决定]规定，工程师在作出此类决定的时应保持中立（Neutrally）。

一项工程耗资巨大，业主需要有自己的每一时间段（如：季度）预算，以便规范项目支付款项，因此，支付计划表有助于规划其项目款的准备。所以，本款规定，如果合同中没有此类支付计划表，承包商需要提交每个季度的用款计划，实际也就是承包商的季度现金流量计划，供业主准备项目款参考，没有约束力。

14.5 拟用于工程的生产设备和材料（Plant and Materials Intended for the Works）

前面谈到的期中支付申请书中，材料设备款❶作为单独一项列了出来，那么材料设备款是如何计算和支付的呢？

1999版本款的规定如下：

■ 期中支付证书中应包括一笔金额，用于预支已经送往现场的生产设备和材料的部分合同价值，并且当这些材料设备已经构成永久工程的一部分时，再将预支款项从中扣除；

■ 工程师决定预支材料设备款以下列条件为前提：

（1）承包商已经准备好了材料设备的一切记录，包括订单、收据、金额、用途等，随时供工程师检查；

（2）承包商提交了采购材料设备和运往现场的费用报表，并附有充分证据；

---

❶ 为了行文方便，凡在本条提到"材料设备（款）"一词，其中的"设备"系指"生产设备"。

（3）此类材料设备属于投标函附录中所列的启运后支付预支款的材料设备；

（4）此类材料设备已经运到工程施工所在国，并在运往现场的途中；

（5）此类设备材料有装船的清洁提单或其他船运证明，这些单证，连同运费、保险费支付证明，以及其他合理要求的证据，已经全部提交给工程师。另外，承包商还应按与预付款类似之银行保函的格式，以等额和相应货币开具材料设备款保函，提交工程师，该保函一直有效到此类材料设备运至现场并妥善存放，并采取了防护措施。

■ 如果不能同时满足前（3）、（4）、（5）条件，则必须同时满足以下（6）、（7）项；

（6）此类材料设备属于投标函附录中所列的运至现场后支付预支款的材料设备；

（7）此类材料设备运至现场并妥善存放，并采取了防护措施。

■ 材料设备预支额度为其实际费用的80%，此类材料设备的实际费用（包括运输费）由工程师根据承包商所提供的上述各类凭证以及合同价值予以确定；

■ 材料设备预支款的支付货币与其构成工程一部分后应获得的支付货币相同；

■ 但如果投标函附录中没有列出预支的材料设备清单，则本款的规定不适用。

2017版对本款基本保持不变，只是变化了个别措辞，将原来的"投标函附录中列明的材料设备"改为"合同数据中列明的材料设备"。

对于工程建设项目，材料设备所占合同价格的比例很大，因而采购这些物品要给承包商带来一定的资金压力。在国际贸易市场上，货物的采购一般采用信用证支付方式，承包商下订单时，一般需开出采购合同等额银行信用证，一般情况下，承包商只有在银行账户有足够的存款余额，银行才能开出信用证。承包商采购材料设备需要大量流动资金，因此，在国际工程中，逐渐形成了提前预支材料设备款的惯例。

本款规定了本合同条件下材料设备的支付机制。从本款中可以知道，在投标函附录（合同数据）的相应条款（即14.5款）中，列有两类材料设备清单，列入清单的材料设备，均可以按本款的规定在使用到工程上之前，可以获得80%的预支款。待这些材料和设备安装或使用到工程上后，支付相关的工程价值时，将材料设备预支款从中扣除。这表明，在本施工合同条件下，材料设备款实际上是分两次支付的。

其实，在国际工程实际中，有更灵活的材料设备款预先支付方式。如果是大型机电安装项目，生产设备采购费用高昂，在此情况下，为了减轻承包商的资金压力，合同可能规定，该材料设备采购的费用分若干次支付，如：承包商下订单后，业主凭供应合同或形式发票支付采购款的一个百分数，货物装船后支付一个百分数，到达现场后再支付一个百分数，余额在安装、调试完毕后支付。

本款规定，如果在货物没有到达现场情况想得到预支款项，其中的一个条件就是要开具银行保函，笔者认为，这是一种过于谨慎的方法，虽然有利于业主的资金安全，但总的来说弊大于利。原因如下：这样做大大的提高国际工程承包行业中的"交易成本"，因为要开具银行保函，除承包商需要交付银行一定的费用外，有时还需在银行有相应的存款被冻结，理性地讲，所有投标人都会将这一要求而增加的支出考虑在投标价格中，从而加大工程的造价；提交保函主要是防止承包商利用采购货物来骗取业主的工程款，但我们知道，作为经过资格预审等一系列程序挑选过的承包商，一般不会有此类故意欺诈行为，即使有，业主可以通过要求承包商提供全面的证明文件并可派员进行实地检查❶来防止这种情况的发生。退一步讲，即使发生了这类欺诈行为，业主完全有补救措施：他此时掌握着承包商的履约保证，还有一定的保留金，同时，承包商在现场有很多施工设备，加上仍没有支付给承包商的工程进度款，所有这些一般不会低于一批材料设备预支款的。

从另一角度来看，FIDIC这样规定反映出国际工程承包市场上的业主和承包商之间的"信任危机"，反映出国际承包业一种不良的行业文化，表现为恶性价格竞争，承包商履约不佳，业主拖延付款，最终导致工程质量降低，业主项目投资收益难以保证，承包也无利可图，经营陷于困境的恶性循环。因此，无论是从事国际工程管理研究的理论工作者，还是国际工程的实践者，有必要对这一现象进行反思。从长远来看，如果业主想从承包市场上获得"物有所值"高质量产品，而承包商想从这个行业获得合理的利润，项目参与各方必须致力于提高自己的信誉，建立良好的商业信用，这是市场经济下任何企业生存的一项基本条件❷。其他行业先进的管理思想，良好的企业和行业文化是非常值得我们这一行业借鉴的。

14.6 期中支付证书的签发（Issue of Interim Payment Certificates）

在承包商递交了期中支付申请书之后，工程师签发此类支付证书的程序是什么呢？工程师在签发的过程中应遵循哪些原则呢？

---

❶ 有些业主也许认为，这样做自己太麻烦，但我们可以这样思考一下，如果在合同中这样规定，在公平的市场竞争条件下，承包商就会在报价中将开此类银行保函的费用删除，这就可能降低报价，最终得益的还是业主。

❷ 这一观点虽然带有一些理想主义色彩，但笔者笃信这一理念，最终正确与否，还需要接受实践和时间的检验。

1999版本款的规定如下：

■ 业主收到承包商提交的履约证书之前，工程师不得开具任何支付证书和支付承包商任何款额；

■ 工程师在收到承包商的付款申请报表和证明文件后的28天内，向业主发出期中支付证书，说明支付金额，并附详细说明；

■ 在接受证书签发以前，如果期中支付证书的数额在扣除保留金等应扣款项之后，其净值小于投标函附录中的期中支付证书最低限额，则工程师可以不开具该期中支付证书，该款额转至下月支付，同时应通知承包商；

■ 如果承包商实施的某项工作或提供的货物不符合合同要求，则工程师可暂时将相应的修复或重置费用从支付证书中扣除，直到修复工作完成；

■ 同样，如果承包商没有或不去按合同规定履行某工作或义务，相应款额亦可暂时扣发，直至承包商履约该工作或义务；

■ 尽管在上述两种情况下可以扣发某些款项，但不得以任何其他理由扣发期中支付证书；

■ 如果在以前的期中支付证书中出现错误，工程师可在后面任何期中支付证书中加以修正；

■ 签发一份支付证书并不表明工程师对相关工作的接受、批准或同意等。

2017版对本款进行了更完善的结构化，将核心内容分为：第14.6.1款[期中支付证书]；第14.6.2款[期中支付证书扣发或扣发其中额度]；第14.6.3款[纠错或修订]。同时进行了少量修订，增加内容如下：

■ 除了提供履约保函外，承包商还需要根据第4.3款[承包商的代表]，完成任命工作；

■ 工程师在签发给业主支付证书的同时，应抄送给承包商一个副本；

■ 工程师若签发的支付证书时，从承包商提交的相关报表扣除相关金额，则工程师在支付证书的说明性附件中，详细给出扣发原因；

■ 若承包商认为支付证书中漏掉了到期应支付的款项，则承包商有权在下一个报表中以"识别金额"列出，工程师应该在下一个支付证书中相应更正；

■ 若承包商对工程师的更正仍不满意，他可以提请工程师按第3.7款[商定或决定]来处理。

本款实际上规定了开具第一份期中支付证书的前提条件；工程师签发支付证书的

时间限制；期中支付证书最小额度的限制；扣发某些款项的条件；工程师修正期中支付证书中款额的权力。

现在我们讨论一下本款的某些规定：

1999版规定，只有当承包商的工作不符合合同规定或不按合同履行其某项义务时（以下称"两种情况"），工程师有权暂时扣发相关期中支付款项，如：某浇筑的混凝土块出现质量问题，工程师有权扣发该工作的进度款，但这并不意味因为这件质量事故，工程师就有权扣发该月的支付证书，而指的是工程师可以从相关期中支付证书中扣除相应款项。

本款还规定，"签发一份支付证书并不表明工程师的接受、批准或同意等。"我们怎样理解这项规定呢？虽然本款中也没有说明，不表示工程师对什么具体内容的接受或批准等，但可以认为，这实际指的是对"该月报表中涉及的工作"而言。工程师签发的支付证书只表明，工程师同意支付临时款项的数额，并不表示他完全认可了承包商完成的工作的质量。这样规定的主要目的是为了避免承包商的投机行为。

另外，1999版中并没有规定，工程师在向业主开具支付证书时，需要拷贝一份给承包商。根据惯例以及为保证承包商在这方面的知情权，似乎同时拷贝给承包商一份更为合理。否则，承包商无法行使合同赋予他的权利。2017版则补充了这方面缺憾，规定工程师应在签发支付证书时抄送给承包商一个副本。

2017版，增加了支付证书签发和承包商获得支付的一个条件，即：承包商必须按时任命了承包商的代表（大家回忆一下，承包商必须什么时间任命承包商的代表？请参考第4.3款。）。2017版对工程师从承包商的报表中扣去相关金额的做法进行了更加的严格限定，即：工程师必须说明详细的扣款理由。同时，规定了承包商对工程师扣款的抗辩权，即：对本该支付而在相应支付证书中没有体现的款项，承包商有权向工程师发出通知，要求在下个支付证书中修正，若还不满意，则可以提请工程师按第3.7款做出商定或决定。

请思考：如果说工程师的支付证书不表示工程师对工程质量的认可，那么拿什么才能证明工程师认可了工程的质量？（参见第11.9款[履约证书]）

14.7 支付（Payment）

在本合同条件中，工程师只负责开具支付证书，业主才是最终的付款人，那么对工程各类款项支付有什么限制条件呢？具体程序如何？

1999版本款的规定如下：

■ 业主应在签发中标函后的42天内，或者在承包商提交了履约保证和预付款保函以及提交了预付款报表后的21天内，向承包商支付第一笔预付款，这两个时间以较晚者为准；

■ 业主应在工程师收到承包商的报表和证明文件后56天内，将期中支付证书中证明的款额支付承包商；

■ 业主应在从工程师那里收到最终支付证书后56天内，将该支付证书中证明的款额支付承包商；

■ 每种货币的到期支付金额应汇入承包商指定的银行账户，该账户应设在合同规定的支付国。

2017版根据第4.2款[履约保证]以及本条前面几个子条款的修订，对本款进行了相应的修订，具体如下：

■ 在从工程师那里收到预付款支付证书后，业主应按合同数据中规定的时间内将预付款支付给承包商；若合同数据没有规定时间，则在21天内支付。

本款规定的主要是支付的时间：

1999版规定，预付款支付是中标函签发后42天内或提交预付款报表后21天内支付（以较晚者为准）；进度款为工程师收到承包商的报表后56天支付承包商；最终结算款为业主收到最终支付证书后的56天内支付。

1999年以前的版本中进度款的支付是两个28天，即工程师收到报表后的28天内开具支付证书，业主在收到支付证书后的28天内支付承包商。新的规定使业主在支付时间上有了更大的灵活性，因为即使工程师在收到报表中很快开具了支付证书，业主仍可以等到第56天才予以支付。

另一方面，虽然在红皮书1987年第四版中规定工程师应在28天内签发支付证书，但没有明确规定如果不在28天内签发，承包商享有的权利。1999版明确规定（第16条[承包商提出暂停与终止]），工程师不按时签发，将构成业主违约。从这个意义来看，1999版的规定，又对业主（包括工程师）在支付过程中的责任进行了更加严格的限制。

1999版在本款的规定似乎有一矛盾：按照本款规定，第一，业主应在签发中标函后的42天内，或者在承包商提交了履约保证和预付款保函以及提交了预付款报表后的21天内，向承包商支付第一笔预付款；第二，业主应在工程师收到承包商的报表后56天内，将期中支付证书中证明的款额支付承包商。

问题是，由于承包商申请预付款后，工程师以类似程序，为预付款签发期中支付证书（见第14.2款[预付款]），因此，业主在支付预付款时，同样可以按照支付期中款项的方法支付预付款，即：业主应在工程师收到承包商的报表后56天内，将期中支付证书中证明的款额支付承包商，这显然与关于支付第一笔预付款的规定不一致。从合同解释的原则看，业主更应该按照直接的规定（第一种规定）来支付预付款。但为了避免歧义，最好应在第二种规定中说明"第一笔预付款除外"。

我们看到，2017版本款对1999版的这一规定进行了相应修改，预付款的支付与预付款支付证书挂钩，而预付款支付证书与预付款保函与履约保函挂钩，这样，完善了预付款、进度款、最终决算款的支付流程。

14.8 延误的付款（Delayed Payment）

合同规定了业主必须支付承包商款项的时间限制，那么，如果业主不在规定的时间付款怎么办？承包商有哪些权利呢？

1999版本款的规定如下：

■ 如果承包商不能按时收到业主的付款，承包商有权就没有收到的款额收取融资费，按月复利计，从上款规定的应支付日期开始计算收取融资费；

■ 计算融资费的利率按支付货币国家中央银行的贴现率再加上3个百分点，支付融资费的货币也与应支付货币相同；

■ 承包商不需要正式通知和证明就有权获得上述付款，同时还可获得其他补救权利。

2017版对本款进行了修订，具体修订内容如下：

■ 若业主延误支付，承包商收取融资费的计算方法为年利息3%，外加：在支付地点银行借给主借款人的平均短期贷出利率；若该利率不存在，则使用支付货币国相同的利率；若两者都不存在，采用支付货币国法定的相应的固定利率；

■ 承包商可以直接要求业主支付此类融资费，不需要提交报表，也不需要正式通知，也不影响其他救济权利。

支付工程款是业主的最根本的义务，而承包商实施工程也希望工程款按时支付，资金的断流对项目执行造成的负面影响无疑是巨大的。本款规定，业主对迟付工程款，向承包商支付的融资费（即承包商自己须筹措资金所担负的费用）按月复利计算。1999版规定的融资费的计算方法是：年利率采用支付货币国中央银行颁布的贴现率再加3个百分点。但由于该贴现率有时不存在，即使存在也偏低。2017版补充规定了集中情况，将附加的利率采用了平均银行对主借款人的短期贷出利率，或者相关利率，新的规定更常见，且一般比央行颁布的贴现率要高，因此总体对承包商有利。

本款无论1999版还是2017版，都规定"如果承包商没有按时收到付款"，而不是"如果业主没有按时付款"，这一次措辞比较有趣。笔者在实践中碰到的一种情况是：业主通知承包商，说进度款已经支付，但承包商查了银行账户，进度款却没有到账。延误接近两个月后，该款项才支付到承包商的账户。最后发现是银行之间电汇以及收款银行所在国的外汇管制导致了到账延误。原合同规定的是，若业主没有按期支付，承包商自动获得相关利息。因此，业主提供了按时支付的电汇凭证，虽然延误支付对承包商产生了很大负面影响，但承包商也没有得到相应补偿。若按FIDIC的规定，则这种情况下，由外部原因引起的未能及时到账，承包商则有可能得到相关补偿。

最后一项的规定意味着承包商将从开始欠付日自动获得相应融资费，而不需发出正式通知。而且如果业主延误支付，有权获融资费仅仅是其权利之一，他还可以同时获得其他权利，如暂停工作，甚至终止合同。见第16条[承包商提出的暂停与终止]。

在实践中，承包商还应该注意，在合同中，不但规定业主延误支付时要负担利息，同时还要规定，承包商还有暂停，甚至终止合同的权利，否则，就可能会在工作中极为被动，因为虽然业主支付你利息，但工程实施需要资金不断注入，如果一时无法筹集到资金，极可能会影响到设备材料采购，进而延误工期。如果只规定承包商享有利息的权利，此外没有其他权利，那么延误工期的后果只能由承包商来承担，因为承包商索赔工期时，找不到合同条款可依据。承包商需要注意此类貌似公平的合同陷阱。

14.9 保留金的支付（Payment of Retention Money）

在第14.3款[申请期中支付证书]中，其中一项就是扣除保留金，那么，暂时扣发的保留金在什么时间才归还承包商呢？

1999版本款的规定如下：

■ 当整个工程接收证书签发之后，保留金的一半应由工程师开具证书，并支付给承包商；

■ 如果签发的接收证书只是某一工程区段或部分，则应支付的保留金应等于保留金总额的40%乘以该区段/部分工程估算合同价值占整个工程合同估算价值的比重；

■ 在最迟的工程缺陷通知期到期之后，保留金余额应立即支付承包商；

■ 如果涉及的是工程区段/部分的缺陷通知期到期，则应再支付承包商相应区段/部分的保留金的40%，计算方法与前面相同；

■ 如果根据第11条[缺陷责任]，承包商仍有某工作没有完成，此情况下，工程师有权扣发相应的费用；

■ 计算上述保留金退还比例时，不考虑法律变更以及费用波动导致的调价。

2017版对本款进行了修订，明确了保留金归还的程序，具体如下：

■ 相应的工程接受证书签发后，承包商应将保留金的一半纳入报表中，申请支付；

■ 若区段竣工，承包商应将该区段占比的保留金的一半纳入报表中，申请支付；

■ 当最晚的缺陷通知期届满后，承包商应将另一半保留金纳入报表中，申请支付；

■ 若为工程区段签发了支付证书，则在相应区段的缺陷通知期届满后，承包商有权将该区段占比的保留金的另一半纳入报表中，申请支付；

■ 各区段的占比为合同数据中规定的百分比值，若没有规定该区段百分比值，则针对该区段，无论第一半或是另一半相应的保留金都不予单独归还。

本款规定了退还承包商保留金的程序。1999版规定，如果工程没有进行区段划分，则所有保留金分两次退还，签发接收证书后先退还一半，另一半在缺陷通知期结束后退还。如果涉及的工程区段/部分，则分三次退还：区段接收证书签发之后返回40%，该区段缺陷通知期到期之后返回40%，剩余20%待最后的缺陷通知期结束后退还。但如果某区段的缺陷通知期是最迟的一个，那么该区段保留金归还应为：接收证书签发后返回40%，缺陷通知期结束之后返回剩余的60%。

2017版本款对退还保留金的程序进行了修订。首先，若工程整体竣工，程序与原来的一样；若有区段竣工情况，则分两种情形：一是，若合同数据中有相关区段占整个工程的比例的规定，则该区段的保留金的支付方式按相关的比值，在区段接收证书签发后和相应缺陷通知期届满后分别归还50%；二是，若合同数据中没有规定区段的具体占比，则即使有区段竣工，也不单独归还其保留金，等到最后一个缺陷责任期到期才将第二半一并归还承包商。修订后，整体对承包商有利。不过，承包商应注意2017版这种修订，在招标或合同谈判时，看看相关区段是否再合同数据中规定了比值,否则,即使有区段提前竣工,该区段第二半保留金也要等到最后一个缺陷通知期届满后才能获得相关保留金。

1999版本款并没有规定退还保留金严格的时间限制,只是使用了"在接收证书签发后"和"在缺陷通知期结束后,立即"等定性措辞,这可能不利于实践中的具体操作,但从本合同条件隐含的措辞来看承包商似乎也可以将到期退还的保留金以报表的形式提交给工程师,要求开具支付证书(参见14.3款[申请期中支付证书]),只是规定不明确。

2017版本款虽然也没有给出具体日期限制,但在本款和14.2款[预付款]中都明确增加了承包商首先主动将相应保留金以报表的形式提交给出工程师,而工程师收到报表后的28天后又必须开具支付证书,这实际上已经对业主支付这比金额给与了具体的时间限制。我们不必担心承包商在有权将保留金包含到报表后会拖延,任何一个承包商都希望尽快拿回保留金的,因此,一到期承包商就会启动报表程序的。

无论1999版还是2017版都规定,"如果根据第11条[缺陷责任],承包商仍有某工作没有完成,此情况下,工程师有权扣发相应的费用。"此处的工作主要指颁发接收证书后发现的工程缺陷,由于相关的那部分的工程款已经支付,因此,工程师可以从本应返回的保留金中,将该维修工作所需要的费用额度暂时扣发。

请注意:保留金的限额是指中标合同款额的百分比,并不是最终合同价格的百分比。

关于保留金的作用和性质,参阅1999版对定义1.1.4.11保留金的解释。

14.10 竣工报表(Statement at Completion)

在工程进行期间,承包商每月提交报表,申请工程进度款。在工程基本竣工,接收证书签发之后的工程款怎么支付呢?

1999版本款的规定如下:

■ 承包商在收到工程接收证书后的84天内,根据第14.3款[申请期中支付证书]向工程师提交工程竣工报表,一式六份,并附证明文件;

■ 竣工报表中列明三项内容:

1 截至接收证书上写明的日期,按照合同已完成的工程的价值;

2. 承包商认为到期应支付的其他金额;

3. 承包商认为根据合同将到期支付给他所有款项的估算额,这类款项在竣工报表中单独列出。

- 工程师应按签发期中支付证书的程序开具支付证明。

2017版本款补充规定了竣工报表中的相关内容，具体如下：

- 竣工报表中的第三项内容，除1999版要求的确定性的内容外，还需要再包括争议的三项内容：（1）承包商的索赔款；（2）已交由DAAB裁定相关事宜涉及的金额；（3）在DAAB给出裁定后，承包商发出不满意通知涉及的金额。

本款的主要目的是给出基本完工时业主支付承包商剩余工程款的一个基本程序。为了能够使业主方掌握仍需要支付的工程款数额，本款规定了承包商在竣工报表中不但要总结一下已经完成的工程价值，还应向业主提出业主到期需要支付给他的款额，同时，还要求承包商提出今后业主还需多少工程款的估算额，以便业主做出资金准备。

2017版本款对承包商提供的竣工报表的第三部分不但包括"承包商认为根据合同将到期支付给他所有款项的估算额"，还需要给出相关争议的金额，这样条款的规定更加清晰，也更有操作性。

14.11 申请最终支付证书（Application for Final Payment Certificates）（1999版）

14.11 最终报表（Final Statement）（2017版）

在工程全部完成，缺陷通知期结束后，合同双方需要工程款的最终结算，即将合同价格剩余的款额全部支付给承包商。这一最终结算程序需要解决所有款项的决算，所以也容易引起争议。

1999版本款规定如下：

- 收到履约证书后的56天内，承包商应按工程师批准的格式，向其提交最终报表草案，一式六份，同时附有证明文件；

- 最终报表草案详细列明两项内容，一是，承包商完成的全部工作的价值；二是，承包商认为业主仍需要支付给他的余额；

- 如果工程师对最终报表草案有异议，承包商应提交工程师合理要求的补充资料，来进一步证明；

- 如果双方商定了最终报表草案，承包商按商定的内容重新提交该报表，本款称为"最终报表"；

■ 如果双方对最终报表草案有争议，则工程师应先就最终报表草案中无争议的部分向业主开具一份期中支付证书；

■ 争议部分按第20条[索赔、争议与仲裁]解决，根据解决的结果，承包商编制最终报表，提交给业主，同时抄报工程师。

2017版对本款标题以及程序进行了补充修订，具体内容如下：

■ 承包商不得借口提交DAAB或仲裁的任何争议事项，延误提交本款所述的相关报表；

■ 最终报表格式与申请期中支付的报表一致；

■ 一份纸质原件，一份电子件，另外附加合同数据规定的额外纸质份数；

■ 除了在最终报表上列明1999版规定的两项内容，承包商仍需列出竣工报表中的相关争议款；

■ 除了列出的争议款外，若工程师对承包商列出的其他款项存疑，则可以要求承包商在通知规定的时间内提供进一步证明材料，然后根据商定的相关金额对报表中的金额进行修改；

■ 若没有出现前述争议款，承包商则编制最终报表；

■ 若存在前述争议款额，工程师应与承包商和业主磋商，若明显达不成一致意见，承包商则编制与提交报表，分别列明已达成一致的金额与没有达成一致的金额，该报表即为"没有全部协商一致的最终报表"（Partially Agreed Final Statement）。

本款规定承包商应在收到履约证书后56天内向工程师提交最终报表草案，作为决算申请书。事实上，即使不规定时间限制，承包商也应该尽早提交草案，以便及时收回余额工程款。（请思考：如果承包商没有在56天内提交最终报表草案，会出现什么结局呢？参见第14.13款[最终支付证书的签发]。）

仔细阅读1999版本款的规定，会发现一个有意思的问题[1]：如果工程师就最终报表草案中无争议的部分开具支付证书，业主应在多长时间内支付该款项呢？此时，该支付证书为期中支付证书，属于临时性质，因此，应按照期中支付的规定处理。根据第14.7款[支付]，业主应在工程师收到"报表和证明文件"后56天内支付此类款项。问题是：在此类情况下，哪一天被认为是工程师收到"报表和证明文件"的日期呢？

---

[1] 这虽然不是实质性问题，但通过这一问题，笔者希望在分析和理解合同条款方面对读者有所帮助。

这一点本款并没有规定清楚。由于工程师是根据承包商提交的最终报表草案和证明文件中无争议的部分开具期中（临时）支付证书，似乎工程师收到承包商提交该草案的日期应被看作是这一日期。但如果确定无争议的款额花费的时间很长（当然包括与承包商就报表草案磋商的时间），比如说50天（当然这是比较极端的例子），等到业主收到工程师开出的该支付证书时，他必须在6天内支付该款项，这显然有点不太合理。但这样做的好处是能促使工程师尽快就无争议的金额开具支付证书给业主，以便业主有充分时间来支付承包商。似乎从工程师收到承包商提交的能够证明无争议款额的证明文件的日期来计算支付期限，也许更符合第14.7款[支付]的精神，但这可能导致工程师以磋商为名，有意拖延开具证书的时间，尤其当业主方的资金紧张时，此情况更容易发生。无论如何，本款应给出明晰的规定。

另外，本款规定，如果双方对最终报表有异议，并按第20.4款[获得争议裁定委员会的决定]用DAB方式或按第20.5款[友好解决]以友好方式来解决争议，则承包商应编制并向业主提交最终报表，同时抄送工程师一副本，这一规定不太容易理解，因为在一般情况下，都是由工程师根据最终报表，开具支付证书（参阅第14.13款[最终支付证书的签发]），业主只根据工程师支付证书来支付承包商。此处这样规定，大概考虑到工程合同争议的主体是业主与承包商，因此，才规定，承包商将最终报表直接提交给业主，同时拷贝给工程师。

2017版本款完善了措辞和程序方面的规定，纳入了一个"没有全部协商一致的最终报表（Partially Agreed Final Statement）"概念，更接近现实，程序更加清晰。

在商定最终报表的过程中，从承包商的立场来说，应争取与工程师尽快确定无争议的那一部分款项，以尽早收回，减少风险。对于剩下的问题，可逐一谈判，如果涉及的争议金额较大，有可能需要仲裁裁决。

14.12 结清单（Discharge）

由于工程支付十分复杂，作为惯例，在申请最终支付款项时，承包商不但要提交最终报表，而且还应提交一份结清单，作为一种附加确认。

1999版本款的规定如下：

■ 承包商提交最终报表时，同时还应提交一份结清单；

■ 结清单上应确认，最终报表中的总额即为应支付给承包商的全部和最终的合同结算款额；

■ 结清单上还可说明，只有当承包商收到履约保证和合同款余额时，结清单才生效，此情况下，结清单于该日期生效❶。

2017版结合前款的规定，相应修订了本款，具体如下：

■ 承包商在提交最终报表或没有达成一致的最终报表的同时，应提交一份结清单；

■ 结清单可以说明：当支付了最终报表中写明的全部款额以及履约保证后结清单才生效，或者针对没有全部达成一致的最终报表，报表中的金额未来需要根据DAAB或仲裁的最终裁定最终调整后，结清单才生效；

■ 若承包商没有提交结清单，则被认为与最终报表同时提交了，并在收到履约保证和最终报表中的款项后生效；

■ 结清单不影响双方在处理后续争议方面的权利和义务。

1999版本款主要是针对正常情况下决算情形。结清单就是承包商对最终工程款数额的一个确认声明，即：业主在支付承包商余额后，工程款支付到此完结，业主不再承担支付责任。但承包商可以在结清单上声明只有收到履约保证和余额才生效。至于生效日的规定，似乎不太清晰，只说明"在该日期"。单从语言上讲，"该日期"应为"承包商收到履约保证和合同款余额的那一天"，实际应理解为"承包商收到合同款余额的那一天"。大家知道，业主应在收到工程师拷贝给他的履约证书后21天内将履约保证退还给出承包商，业主支付最终结算款余额有可能在签发履约证书后（56+28+56）天内支付，如果有争议，甚至会更晚。因此，一般情况下，履约保证退还的日期会比支付最终结算款余额的日期早，但理论上讲，两者也可能同一日期发生，甚至支付最终结算款余额的日期会比履约保证退还的日期早（请思考：为什么？）。因此，本款语言上显得简单，虽不是大问题，但作为合同条件，读起来总感到不太严密。2017版本款则避免规定这一日期。

本款也没有明确说明结清单应提交给业主或工程师，但从下面的第14.13款[最终支付证书的签发]来看，可以推定为工程师❷。在实践中，无论合同规定承包商提交给业主或工程师，他应同时拷贝一份给另一方。

---

❶ 本句原文为：This discharge may state that it becomes effective when the Contractor has received the Performance Security and the outstanding balance of this total, in which event the discharge shall be effective on such date.

❷ 1987年红皮书第四版明确规定，承包商将结清单提交给业主。

2017版本款完善了关于结清单的规定，不但规定了经常情形，还规定了在双方未能对最终报表完全达成一致下的处理方法，这是很重要和很有用的，因为实践中这方面还是通常容易发生的情形。

14.13 最终支付证书的签发（Issue of FPC/ Final Payment Certificate）

承包商在提交了最终报表和结清单之后，工程师何时签发最终支付证书呢？该证书包括哪些内容呢？

1999版本款的规定如下：

- 收到最终报表和结清单后28天内，工程师应向业主发出最终支付证书；

- 最终支付证书中应包括：（1）最终到期应支付的金额。（2）在扣除业主以前已经支付的款额后，还应支付承包商的余额，但如果业主已经多支付了承包商，承包商应退回差额；

- 如果承包商不按期申请最终支付证书，工程师应通知要求其提交申请，通知后28天内仍不提交，工程师可自行合理决定最终支付金额，并相应签发最终支付证书。

2017版修订了本款相关措辞以及少量的程序修订，具体如下：

- 在收到结清单和最终报表或没有完全达成一致的最终报表后28天内，工程师应向业主签发最终支付证书时，同时抄送承包商一副本。

本款规定了工程师签发最终支付证书的期限，证书包含的内容。

与第14.6款[期中支付证书的签发]一样，1999版本款没有规定，工程师在向业主发出最终支付证书时，同时拷贝一份给承包商。笔者认为，同时拷贝给承包商一份最终支付证书是有益无害的。但2017版明确规定了，工程师向业主签发最终支付证书时，要抄送给承包商一副本。

同时，本款还出现了一个有趣的现象，即：承包商不在规定的期限内（即第14.11款[申请最终支付证书/最终报表]中规定的56天）提交最终报表草案的情况。因为任何承包商都希望尽早拿到工程款，承包商不去主动申请，似乎不太可能。但也许最终支付证书中提到的一种情况，能够解释这种现象：截止到最终支付证书之前，业主实际支付的款额累计已经超过承包商应得的合同总款额，承包商也许已经意识到了这种情况，因而不去主动申请最终支付证书（您遇到过这种现象吗？）。

14.14 业主责任的终止（Cessation of Employer's Liability）

承包商的合同义务结束的实质性标志是获得履约证书❶，那么，在什么情况下，业主的合同义务结束呢？其实质性标志是什么呢？

1999版本款的规定如下：

■ 除最终报表和竣工报表同时都包含有相应款额的事宜之外（竣工报表中可以不包括接收证书签发后发生的事宜），业主不再对合同中其他任何事宜承担责任；

■ 但本款的规定并不影响业主在保障承包商方面的责任；

■ 同样，本款也不影响因业主欺诈，故意违约或严重不轨之行为应承担的责任。

除了个别情况以外，2017版对本款补充修订了业主最终支付责任的限制条件，即：

■ 除非承包商在收到最终支付证书的56天内，按索赔程序提出了索赔之外，否则业主不再对合同中其他任何事宜承担责任。

本款明确规定，除接收证书签发后发生的工作可以不包括在竣工报表之外，对于没有同时包含在竣工报表和最终报表的工作，业主一律不再承担任何支付责任。因此，本款同时隐含以下结论：

（1）如果工程师与承包商商定了最终报表中的款额，那么在支付其工程师签发的最终支付证书中的款额后，业主在合同中的支付责任即告结束；

（2）如果双方对最终报表中的款额没有达成一致意见，那么在业主支付了工程师临时决定的其中无争议的款额，以及争议裁定的款额之后（见第20条[索赔、争议与仲裁]），业主在合同中的支付责任即告结束。

2017版本款，仍给承包商在收到最终支付证书后一次提出异议的机会，但应在规定的时间内提出。

请注意，承包商一定要在竣工报表中列出他认为所有业主应支付的款项，包括到期的款项、未到期款项的估算以及索赔款。竣工报表一定不能漏项，因为一旦漏项，即使在最终报表补上，工程师也不一定认可（接收证书签发后增加的工作除外）。

本款同时规定了其他例外：承包商享有受保障的权益（见第17.1款[保障]）；在业主欺诈等不轨情况下，承包商获得赔偿的权利。由于各国法律都有诉讼时效

---

❶ 这儿说的是一般情况，在特殊情况下，可能仍需一些义务，见第11.10款[未履行的义务]。

（Limitation Period）问题，承包商在得知自己的损失之后，应在该时效内尽快提出赔偿请求。

14.15　支付货币（Currencies of Payment）

由于国际工程的参与方来自不同国家，有时不可能全部用当地货币支付，尤其当地货币不能自由兑换时，更是如此。

1999版本款的规定如下：

■ 合同价格应以投标函附录中指定的一种或多种货币支付；

■ 以下规定适用于用一种以上的货币支付的情况；

■ 若中标合同款额全部是以当地币表示的：

（1）当地币和各外币的支付数额或比例，计算支付款时使用的固定汇率，应按投标函附录中的规定，或双方另外商定执行；

（2）暂定金额下的支付以及因立法变动调价应按适当的货币和比例支付；

（3）支付进度款时，除因立法变更调价之外，凡属于第14.3款 [申请期中支付证书] 中报表中前四项所列的各项内容，应按上面（1）中的规定执行。

■ 投标函附录中规定的（拖期）赔偿费应以投标函附录规定的货币以及比例支付；

■ 承包商应支付业主的其他费用应以业主开支的货币来支付，或者双方商定亦可；

■ 如果承包商以某币种应支付业主的金额超过了业主按该币种支付承包商的款额，则余额可从业主以其他币种支付承包商的款额中扣除；

■ 如果投标函附录中没有规定兑换率，则使用的兑换率应为由工程施工所在国中央银行确定的在基准日期当天的兑换率。

2017版修订了本款相关措辞，与2017版定义的术语保持一致，表达更加严谨，如将合同数据代替原来的投标函附录，将原来考虑仅仅用当地货币表示中标合同金额的情况，扩大到仅仅用某一外币表示的情况，并增加了变更下的支付货币的规定，具体如下：

■ 当根据第13.2款[价值工程]和13.3款[变更程序]商定或决定价款调整时，应明确支付货币种类，在确定用于此类的币种时，应依据变更工作实际使用的币种情况，结合前面规定的原中标合同金额中的货币比例的规定。

本款详细规定了合同价格中各类支付款额的支付应使用的货币。国际工程中，国际金融机构贷款项目一般是以多种货币支付，原因是这些机构一般不是全额贷款，而是要求东道国政府提供相应比例的配套资金，对于此类项目，有时允许承包商在投标时选择自己需要的外币币种和数额。为了便于评标，业主在招标文件中往往要求投标价格由一种货币表示，通常为当地币，只是在投标书文件提出自己的外币需求。因此，在工程实际支付时就涉及当地币兑换外币的问题。根据本款的规定，兑换率在投标函附录（合同数据）中规定，如果在投标函附录中没有规定，就按"工程施工所在国中央银行确定的在基准日期当天的兑换率"计算。

从本款规定的内容看，FIDIC提倡使用固定汇率，这样有助于避免风险投机。

由于国际经济形势的不稳定，货币汇率风险是当前国际工程承包中的一个敏感问题，在投标时要作为货币筹划，若当地币面临贬值风险，则预付款中的当地币部分一定尽快在当地消费掉，用于购买当地货物或服务。若使用某一外币计价，则对该外币对我国人民币的汇率走向做出判断，从而在实际采购中恰当使用各种货币，避免汇率损失。在一带一路背景下，很多项目由我国提供融资支持，未来将会大部分或全部采用人民币贷款，则会减轻这方面的风险。但无论如何，货币币种筹划应作为我们管理工作重要一环，努力做到收支的平衡支出，尽量避免货币之间兑换频率，若涉及业主与其他各方，则将资金安排通过合同条款固化下来。

本条到此讲完了，请检查一下自己是否达到了开始提出的要求，并思考下面的问题：

1. 在投标报价时，应特别注意哪些支付方面的规定？

2. 您以前从事的国际工程中的支付方式与本条的规定有何异同？本条的规定能解决您碰到的实际问题吗？

3. 总结2017版对本条的修订，并加以评述。

管理者言：

承包商只将建设工程作为手段，他的目的是获得合同价格的支付，而业主则相反。手段与目的的置换，很大程度上影响了双方的立场、观点和方法，而从多角度看问题是优秀管理人员的一个特征。

本条附录：

缺陷通知期开始后有关证书、报表提交及付款的典型顺序图

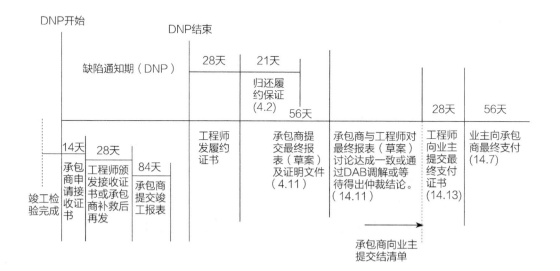

FIDIC

第15条 业主提出终止（Termin-ation by Employer）

学习完这一条，应该了解：

- 承包商哪些违约情况导致业主有权终止合同；
- 业主因承包商违约而终止合同的程序；
- 终止后如何对承包商已经完成的工作进行估价和支付；
- 业主出于自身原因终止合同的权利以及终止后相应的安排。

工程一种特殊的"产品"。市场经济下，工程的建设过程也就是工程各方的一个履约过程。对业主而言，虽然一般采用资格预审来排除不合格的承包商，但合同履行过程仍有可能发生承包商严重违约之情形，如果任其发展下去，将给业主带来极大的损失，为了保护业主的利益，工程合同通常编制一终止条款，规定业主在什么条件下有权终止合同。同时，由于重大的政治、经济或产业环境发生了变化，项目继续实施可能变的不可行，此时，业主也有可能希望终止合同，本条就是针对此类情况的。本条2017版对1999版进行了一定的修订，增加的两个子条款，同时对原来规定的内容更好地进行了结构化。

15.1 通知整改（Notice to Correct）

在工程的执行过程中，如果承包商没有履行其应该履行的某项合同义务，工程师如何处理这种情况呢？

1999版本款的规定如下：

■ 如果承包商没有履行某一合同义务，工程师可以通知其改正，并在规定的合理时间内完成该义务。

2017版修订了本款的很多内容，具体如下：

■ 工程师签发的整改通知应包括：（1）承包商违约性质的描述；（2）认定承包商违约行为的合同依据；（3）确定整改的期限应当合理，应考虑违约的性质以及整改需要的工作量。

■ 承包商收到整改通知后，应立即给出响应，并回复通知工程师其整改措施以及为按时完成整改工作开始整改工作的日期；

■ 整改通知中允许的整改时间并不意味工程师对工期的延长。

工程各方本来为了实现自身的目的而签订合同，如果发生终止合同情况，都会极大影响自身目标，因此本款给出了一个缓冲规定，即：若承包商违反合同义务，工程师可以先发出一个警告，要求其限期改正。本款体现的"弹性"，正是一个优秀合同条件应具有的特点之一。

1999版本款的规定主要体现在的预警通知上，2017版对此做了补充规定，完善了工程师下达整个通知的内容和程序，具有更强的操作性。

15.2 业主提出终止（Termination by Employer）（1999版）

15.2 因承包商违约而提出终止（Termination for Contractor's Defaults）（2017版）

由于终止合同是十分严重的一种情形，并不能因为承包商在实施工程中的任何违约行为导致业主终止合同。那么，业主在哪些情况下有权提出终止合同呢？终止的程序如何？

1999版本款的规定如下：

■ 不按规定提交履约保证（第4.2款），或在接到工程师的改正通知（15.1款）后仍不改正；

■ 放弃工程或公然表示不再继续履行其合同义务；

■ 没有正当理由，拖延开工（第8.1条款[开工]），或者，在收到工程师关于质量问题方面的通知后，没有在28天内整改（第7.5款[拒收]和第7.6款[补救工作]）；

■ 没有征得同意，擅自将整个工程分包出去，或将整个合同转让出去（第1.7款[转让]，第4.4款[分包商]）；

■ 承包商已经破产、清算，或承包商已经无法再控制其财产的类似问题等；

■ 直接或间接向工程有关人员行贿，引诱其做出不轨行为或言不符实，包括承包商雇员的类似行为，但承包商支付其雇员的合法奖励则不在之列；

■ 上述情况发生后，业主可提前14天通知承包商，终止合同，并将承包商驱逐出现场；

■ 倘若属于上面最后两种情况（破产或行贿），业主可通知承包商，立即终止合同，不需要提前14天通知；

■ 业主终止合同不影响业主合同中的其他权益；

■ 承包商应撤离现场，并按工程师要求将有关物品、承包商的文件，以及其他设计文件提交工程师；

■ 但承包商仍按业主的通知，尽最大努力，立即协助业主进行分包合同转让以及保护人员和财产的安全，以及工程本身的安全；

■ 合同终止后，业主可自行或安排他人完成该工程，并可使用原承包商提交的上述物品和资料；

■ 待工程完工后，业主应通知承包商，将承包商的设备和临时工程在现场或附近的退回承包商，承包商应立即自费将此类物品运走，风险自负；

■ 在工程完工时，若承包商仍欠业主一笔款项，则业主可将承包商上述物品变卖，但在扣除欠款后，应将余额返给承包商。

2017版修改了本款标题，从标题上明确了本款只是规定了承包商违约时业主有权终止的情形。从内容上，也进行了更加严密的限定，细化了违约情形以及处理程序，将核心规定结构化成四个子条款：终止情形，终止行为，终止后的处理，工程竣工。具体修改和补充的内容如下：

■ 根据本条对合同终止并不影响业主的合同或其他权益；

■ 若发生下列8类情况，业主有权发出终止意向通知：

（1）未遵守第15.1款[整改通知]、第3.7款[工程师的职责和权力]中有约束力的商定或决定或DAAB有约束力的裁定，且此类行为已构成对其合同义务的严重违约；

（2）放弃工程或公然表明不再继续履行其合同义务；

（3）没有恰当理由而不按照第8条[开工、延误及暂停]开工，或者当合同数据中规定了最高拖期赔偿费时，承包商的延误工期已达到该最高限额；

（4）收到工程师根据第7.5款[缺陷与拒收]和第7.6款[补救工作]给出的拒收通知和指令的28天内，没有正当理由拒不履行通知和指令的要求；

（5）没有遵守第4.2款[履约保证]的规定；

（6）违反第5.1款[分包商]或第1.6款[转让]，擅自分包工程，或者转让合同；

（7）根据适用法律，承包商处于了破产或清算等类似情形，或若承包商为联营体，某一联营体成员出现了上述情况，且其他成员没有立即向业主确认，出问题的成员的合同义务仍会根据第1.14款（a）[共同的及各自的责任]得以履行；

（8）被发现在工程或合同方面存在腐败、欺诈、勾结、强制用工等情形，且有合理证据。

■ 若承包商收到业主发出首次终止意向通知后的14天内，承包商仍未有整改行为，业主可以立即发出第二次通知，终止合同，终止日期为承包商收到第二次通知的日期；

■ 若终止情形为最后三种，则业主不需要发出二次通知，可以直接发出通知，终止合同；

■ 终止合同后，承包商应立即：（1）遵守本款下终止通知中包含的合理指令，将分包合同转让给业主并保护好工程相关的人员生命和财产安全；（2）将业主需要的货物、所有承包商的文件以及承包商负责的那部分设计文件提交给工程师；（3）撤离现场，若承包商不撤离，业主有权强行驱逐；

■ 合同终止后，完成工程的各项规定与1999版相同。

1999版本款已经给出了比较完整和清晰的规定，即：在承包商何种违约情况下，业主有权终止合同，同时业主还享有的其他权利，但2017版更加完善了整个程序以及各类限制条件，尤其在两阶段通知方面。

本款对承包商违约的终止原因分两大类：一是承包商在工程实施方面表现出的重大违约情况；另一类是承包商整个公司出现破产危机和项目上的腐败行为。在1999版规定的六种终止情形中，最后两种可以导致业主立即终止合同，另外四种，业主需要提前14天发出通知。2017版给出更加细化的八种情形，但实质性原则没有改变。

由于近年来国际工程经营环境的不稳定，出现终止合同的情况越来越多，因此，对未来项目而言，一个完善的合同终止条款显得更加重要了。

由于是承包商的原因导致的终止，因此，业主有权暂时扣押承包商的一切物品，并可在继续实施工程时使用，甚至可以变卖调用以冲抵承包商的欠款。

15.3 终止日的计价（Valuation at Date of Termination）（1999版）
15.3 因承包商违约而终止后的计价（Valuation after Termination for Contactor's Default）（2017版）

在终止之后，承包商已经完成的工作怎样处理？承包商提交的物品，包括各类文件，又怎样处理呢？

1999版本款的具体规定如下：

■ 终止通知生效后，工程师应立即按第3.5款[决定]去商定或决定工程、物品、承包商的文件的价值，以及承包商根据合同完成的其他工作的价值。

2017版对本款进行修订和补充，具体内容如下：

■ 在工程师根据第3.7款[商定或决定]做商定或决定时，在计算时间限制时，合同终止日期应为开始计算时间限制的开始日期；

■ 承包商的工作计价应参照第14.13款[最终支付证书签发]给出应支付款、减扣款、应付余额，但不应包括承包商的不合格的工作的价值。

1999版本款的规定比较简单，它要求工程师对承包商完成的全部工作进行一个估价，其中主要的是承包商完成的工程的价值；其次是承包商为工程购买的生产设备、材料、施工设备以及其他临时工程；再次就是承包商为工程编制的有关文件和设计图纸等。

2017版主要完善了工程师如何计价的程序，并在第3.7款[商定或决定]中规定的时间限制内完成，并明确了计价限制的内容。

请思考：此时业主如何处理承包商的履约保证？（见第4.2款[履约保证]）

15.4　终止后的支付（Payment after Termination）（1999版）
15.4　因承包商违约而终止后的支付（Payment after Termination for Contractor's Default）（2017版）

按照前一款的规定，工程师应在终止后立即对承包商的所有工作进行计价，那么，如何处理此类承包商应得的工程款项呢？是否将余款支付给承包商呢？

1999版本款的规定如下：

■ 终止通知生效后，业主可以采取以下各类措施；

■ 就合同终止导致业主方遭受的损失，业主可以按第2.5款[业主的索赔]规定的程序着手向承包商提出索赔；

■ 整个工程完成的费用确定之前，扣发本应向承包商支付的一切款项；

■ 计算出完成工程的全部费用之后，从承包商处收回业主因合同终止遭受的一切损失，其中包括业主为完成剩余工程多支出的费用，工程没有按原计划完工导致业主遭受完工延误损失等；

■ 从终止合同后工程师估价的工程款中扣除上述款项后，业主应将余额支付给承包商。

2017版对本款表述语言进行了修订，更加清晰地表明了业主可以根据索赔程序，就三个方面的费用从应支付承包商费用中减扣掉：

■ 业主在终止后实施工程合理开支的附加费用（相对于原合同价格）；

■ 完成剩余工程业主遭受的损失和损害；

■ 若终止发生在工程或区段本应竣工的日期之后，则业主可以索取拖期赔偿费，计算的时间段为合同规定的原竣工日期与终止日期之间相差的时间段。

终止合同后，业主需要雇用其他承包商继续工程的施工。由于工程实施的连续性被打断，完成整个工程的费用，一般会超过原承包商的投标价格，新承包商完成工程的工期也会迟于原定的竣工时间，这些无疑会给业主带来意外损失。本款规定的措施就是保护业主利益的。在工程完成后，业主应计算出终止原工程合同导致自己遭受的损失，从应付原承包商工程款中扣除，用以弥补自己的损失。

除了扣发合同终止时的结算款之外，业主手中仍扣押着承包商的履约保证和已经扣发的部分保留金，业主当然也可以按履约保证的规定向担保银行提出赔偿请求。

在终止合同后，因完成后续工程的费用以及业主遭受的其他相应损失的计算不太容易有客观和可靠的计算方法，因此，虽然按本款规定，承包商仍有获得扣款后"余额"的情况，但在实践中，一旦因承包商的原因导致业主终止合同，不但意味着承包商不能从业主处拿到任何款额，而且履约保证也被没收。但在实践中，在终止合同时，承包商为了防止业主没收履约保函，往往找各类理由，通过管辖法院向开立保函的银行或其他金融机构发出禁付令，但这种行为无疑会影响银行的声誉，给银行未来经营带来市场的压力。

15.5　业主终止合同的权利（Employer's Entitlement to Termination）（1999版）

15.5　业主的自便终止（Termination for Employer's Convenience）（2017版）

前面谈到的是由于承包商严重违约导致业主终止合同。但在某些情况下，如发生了金融危机诱发的业主出现大的财务危机，项目在某些方面的不可行，导致业主无力继续工程的建设，或认为继续实施只能导致更大的损失。此情况下，业主有选择终止合同的权利吗？如果有，双方在此情况下又有哪些相应的义务和权利呢？

1999版本款的规定如下：

■ 出于自身利益，业主随时可以通知承包商，终止合同；

■ 终止通知在承包商收到后第28天生效，或者，在业主退还履约保证后第28天生效，以较晚的那一日期为准；

■ 如果业主终止合同的目的是企图自行实施工程或雇用其他承包商实施工程，则业主不能依据本款终止合同；

■ 终止合同后，承包商应执行第16.3款[停止工作并撤离承包商的设备]的规定，业主应按第19.6款[可选择的终止、支付以及解除履约]的规定支付承包商。

2017版对本款进行修订，补充了现在业主在自便终止后的某些行为，具体包括：

■ 在根据本款发出自便通知后，业主无权再进一步使用承包商的文件，并应退回给承包商，但对于业主已经付款或开具支付证书的那些承包商的文件除外；

■ 若发生了第4.6款[合作]规定的情形，则业主无权再使用承包商的设备、临时工程、进场安排以及其他设施或服务；

■ 业主应安排退回承包商履约保证；

■ 在业主支付此类终止后的价款之前，业主无权自行或雇用其他单位去继续实施该项工程。

本款规定了业主有权出于自身利益随时终止合同，并规定了此类终止的具体程序，包括终止通知、通知生效以及对业主实施此类终止的限制条件。

由于此类终止属于业主原因造成的，因此，其后果也基本由业主承担，主要是赔偿承包商因终止而造成的有关损失。根据1999版，具体按照第19.6款[可选择的终止、支付以及解除履约]执行。但同时承包商也应履行停止工作并撤离现场的义务，具体按第16.3款[停止工作并运走承包商的设备]的规定执行。请大家同时参照这两个条款。

2017版对本款的标题与内容都进行了修订。2017版采用了国际工程实践中更为常见的标题，这样更为清晰。FIDIC在不可抗力条款/特别风险条款下，还使用了另一类似术语：Optional Termination（可选择的终止）。2017版更加清晰地限定了业主在此类终止下的行为。1999版规定，如果业主终止合同的目的是企图自行实施工程或雇用其他承包商实施工程，则业主不能依据本款终止合同。但这一规定在2017版中得到"软化"，新的规定是，业主在自便终止后，要想自行或雇用其他单位继续该工程的实施，则必须先结清因自便终止而应支付承包商的各类款项。这一修订更加合理，因为业主由于一时原因而自行终止该合同，并不意味该工程一定被彻底废除，也可能等新条件出现了，继续实施该工程又变得可行了，这有利于资产的最大利用，增加"社会剩余"，但这样的规定对承包商来说似乎显得有点不公平，但同时规定此类终止下承包商有权获得利润损失补偿（见后面第15.6款[业主自便终止后的计价]），而1999版规定，根据本款业主的自便终止时，承包商只是能获得其完成的实际工程量相关费用的支付，并不能获得利润损失补偿（见1999版19.6款[可选择的终止、支付以及解除履约]）。相比起来，2017版的规定仍然比第一版更优化些，但若规定，业主在终止后又启动继续实施该工程时，原来的承包商有承建优先权的话，则是一种更加平衡的规定。

讨论：根据1999版，在第15条[业主提出终止]、第16条[承包商的暂停与终止]、

第19条[不可抗力] 都谈到终止合同问题，除了因承包商的原因终止合同时由承包商负责后果外，其他终止合同均由业主负责，但负责的程度又不一样：如果因业主违约导致合同终止，承包商除得到第19条[不可抗力]规定的赔偿之外，还可以得到利润补偿，而在第15.5款[业主终止合同的权利]中，规定承包商只能得到与不可抗力发生后终止合同时得到补偿一样，即：不能得到利润补偿。

就1999版的规定，笔者认为，由于第15.5款[业主终止合同的权利]中规定的终止完全是业主一方造成的，既不是承包商造成的，也不是外部客观条件造成的，其性质基本上等同于业主违约情况下的终止，因此，承包商在此情况下似乎理应得到利润补偿（2017版的修订则反映出了这一观点的正确）。但此类规定反映出风险分担的一些原则，也应综合来看。例如，也有人认为，如果在不可抗力条件下终止合同，本款中规定的业主的补偿责任太大，不利于业主。实际上，核心问题不在于风险分担的轻重与否，而是将各方承担的风险责任明晰地规定在合同中，使得承包商在投标时能够有一清楚的认识，以便在报价中合理考虑，这才是问题的关键。如果业主在招标文件中对有关问题故意模糊规定，借以打"擦边球"，引诱投标者报低价，这样就会引起在履约期间争议增多，不利于项目的执行，业主的意图最终可能适得其反。

15.6 业主自便终止后的计价（Valuation after Termination for Employer's Convenience ）（2017版）

前面我们讨论了业主自便终止的性质，1999版规定此类情况下对承包商的补偿参照不可抗力条款的规定，2017版是如何处理这一事宜的呢？请看本款的规定：

■ 在合同自便终止后，承包商应尽快将自己完成的实际工作的价值的详细计价报告提交给工程师；

■ 该报告的内容包括：（1）根据后面的第18.5款[可选择的终止]规定的五项事宜；（2）根据第14.13款[最终支付证书的签发]，应该增加和减扣的各项款项，以及应付的余额；（3）承包商因终止导致的利润损失额及其他损害；

■ 工程师应根据3.7款[商定或决定]处理，处理的时间限制的开始日期为收到承包商上述报告的日期；

■ 工程师应为商定或决定的金额直接签发支付证书，无需承包商提交相应报表。

2017版本款单独增加了一个子条款，专门处理业主自便终止合同下的补偿问题，正如我们在上面一款中的讨论一样，本款给出的新规定更加合理和平衡。

15.7 业主自便终止后的支付（Payment after Termination for Employer's Convenience ）（2017版）

在前面第14条[合同价格与支付]中，我们看到的关于正常支付下的时间规定。业主自便终止合同下的支付时间又是如何处理的？请看本款的规定：

■ 在合同自便终止后，业主应在工程师收到承包商的计价报告后的112天内，将工程师根据第15.6款[业主自便终止后的计价]签发的支付证书中的款项支付给承包商。

本款清晰地规定了业主自便终止下业主支付相关款项的时间限制。这是对1999版关于此类支付的一大改进（关于1999版支付的规定，请参阅后面我们在1999版第19.6款[可选择的终止、支付以及解除履约]中的评述和讨论。）。关于112天的时间限制，其关于开始计算的日期也很有意思。本款规定不是从业主收到工程师开具的支付证书算起，而是从工程师收到承包商的计价报告的日期开始算起，这一规定比较好，能够给业主一个准确的筹款计划时间。

本条到此讲完了，请检查一下自己是否达到了开始提出的要求，并思考下面的问题：

1. 如果您是承包商，本条中关于业主终止合同的规定对您有何启示？如果您是业主呢？

2. 本条规定，如果由于承包商的原因导致业主终止合同，业主有权扣发本应支付承包商的一切工程款。您能解释一下这样规定的道理吗？

3. 总结本条2017版对1999版的修订，并加以评述。

管理者言：

如果合同没有终止条款，这将对双方都是一个极大风险；但如果真的到了非得动用终止条款的地步，那便是双方两败俱伤的时候。

FIDIC

第16条 承包商提出暂停与终止（Suspension and Termination by Contractor）

学习完这一条，应该了解：

- 业主的哪些行为会导致承包商有权暂停工作；
- 业主的哪些行为将导承包商有权终止合同；
- 终止合同后承包商的义务；
- 终止合同后，承包商可以获得哪些赔偿，何时赔偿。

国际工程承包商投标决策应考虑的内容之一就是业主的支付能力。由于业主自身资金出现危机，造成其拖延工程款的支付，从而给承包商带来极大的财务困难，影响项目的执行计划。此外，在国际工程的实施中，还时不时出现"业主重大违约"这样的黑天鹅事件。那么，在国际工程中，发生此类问题后，合同是如何保护承包商利益的呢？ 2017版修订了本条相关子条款标题，并细化了一些操作程序，但基本结构与1999版相同。我们来看本条的规定。

16.1 承包商暂停工作的权利（Contractor's Entitlement to Suspend Work）（1999版）

16.1 承包商的暂停（Contractor's Suspension）（2017版）

如果业主方未按合同规定的时间付款，承包商首先可以采取什么措施来保护自己呢？

1999版本款的规定如下：

■ 如果工程师没有按规定时间签发支付证书，或者业主没有按规定时间提供资金证明或没有按时支付工程款，承包商提前21天通知业主后，有权放慢工作速度或暂停工程进展（见第14.6款[期中支付证书的签发]，第2.4款[业主的资金安排]，第14.7款[支付]）；

■ 承包商有权将工程一直放慢工作速度或暂停直至收到支付证书、业主资金证明或工程款；

■ 即使承包商暂停了工程，他仍有权得到对迟付款享有融资费以及终止合同的权利（见第14.8款[延误的付款]和第16.2款[承包商提出终止]）；

■ 如果在承包商发出终止合同通知之前，他已经收到了前面所提到的各类证书、证明或付款，则他应尽快合理地复工；

■ 如果承包商因放慢工作速度或暂停工作，致使工期和费用受到影响，则他有权提出索赔，索赔费用时还可以加入利润，但应符合第20.1款[承包商的索赔]规定的程序；

■ 收到索赔通知后，工程师按程序予以决定。

2017版本款补充了承包商暂停工程的一类情形以及细化了暂停的程序，补充的内容具体如下：

■ 除了工程师未按时签发支付证书、业主未按时支付或提供资金证明，若业主没有遵守第3.7款[商定与决定]中规定的有约束力的商定或决定，或没有遵守第21.4款

[获得DAAB的决定]规定的有约束力的裁定,且上述事件构成了业主对其合同义务的严重违约时,则承包商也有权暂停工程实施。

可以说,就工程合同而言,业主最大的合同义务莫过于向承包商支付工程款,因此,如果其在支付方面违反合同,也就违反了其核心义务,理应受到严格惩罚。因此,本款规定,在此情况下,承包商享有四种权利:

(1)享有延误工程款的融资费(利息等);

(2)放慢工作速度或暂停工程;

(3)索赔工期以及有关额外开支,加上相应利润;

(4)根据第16.2款[承包商提出终止]的规定,终止合同。

另外,从1999版本款的规定来看,似乎隐含着工程师应将期中支付证书签发或拷贝给承包商,但在第14.6款[签发期中支付证书]中,只规定工程师在收到承包商的报表后28天内向业主签发期中支付证书,并没有规定同时将支付证书拷贝给承包商❶。详见该款内容以及评讲。

2017版本款增加了承包商暂停工程的一类情形,即:不遵守生效了的工程师的"商定或决定"或DAAB的裁定。但同时,FIDIC又给出了一个严格限定,即:业主的这类行为必须构成"严重违约"(Material Breach)。这一规定主要是考虑业主方虽然有可能未按时支付工程等,但延误的时间很短,没有对承包商的工作产生实质性负面影响,这一规定防止承包商滥用这一权利来调整自身的工作失误。但在实践中,若和界定什么是"严重违约"则没有严格的明显界限,但重要的标准应该有两个:一是拖延支付的时间长短;二是拖延造成后果是否严重。

16.2　承包商提出终止(Termination by Employer)

如果业主对承包商的暂停工作抗议长时间没有反应,承包商又该采取哪些进一步的措施呢?

1999版本款的规定如下:

■ 承包商在下列任一条件下有权终止合同:

(1)如果就业主不提供资金证明之问题,承包商发出暂停工作的通知,而通知发

---

❶ 工程师在向业主签发期中支付证书时,同时拷贝一份给承包商是国际惯例,因此,笔者认为,在第14.6款中,漏掉了"同时抄报一份给承包商(with a copy to the Contractor)"之内容。

出后42天内，仍没有收到任何合理证据；

（2）工程师在收到报表和证明文件后56天内没有签发有关支付证书；

（3）承包商在期中支付款到期后的42天内仍没有收到该笔款项（第14.7款[支付]）；

（4）业主严重不履行其合同义务；

（5）业主未遵守合同协议书中的规定，或违反合同转让的规定（第1.6款[合同协议书]和1.7款[转让]）；

（6）若工程师暂停工程的时间超过84天，而在承包商的要求下在28天内又没有同意复工，则如果暂停的工作影响到整个工程时，承包商有权终止合同；

（7）业主已经破产、被清算，或已经无法再控制其财产等。

■ 在上面前五种情况下，承包商可以提前14天通知业主终止合同，对于最后两种情况，承包商可以在发出通知后立即终止合同；

■ 承包商选择终止合同，并不影响其享有合同权利或其他权利。

2017版本款在1999版的基础上，又补充了下列承包商有权终止的3种情形，并给出具体终止程序，即承包商必须发出两次通知：

■ 若业主没有遵守第3.7款[商定与决定]中规定的有约束力的商定或决定，或没有遵守第21.4款[获得DAAB的决定]规定的有约束力的裁定，且上述事件构成了业主对其合同义务的严重违约时，承包商也有权终止合同；

■ 在收到中标函84天内，承包商仍没有收到开工日期的通知，承包商也有权终止合同；

■ 基于合理的证据，针对该合同或工程实施发现了业主腐败、欺诈、勾结、强制用工等行为，承包商也有权终止合同；

■ 承包商在所有规定情形下，有权发出终止意向通知；

■ 除非业主在收到承包商终止意向通知后的14天内，对通知事项进行了改正，否则，承包商有权发出第二次通知终止合同，终止日期为业主收到第二次通知的日期；

■ 但对于发生暂停超过84天、破产清算、业主发生腐败欺诈、私自转让合同等情况，承包商可以直接发出终止通知，无需第二次通知。

本款详细地规定了承包商有权提出终止合同的条件和程序，同时还规定了其应享有的权利。2017版补充了三种承包商终止合同的情形，并补充规定承包商需要通过两阶段通知的方式来终止合同，程序比1999版更完善。

请大家思考这样一个问题：

如果由于承包商违约导致业主终止合同，业主可以扣押承包商所有在现场的物品，可以扣发本应支付的工程款，可以没收履约保函。这些手段可以使业主的利益得到保护。

如果由于业主违约导致承包商终止合同，尤其当其破产时，承包商可以采取哪些措施保证其损失得以补偿呢？可以说，本款规定承包商享有的权利很多，但实现这些权利的保证措施却不足。在发生业主违约终止合同的情况下，承包商若能根据适用法律的规定，进行及时的诉讼保全，也许能够在一定程度上保证一些后续利益的实现。

在1999版合同条件原版后，附有一业主支付保函标准格式；但有意思的是，在涉及支付等条款中（如：第14条[合同价格与支付]）并没有出现要求业主向承包商提交支付保函的规定，仅仅在专有条件第14条后有关"承包商融资范例条款"中提到，当承包商负责融资时，业主应按后附的支付保函格式向承包商提供支付保函。即使业主提供了支付保函，如果业主破产，保函是否能兑现还得看支付保函适用法律的具体规定。

因此，业主的项目资金来源是否可靠是承包商投标时应考虑的重要因素之一。

16.3 停止工作并撤离承包商的设备（Cessation of Work and Removal of Contractor's Equipment）（1999版）

16.3 终止后承包商的义务（Contractor's Obligations after Termination）（2017版）

在由于业主的原因终止合同后，承包商除享有一定的权利外，是否同时也有一定的义务呢？

1999版本款的规定如下：

■ 在终止通知（第15.5款[业主终止合同的权力]，第16.2款[承包商提出终止]，第19.6款[可选择的终止、支付以及解除履约]）生效后，承包商应立即采取下列三项行动：

（1）停止进一步的工作，但为保护生命财产或工程的安全而由工程师指示承包商继续进行的工作除外；

（2）凡承包商已经得到付款的，承包商的文件、生产设备、材料或其他工作都应移交给业主；

（3）除了安全所需之外，将其他物品运离现场。

本款除了相关终止条款的编号有差异外，2017版与1999版内容基本相同。

本款规定了在有关终止合同通知生效后，承包商应采取的行动，虽然表面上看来属于承包商的义务，但其中也包含承包商的权利。本款规定的目的是，在合同终止后，双方都应努力去减少进一步的损失。

16.4　终止时的支付（Payment on Termination）（1999版）
16.4　承包商终止后的支付（Payment after Contractor's Termination）（2017版）

如果因为第16.2款[承包商提出终止]所述的原因终止合同，承包商可以得到哪些权益？

1999版本款的规定如下：

■ 当第16.2款[承包商提出终止]下的终止通知生效后，业主应立即：

（1）将履约保函退还给承包商；

（2）根据第19.6款[可选择的终止、支付以及解除履约]支付承包商相关款项；

（3）同时还要支付此类终止导致承包商损失的利润和其他损失。

2017版根据条款的结构调整，规定的措辞有所不同，具体如下：

■ 当第16.2款[承包商提出终止]下的终止通知生效后：

（1）业主应立即按照第18.5款[可选择的终止]的规定，支付承包商相关款项；

（2）业主立即支付承包商按索赔程序索赔成立的原因终止给承包商带来的利润损失以及其他损失和损害。

可以看出，在终止合同的情况中，因业主违约终止合同，承包商受到的补偿最为充分。除了其他费用之外，本款还规定了承包商可以要求业主补偿利润损失。

由于2017版的第18.5款[可选择的终止]实际对应的是1999版中的第19.6款[可选择的终止、支付以及解除履约]，但在2017版第4.2.3款[履约保证的退还]中，规定了业主在本款终止合同的情况下，立即退回履约保证给承包商，所以在本款中没有再出现要求业主退还承包商履约保证的字眼。

作为承包商，在签订合同时，一定要注意，合同是否规定了业主支付违约时承包商应享有的权益。此类权益不单单只是延误付款的利息（融资费），而且还应有暂停工作的权利、终止合同的权利，有了这样的合同规定，才能有助于从业主那里顺利得到工程款项。

本条到此讲完了，请检查一下自己是否达到了开始提出的要求，并思考下面的问题：

1. 如果您是承包商，如果发生了本款所述业主违约事件，您处理此问题时应注意哪些事项？

2. 总结比较本条2017版修订的内容，并给出评述。

3. 根据目前国际工程市场的现状，您是否认为合同中的"终止条款"越来越重要？为什么？

管理者言：

（接上一条）因此，终止条款仅仅是一种最后的保障机制，"有而不用"才是此类条款的最大用处。

FIDIC

第 **17** 条 风险与责任（Risks and Responsibility）（1999版）

第 **17** 条 工程照管与保障（Care of the Works and Indemnities）（2017版）

学习完这一条，应该了解：

- 业主与承包商各自保障以及共同保障的内容；
- 工程照管责任问题以及业主风险问题；
- 工程所涉及的知识产权和工业产权的保护；
- 合同双方的赔偿责任限度。

国际工程建设时间跨度长，技术难度大，外部环境不稳定，因此，工程实施过程中充满了"变数"，因而也就产生了风险。风险分担是合同中一项十分重要的内容，对承包商的投标报价和工程实施都会产生很大影响。清晰的风险分担条款是优秀合同范本特点的一个具体体现。针对本条，2017版对1999版进行了实质性的修订，不但标题发生了变化，编写思想与结构也进行了调整。

虽然本条两个版本仍然都包括六个子条款，但顺序和内容变化较大，2017版删除了三个子条款，又将删除的内容修订后增加了三个新子条款。我们先看1999版的规定与解析，然后在此基础上来讲解2017版的规定。

17.1 保障（Indemnities）（1999版）

工程建设过程中，无论业主还是承包商，都可能出现人身伤亡与财产损失，出现了此类情况如何处理？在什么情况下一方要为另一方的损失承担责任？请看本款的规定：

■ 在承包商设计和施工过程中，如果出现了任何人员伤亡或疾病，承包商应保证，不让业主及其一切相关人员承担这类事件导致的索赔、损失以及相关开支，但如果此类事件是业主及其人员的渎职、恶意行为或违约行为造成的，则承包商对此不予保障；

■ 在承包商设计和施工过程中，若由于承包商及其人员的渎职、恶意行为或违约行为致使任何不动产和私人财产（工程本身除外）遭受损害，则承包商应保证，不让业主及其一切相关人员承担这类事件导致的索赔、损失以及相关开支；

■ 若由于业主及其人员的渎职、恶意行为或违约行为导致了人员伤亡或疾病，以及发生了第18.3款[人身伤亡和财产损害保险]中规定的例外责任事件，则业主应保证，不让承包商及其一切相关人员承担这类事件导致的索赔、损失以及相关开支。

本款的规定很明确，如果属于承包商的错误，承包商负责一切责任，并保证业主不会遭到任何损失；反之亦然。

本款实际上是一个责任划分问题，上面提到的大部分风险都属于合同要求承包商投保的（见后面的第18条[保险]），因此，此类事件发生后，一般可以从保险公司获得赔偿。但对于保险没有覆盖或覆盖不足的，则由责任方自行负担。

17.2　承包商对工程的照管（Contractor's Care for the Works）（1999版）

工程项目建设中，需要对工程进行照管，以防工程及其附属物品发生损失，包括人为破坏、偷盗等。由于承包商是工程的具体执行者，显然，在工程实施过程中，由承包商照管工程是比较合理和经济的。请看本款的具体规定：

■ 从开工到接收证书的签发，承包商应对工程的照管负全部责任；

■ 接收证书签发后，照管责任转移给业主，但承包商仍需负责扫尾工作的照管；

■ 承包商照管工程期间，若工程、物品以及承包商的文件发生了损失，除业主风险导致的原因外，一律由承包商自行承担；

■ 若在签发接收证书之后，承包商的行为导致了损失，承包商应为该损失负责；

■ 对于签发了接收证书后发生的损失，若该损失是接收证书签发之前承包商负责的原因所致，则承包商仍须对该损失负责。

本款规定了承包商与业主照管工程的责任划分，以及各自应负责的损失。

应注意的是，即使签发了接收证书，照管责任已经转移给了业主，但业主负责照管期间发生损失是承包商负责照管工程时的问题所造成的，该损失仍由承包商承担。这一规定，防止了承包商在这方面投机取巧行为的发生，保护了业主的权益。

17.3　业主的风险（Employer's Risks）（1999版）

在新版的施工合同条件下，业主承担哪些风险呢？本款规定如下：

■ 业主的风险包括下列各项：

（1）战争以及敌对行为等；

（2）工程所在国内部起义，恐怖活动，革命等内部战争或动乱；

（3）非承包商（包括其分包商）人员造成的骚乱和混乱等；

（4）军火和其他爆炸性材料造成的威胁，放射性造成的离子辐射或污染等造成的威胁，但承包商使用此类物质导致的情况除外；

（5）飞机以及其他飞行器造成的压力波；

（6）业主占有或使用部分永久工程（合同明文规定的除外）；

（7）业主负责的工程设计；

（8）一个有经验的承包商也无法合理预见并采取措施来防范的自然力的作用。

其中,(1)、(2)属于政治风险,(3)属于社会风险,(4)、(5)、(8)属于污染及外力风险,(6)、(7)属于业主行为风险。

按照我们的习惯方式,我们还可以从其他条款中概括出业主负担的"经济风险"(如:第13.8款[费用变更的调整],第14.15款[支付货币]等),法律风险(如:第13.7款[立法变更的调整])等。

严格地说,业主与承包商的各自承担的风险划分贯穿在整个合同的规定之中,本款只是集中列出了业主负责的基本风险,且部分与其他条款重复。

本款的标题为"业主的风险",事实上,这一标题并不太严谨,因为在合同条件的其他条款中,也列出了业主的一些风险,如第4.12款[不可预见的外界条件]、第8.4款[竣工时间的延长]等,本款规定并不表示由业主承担全部风险,也不是业主承担全部风险后果,有些情况下,业主是不赔偿承包商的利润的,也就是说,发生该风险后,双方分担风险后果。

17.4 业主风险的后果(Consequences of Employer's Risks)(1999版)

发生了业主负责的风险怎么处理?合同双方在此情况下有哪些权利和义务呢?请看本款的规定:

■ 如果发生业主的风险,导致工程、物品或承包商的文件受到损害,承包商应立即通知工程师,并按工程师的要求予以修复和补救;

■ 若承包商因此遭受损失,可以按索赔条款提出费用和工期索赔;

■ 若是由于业主的行为风险(上款(6)和(7)项)造成的,承包商还可以索赔利润。

从本款规定可以看出,虽然业主的风险发生的后果主要由业主承担,这并不意味着承包商不承担任何相关义务。相反,他得知风险发生后,有义务立即通知工程师,并按工程师的指令实施补救。与这些义务相应的,是他获得索赔工期和费用的权利。如果仅仅是由于业主行为引出的风险,则承包商索赔时还可以增加利润一项。

17.5 知识产权和工业产权(Intellectual and Industrial Property Rights)(1999版)

在工程建设中,可能出现涉及工程建设的侵权问题,如果这样的话,由业主和承包商哪一方负责赔偿侵权索赔呢？请看本款的规定：

■ 凡本款提到"侵权"，指的是对与工程有关的任何专利、注册设计方案、版权、商标、商号、商业秘密等知识产权或工业产权的侵犯；

■ 如果一方在收到他人的侵权索赔后28天内没有向另一方发出通知，该方（第一方）即放弃了本款下的保障；

■ 业主对承包商的侵权保障分三个方面：

（1）如果承包商的侵权是履行合同不可避免的，由此引起的侵权索赔，承包商不承担责任，由业主负责赔偿；

（2）如果业主不按合同规定的目的使用工程而导致的侵权索赔，承包商不承担责任，由业主负责赔偿；

（3）如果没有在合同中规定，或没有在基准日期前向承包商说明，而业主使用工程时，同时配套使用了非承包商供应的物品，从而导致侵权索赔，此情况下，承包商不承担侵权责任，侵权赔偿由业主负责。

■ 承包商对业主的保障分两个方面：

（1）工程使用的任何物品导致了侵权索赔，则业主对此不负责任，由承包商负责赔偿；

（2）承包商负责的工程设计导致了侵权索赔，由承包商负责赔偿。

■ 负责侵权赔偿的责任方（业主或承包商）应自费去与提出侵权索赔的权利人进行谈判、诉讼或仲裁；

■ 处理过程中，另一方应责任方要求并在其负担费用条件下，协助责任方对侵权索赔进行答辩；

■ 答辩过程中，这一"另一方"不得作出对责任方不利的承诺，除非责任方在"另一方"要求下仍不去谈判、诉讼或仲裁。

现代社会对知识产权和工业产权的保护越来重视。本款规定了在工程建设期间，承包商与业主各自承担的侵权责任。

本款涉及到三方，除业主和承包商外，还有提出侵权索赔的一方。有时，由于承包商是直接行为人，索赔者会直接向承包商提出索赔，但如果引起索赔的原因属于业主负责，那么业主应替承包商去进行赔偿谈判等，同时业主可以要求承包商协助。如果业主在此情况下不去替承包商谈判，则承包商可以答应对索赔方的赔偿，但由业主支付赔偿金。反之亦然。

17.6　责任限度（Limitation of Liability）（1999版）

如果合同双方的一方违约或其行为给另一方造成了损失，该方对另一方的赔偿责任是有限的还是无限的？请看本款的规定：

■ 无论是在工程使用功能方面的损失、利润损失、合同损失，或是一切其他间接或后果损失，合同双方中的责任方对另一受害方的赔偿责任仅仅限于第16.4款[终止时的支付]以及第17.1款[保障]中规定的限度；

■ 除第4.19款[电，水，燃气]、第4.20款[业主的设备和免费供应的材料]、第17.1款[保障]以及第 17.5款[知识产权和工业产权]规定之外，承包商对业主的总责任不超过专用条件中规定的限额，若专用条件中没有规定，则不得超过中标合同款额；

■ 如果属于违约一方欺诈、故意违约或不轨行为的情况，则本款不限制责任方在此情况下的一切责任。

本款规定的是合同一方在执行合同过程中的最大赔偿责任。

第一项规定虽然适用于合同双方，但主要适用业主对承包商的最大赔偿责任。也就是说，即使业主违约，承包商最多获得相当于因业主违约导致合同终止时的赔偿，加上业主对承包商的保障等经济责任（第17.1款）。

第二项明确了承包商的总责任限度，即：除承包商应支付业主提供的水电和燃气费、业主的设备使用费，给予业主保障的经济责任、知识产权的保护责任之外，承包商最大的责任应按专用条件中的规定，若无规定，该责任限额为中标合同价。

本款最后又提出一例外，如果出于欺诈等恶意行为，责任方应按实际赔偿，本款的规定不限制这方面的责任。

应注意，如果在赔偿限额方面，合同的规定与适用法律相违背，则合同的规定是不具有约束力的。因此，在起草具体合同时，需要根据适用法律做出相应规定或适当修改。但国际上大多数国家的法律实行的实际赔偿原则，即：违约方应赔偿对方实际发生的损失，一般认可合同双方对赔偿责任额度的约定。如我国的合同法，在第7章–违约责任中，虽然没有规定明确的责任限额，但允许合同双方对违约责任进行约定，尤其当发生质量方面的问题时。

请思考：如果承包商完工后，工程基本不能使用，业主从承包商处得到的赔偿是否可以超过履约保函的额度？如果可以，如何实现该赔偿呢？（同时参考第11.4款[未能修复缺陷]、第2.5款[业主的索赔]、第20条[索赔，争议与仲裁] 的规定以及评析）。本款在2017版被移到前面第一条中，参阅其第1.15款[责任限额]。

以上为1999版第17条的讲解，下面我们讨论2017版的，由于修订比较大，为了方便大家阅读，我们将2017版条款规定的内容全部列出。

17.1 工程照管责任（Responsibility for Care of the Works）（2017版）

本款对应的是1999版的第17.2款[承包商对工程的照管]，具体规定如下：

■ 除非合同根据本合同条件或其他规定终止，否则，从开工日期起，到工程竣工日期为止，承包商负责工程的照管，包括货物和承包商文件，工程照管后果责任发生后按第17.2款[承包商对工程的照管]执行；

■ 若发生区段竣工的情况，按上述规定相应执行；

■ 竣工之日后，工程照管责任即转移给业主，但之后的扫尾工作责任仍由承包商负责；

■ 若合同发生终止，则从终止日开始，承包商不再照管工程；

■ 若承包商照管期间，工程发生了损失或损害，除第17.2款[承包商对工程的照管]规定的情况外，承包商应按合同要求标准修复相关工程，自付费用，自担风险。

与1999版的规定相比，本款的措辞更加严谨，照管范围增加了"承包商的文件"，并且说明了在"合同终止"的情况下，承包商照管责任也一并结束。

17.2 工程照管的后果责任（Liability for Care of the Works）（2017版）

本款是2017版中新增加的一个子条款，具体规定如下：

■ 即使在移交证书签发之后，承包商仍为由其造成的工程损失或损害负责；

■ 若对工程造成损害发生在工程移交之后，但造成损害的原因则是在工程移交之前，且属于承包商负责的原因，则该类损失或损害仍由承包商承担责任；

■ 除第7.5款[缺陷与拒收]规定的发生在下列情况之前的情形外，承包商对下面所述情形发生的后果不承担任何责任；

■ 这些情形包括：（1）根据合同实施工程不可避免地对通行权、光、空气、水以及其他地役权造成的永久或临时干扰；（2）除合同另外明文规定外，业主对任何永久工程使用或占有造成的后果；（3）业主设计的任何部分中出现的缺陷、错误、漏项等，或承包商无法在投标时合理预见的规范或图纸包含的此类问题所造成的后果；（4）一个有经验的承包商无法采取合理措施防范的自然力的作用（合同数据中分配给承包商的那部分除外）；（5）第18.1款[特别事件]中提及的（a）到（f）项；（6）业主的人员及他的其他承包商的任何过错行为；

■ 在发生了上述六种情况对工程造成损失或损害后，承包商应立即通知工程师，并按工程师指令修复相关损失或损害，该项工作按变更处理，但应不违背第18.4款的规定；

■ 若损失、损害或延误是上述原因与承包商负责的一个原因共同造成的结果，则承包商可以根据索赔条款提出相关索赔，承包商有权得到相应责任比例的费用、利润和工期补偿。

在2017版中，删除了1999版中的第17.3款[业主的风险]与第17.4款[业主风险的后果]，并将其中的部分内容与原第17.2款[承包商对工程的照管]中部分内容合并，并参照了1987年红皮书第四版的相关规定综合而成。相关的措辞也反映了当今工程实施中的敏感的环境问题。这一结构调整主要参考了FIDIC合同委员会的特别顾问Nael. G. Bunni的建议。Bunni认为，按照风险管理理论的最新发展，对风险管理的自然逻辑结构应为：风险（Risk）–负责（Responsibility）–后果责任（Liability）–保障（Indemnity）–保险（Insurance），合同条款的编制也应当采用这种逻辑，1999版在第17条[风险与责任]的规定中，一开始就写"保障"（Indemnities），编写顺序不妥（Starts from the wrong end of the stick），应加以修改❶。FIDIC在2017版中来纳了他的意见，并相应修改了第17条[风险与责任]的编写结构以及对风险归类的表述。

第17.2款[工程照管的后果责任]与上面第17.1款[工程照管责任]的标题极为相似，但应注意标题中的"responsibility"与"liability"的区别，在法律英文中，responsibility的含义主要是"负责做什么"；而liability则指的发生了问题、导致了损失后，承担的"后果责任"，本条在使用这两个词时就是此类含义，虽然在一般英文中，responsibility偶尔也指承担后果责任。Liability的复数形式liabilities还有"负债"的含义，如current liabilities（流动负债，短期负债）。

---

❶ 请参阅：尼尔G.巴尼著，张水波等译FIDIC系列工程合同范本：编制原理与应用指南（原著第3版）（第23章），北京：中国建筑工业出版社，2008。

17.3 知识产权和工业产权（Intellectual and Industrial Property Rights）（2017版）

2017版的本款对应的是1999版中的第17.5款[知识产权和工业产权]。基本保持了原来的规定，个别措辞有所变化，此处不再单独列出和解释，请参阅前面对1999版该款解释。

17.4 承包商提供的保障（Indemnities by Contractor）（2017版）

2017版本款是将1999版中的第17.1款[保障]的部分内容，从承包商给予保障的角度扩充而来的，除了1999版规定的承包商保障业主的内容外，还增加了下面的内容：

- 当根据第4.1款[承包商的一般义务]承包商负责工程的部分设计时，若其设计过程中的疏漏、错误或其他行为导致工程竣工后达不到预期目的，则承包商应保障业主免遭由此带来的损失或损害。

正如我们在第4.1款[承包商的一般义务]所说的，即使是施工合同，作为国际工程的一种惯例做法，承包商仍有可能承担少量的设计深化工作，因此，若此类设计出了问题，使得业主遭受损失，则承包商应当保障业主在这方面的利益。

在国际工程中，针对由于设计引起的问题，承包商大多数情况下会办理设计责任险来覆盖此类风险。

17.5 业主提供的保障（Indemnities by Employer）（2017版）

与上面第17.4款[承包商提供的保障]一样，2017版本款是将1999版中的第17.1款[保障]的部分内容，从业主提供保障的角度扩充而来的，除了1999版规定的业主保障承包商的内容外，还增加了下面的内容：

- 业主应保障上面第17.2款[工程照管的后果责任]规定的承包商不负责任的那六个方面。

本款从2017版与1999版对比来看，2017版明确了业主在额外三个方面保障承包商的内容：业主任何设计中出现的缺陷、错误、漏项等，或承包商无法在投标时合理预见的规范或图纸包含的此类问题所造成的后果；一个有经验的承包商无法采取合理措施防范的自然力的作用（合同数据中分配给承包商的那部分除外）；业主的人员及他的其他承包商的任何过错行为。虽然从1999版中也能够推断相关保障，但2017版的明确规定给承包商带来了操作上的便利。大家可以参考2017版第17.2款[工程照管的后果责任]、1999版第17.1款[保障]、第18.3款[人员伤亡及财产损害保险]等。

17.6 双方分担的保障（Indemnities by Employer）（2017版）

在实践中，有些问题可能不是一方单独引起的，另一方也许也会有一定的责任，1999版对此情况没有明确的规定，但2017版给出具体规定如下：

■ 若第17.2款[工程照管的后果责任]所述的情形也构成了后果责任的部分原因，则承包商根据第17.4款[承包商提供的保障]与第17.3款[知识产权和工业产权]所给予业主的保障责任按比例减少；

■ 相应地，若发生的损失或损害部分是由于第17.1款[工程照管责任]与第17.3款[知识产权和工业产权]所述情形中承包商负责的原因引起的，则业主对承包商的保障责任也按比例减少。

在实践中，所发生的情形并非"非黑即白"而是存在双方交叉责任的"灰色情形"，本款便是处理这一情况的。即使有此类条款，但在合同中处理此类交叉责任的事件仍是极端困难的。合同双方的都需要保留完整的记录来证明对方的责任，才能真正保障自己权利。

本条到此讲完了，请检查一下自己是否达到了开始提出的要求，并思考下面的问题：

1. 如果您是承包商，投标报价时您是怎么考虑风险费的？

2. 本条实质上仍是风险分担条款，您认为本条规定的风险分担合理吗？为什么？

3. 总结本条2017版对1999版的修订内容，并加以评述。

管理者言：

　　在投标阶段，承包商的预期风险与预期利润成正比；在施工阶段，实际风险与实际利润则成反比。

FIDIC

第 **18** 条　保险（Insurance）（1999版）

第 **19** 条　保险（Insurance）（2017版）

学习完这一条，应该了解：

- 合同对保险有哪些总体要求；
- 工程、生产设备以及承包商设备的保险要求；
- 对第三方人员以及财产的保险要求；
- 对承包商的人员的保险要求。

风险贯穿在工程实施的整个过程之中，因此，风险管理也是整个工程管理的一个重要组成部分。其具体措施包括：风险规避、风险转移与风险自留。工程保险则是风险转移的一项重要机制。在一个工程合同中，对工程保险通常是如何规定的呢？本条将回答这一问题。1999版将本条编为第18条[保险]，共分为四个子条款，包括保险总体要求、工程与承包商设备保险、承包商雇员的保险以及其他人员与财产保险。2017版对其结构和内容进行了修订，将本条变为第19条[保险]，并将原来的四个子条款整合成两个子条款：保险的总体要求以及承包商提供的保险。由于两个版本结构出现了变化，现在我们来对比两个版本的具体规定。

18.1/19.1 保险的总体要求（General Requirements for Insurers）

工程保险由何方投保？ 投保遵循什么原则？ 合同双方对保险有那些知情权？ 投保方失职又怎样处理？

1999版本款的规定如下：

■ 投保方指的是办理并保持合同要求的各类保险的一方；

■ 如果承包商为投保方，办理保险时他应遵循业主批准的条件，这些条件应与双方在承包商中标前谈判中商定的投保条件相一致，若两者不统一，以双方商定为准；

■ 如果业主为投保方，他应按专有条件中列出的具体条件投保；

■ 若保险单中被保险人同时为业主和承包商双方，那么，任一方在发生与自己有关的投保事件时，均可单独运用该保险单，提出保险索赔。若保险单还包括其他被保险人（这通常为"分包商"，"工程师"等其他工程参与方或相关人），除业主替他的人员去进行保险索赔外，其他情况由承包商负责处理，这些"其他被保险人"无权直接与保险公司处理索赔事宜；

■ 投保方应要求保险单中的其他被保险人遵守保险单的规定。在涉及财产损失赔付时，保险单应规定赔付的货币应与修复损失所需的相同，保险理赔款应专款专用；

■ 投保方应按投标函附录中的时间规定，向另一方提供办理保险的证据以及保险单的复印件，同时通知工程师。当支付保险费后，投保方也应通知另一方；

■ 双方都应遵守保险单的规定。一旦工程实施过程中情况发生变化，与投保时提供给保险公司的不一样，投保方应通知保险公司，做出相应安排，以便保险单持续有效。合同双方都不得单方面对保险单做出大的修改，若保险公司提出修改，先得到通知的一方应立即通知另一方；

■ 若投保方没有办理保险或使保险持续有效，或者没有按规定向另一方提供有关情况，则另一方可以去办理相关保险，支付保险费，并有权从投保方收回该费用，合同价格相应调整；

■ 即使办理了保险，合同双方的义务和责任仍应认真履行，并不因保险而减少；

■ 若发生未能从保险公司得到赔付的情况，则双方根据合同的义务和责任来承担该损失。若由于一方的过失，发生不能从保险公司得到赔偿的情况，则损失由该方承担，若由于投保方没有办理本应办理的保险，则本应能从保险公司办理获得的赔偿由投保方赔付；

■ 凡发生有关保险方面一方向另一方的支付，都应遵守本合同条件中相应的索赔规定。

2017版对本款进行修订，补充和修改的主要内容如下：

■ 保险不减少双方任一方的合同义务和责任；

■ 承包商应办理其负责的一切保险；

■ 本条要求承包商办理的保险为业主的最低要求，承包商还可以自费去办理他认为有必要的其他保险；

■ 若工程的性质、范围以及进度计划发生改变，则承包商负责通知保险公司；

■ 承包商保证在履约中的所有时间内保持保险的充分性和有效性；

■ 任何保单中的允许的免赔额不得超过合同数据中规定的额度，若合同数据中没有规定，不得超过与业主商定的额度；

■ 对于一项双方共担的责任，若没有从保险公司获得赔偿，且承包商和业主都对保险公司没有赔偿的原因不负有责任，则损失由双方按责任比例承担；

■ 若没有从保险公司获得赔偿的原因是因为承包商或业主某一方的责任，则损失由责任方负担。

本款规定的是有关保险的总体要求，无论承包商或业主作为投保方，都应遵守。

本款的规定总体可分为办理保险时的投保条件、保险单的性质、非投保方的知情权、双方遵守保险单的义务、投保方没有按规定投保的补救方法等。1999版规定的思想是，保险可以由业主来办理，也可以由承包商来办理，这需要根据项目具体情况确定，可以在专用条件或投标函附录中规定清楚。但2017版则明确规定保险由承包商办理，从措辞上看，主要规定的是承包商在办理保险中遵守的条件，以及双方都有遵守保险单规定的义务。

办理保险的一方特别应注意，当工程的情况发生变化、与投保时提供给保险公司的工程信息不一致时，应及时通知保险公司，并对原保险做出相应修改。1999版对此没有明确规定，但2017版明确了这是承包商的责任，并补充规定本款要求的保险为最低限，如果承包商需要追加保险事项，则可自费额外办理。此外，若在办理保险后，希望补充保险，则投保方可以提出附加申请，由保险公司以批单（endorsement）的形式确认。

另外，保险公司的赔偿必须经过正常的理赔程序，而且保险单上也会明确规定，工程保险索赔所遵循的程序，因此，若发生保险索赔情况，应按保险单的规定，及时通知保险公司，同时保护好事故现场和记录，以便保险公司的理赔估算师（adjuster）评定损失。

在国际工程实践中，虽然通常承包商为投保方，但也有由业主和承包商分别负责保险一定的范围的情况。目前，国际上一些大型工程，当承包商较多时，业主方更愿意去统一办理涉及工程的某些险别，如：工程一切险，承包商只需为其人员和施工设备办理保险即可。对业主来说，这样做不但降低保险费，而且便于统一管理。至于具体由何方负责投保，这取决于业主在招标时的总体策略和项目的实际情况。1999版本款没有明确规定哪一方为投保方，因此具体的投保方应在专用条件相应条款中明确。2017版则明确投保方为承包商。

本款出现的相关保险术语，现解释如下：

保险单（insurance policy）：保险单是保险人（公司）根据投保人的投保申请和两方的协商所签发的保险凭证，是保险合同的核心部分，包括的内容有：被保险人名称、保险标的、责任范围、保险金额、保险期限、保险费以及缴付方法等。

投保人（insurance applicant）：指向保险公司申请保险的那一方，一般为被保险人。

被保险人（insured）：指发生保险覆盖的事件后，其损失可以从保险公司索偿的那一方，也就是保险受益人。

联合被保险人（joint insured）：指一个保险单中的共同的受益人。在保险业中，保险公司允许在同一个保险单中加入两个甚至多个受益人。在国际工程保险中，通常一个保险单中的受益人包括承包商和业主，有时也包括分包商和工程师，他们统称联合被保险人。

18.2　工程和承包商的设备保险（Insurance for Works and Contractor's Equipment）（1999版）

工程建设过程中面临的高风险导致工程保险成为风险防范的重要手段之一。在国际工程中，为了避免某些风险可能带来的巨大损失对项目造成不利影响，工程合同一般要求对工程以及相关事项进行保险。工程本身、相关生产设备、材料以及承包商的施工设备为保险的核心内容。

1999版本款的规定如下：

■ 投保方应为工程本身，生产设备，材料以及承包商的文件办理保险，投保金额不低于全部重置成本、拆迁费加上相应利润额；

■ 投保方应将保险的有效期一直保持到签发履约证书的日期为止；

■ 保险覆盖的范围为：承包商负责的、发生在签发接收证书之前的原因导致的损失，从签发接收证书日期起到签发履约证书为止的这一段时间由承包商在其他工作中导致的损失，以及在这一段时间内其工作导致的损失；

■ 如果专用条件中无相反规定，则：

（1）本款规定的保险由承包商以合同双方的名义办理；

（2）双方共同从保险公司接收理赔款，并作为专款，专用于修复损害的内容；

（3）应覆盖第17.3款[业主的风险]以外的全部风险造成的损失；

（4）应覆盖由于业主使用一部分工程而对另一部分工程造成的损失，以及第17.3款中的第（3）、（7）和（8）❶项风险导致的损失，但不包括不能按合理商业条件覆盖的风险，对此类业主的风险的保险，每次的免赔额不得大于投标函附录中规定的数额，若无规定，则不对此类业主的风险保险。

■ 保险可以不包括下列情况下的损失、损害和修复：

（1）由于设计、材料、工艺原因导致处于缺陷状态的工程部分，但对于此缺陷状态导致其他工程部分受到的损失或损害，除下面第（2）项的情况外，仍需要保险；

（2）因修复处于缺陷状态的工程部分而导致其他部分工程的损失或损害；

（3）业主已经接收的部分工程，除非该部分工程的损害责任应由承包商承担；

---

❶ 见第17.3款[业主的风险]。

（4）仍没有运到工程所在国的物品，但不得违背第14.5款[拟用于工程的生产设备和材料]的规定。

■ 若在基准日期1年以后，上述第（4）项的保险内容不能再按合理的商业条件继续投保，如果承包商是投保方，则他应通知业主，并附证据；

■ 业主收到此类证据后，应：

（1）按规定的索赔程序，将承包商本来办理此类保险应支付的保险费，按合理商业条件计算出来的金额，从承包商处收回；

（2）如果业主自己也不能按合理商业条件办理此类保险，则应认为业主已经批准了删减该保险内容。

就工程本身，关于生产设备、材料以及承包商的设备等各项的保险，本款详细地规定了：此类保险的投保额度、保险应保持的有效期，若专用条件中没有其他规定，承包商应为投保方，投保时以承包商与业主联合名义；"业主的风险"以外的风险保险都应覆盖；"业主的风险"中的部分风险也可能根据实际情况进行保险；同时提出了一些可以不保险的内容。

本款的最后两点内容很有意思。在合同要求为"业主的风险"中的部分风险办理保险时，若承包商在基准日期1年以后不能再按合理的商业条件（即：合理保险费率）去续保，则承包商应将此情况通知业主，业主应自行去办理该保险，或者批准删减保险范围，但可以按索赔程序索要承包商本来要办理该保险而支付的保险费，这是为什么呢？因为如果合同中要求承包商为"业主的风险"中的某些内容投保，则承包商在投标报价中应考虑按合理商业费率计算出的保险费，实际上也就是承包商从保险公司那里询价得知的保险费率，而且这一保险费率应被认为是合理可行的，否则，本款不要求对此类业主的风险进行保险。如果合同工期为3年，而从第2年开始，保险费率升高，使得承包商不能再按原来费率续保，如果此情况下业主批准删减，就意味着，承包商在其投标报价中考虑的3年的保险费，实际也仅仅支付了1年，其合同额中仍剩下2年的保险费，因此，在业主批准删减该保险内容后，当然应有权要求承包商返还剩下的2年的保险费，并从合同额中扣除。

请大家仔细思考一下，这样的规定主要是保护哪一方的？是业主，还是承包商？

在国际工程保险市场上，有几类基本的险别：施工一切险（Construction All Risks）、安装一切险（Erection All Risks），雇主责任险（Employer's Liability Insurance）和第三方责任险（Third Party Liability Insurance）等。大保险公司一般

有这些险别的标准保险单和保险条件，但一般他们都愿意按投保者的要求做出灵活的修改。本款规定的内容，在实践中，除有时对承包商的设备单独办理"施工机具险"之外，都可以包括在"施工一切险"的保险单中❶。

18.3 人员伤亡及财产损害保险（Insurance against Injury to Persons and Damage to Property）（1999版）

除前一款保险的内容之外，在工程实施过程中，还极有可能出现损害项目以外的第三方的财产和造成人员的伤亡的情况，工程合同通常要求办理相关保险，作为防范此类风险的手段。

1999版本款的规定如下：

■ 对承包商和业主可能在履约过程中造成的物质财产损害和人员伤亡，投保方应为此类情况保险，以免合同双方对此承担责任，此处的物质财产不包括前一款保险的内容，此处的人员不包括承包商的人员；

■ 此类保险对于每发生一次事件的赔偿限额应不低于投标函附录中规定的数额，而且不限次数；

■ 若附录中没有规定，则本款不适用；

■ 如果专用条件中无相反规定，则：

（1）本款规定的保险由承包商以合同双方的名义办理；

（2）此处的物质财产保险应包括前一款未包括的其他业主的财产因承包商的履约可能造成的损失；

（3）此类保险可以不包括下列事项导致的赔偿责任：业主在任何土地上建设工程的权利和占有工程用地的权利；承包商实施工程和修复缺陷必然导致的损害；"业主的风险"中列出的事项，但可以按合理商业条件投保的事项除外。

本款实际上是第三方责任险的内容，只不过此处的"第三方财产"中包含前一款中没有包括的业主其他财产。在实践中，第三方责任险保险单就可覆盖本款要求的内容，只不过在定义"第三方"时，除包括非项目人员和非项目财产外，还应包括"业主的其他财产"，这是工程第三方责任险的一种习惯做法。

---

❶ 关于工程保险进一步的论述，请参阅：

　1. 雷胜强主编，《国际工程风险管理与保险》，中国建筑工业出版社，1997。

　2. "国际工程保险以及应注意的问题"一文，港工技术1999年第3期，作者：张水波、陈勇强。

在各国的法律中，第三方责任险往往是法律强制要求办理的保险，目的在于保护因行为人对他人造成危害时，可使受害人的权益得到保障。就工程第三方责任险而言，主要是保障可能因施工作业影响到的公众权益。

由于对第三方造成的损失可能是巨大的，因此第三方责任险一般都规定一个每发生一次此类风险事件的最低保险限额，而且不限次数。如：一个管道项目在管沟开挖爆破时，对附近的另一并行管道造成的影响，此情况就属于第三方责任险的范围，无论该管线是业主的还是其他第三方的。

18.4　承包商人员的保险（Insurance for Contractor's Personnel）（1999版）

前两款规定的保险范围覆盖了一切"财产"（工程本身、生产设备和材料、施工设备、第三方财产）和第三方人员（非项目人员），而项目人员同样面临伤亡和疾病的风险，那么这类人员的保险是怎么规定的呢？

1999版本款的规定如下：

■ 承包商应为其雇用的任何人员的伤亡和疾病导致的赔偿责任办理保险；

■ 承包商的人员的保险单应保障业主和工程师，但该保险可不包括由业主或其人员的行为或渎职造成的损失和赔偿；

■ 该类保险应在雇员从事项目工作的全部时间内保持有效；

■ 分包商的人员的保险可由分包商办理，但承包商应保证分包商遵守本条的规定。

本款规定了承包商应为其人员办理人身事故和疾病方面的保险，这类保险习惯上被称为"雇主责任险[1]"。同时，要求承包商办理的此类保险单同时对业主和工程师给予保障，但可以不包括业主自己的问题导致的损失和损害，这种规定主要是为了操作上的方便。

到本款为止，1999版规定了办理保险的总体要求、工程等本身的保险、项目人员的保险、项目外的人员和财产的保险，覆盖了工程建设过程中的全部"物"与"人"。

---

[1] "雇主责任险"是一个专门的保险术语，这里的"雇主"指的是"资方"，相对于"雇员"而言的，并不是指的本合同中所说的"业主"，虽然英文为同一个单词"Employer"。

针对前面1999版中的第18.2款[工程和承包商的设备保险]、第18.3款[人员伤亡及财产损害保险]、第18.4款[承包商人员的保险]，2017版将其整合成了一个新款，并对一些内容进行了相应修订，我们整体解释如下。

19.2 承包商提供的保险（Insurance for Contractor's Personnel）（2017版）

由于2017版规定由承包商办理保险，因此第19.2款的标题为："承包商提供的保险"，并列出六个子条款：第19.2.1～第19.2.6款，下面我们分别介绍。

19.2.1 工程（the Works）

本款对应的是1999版的第18.2款[工程和承包商的设备保险]主要内容，具体如下：

■ 承包商应以业主与承包商双方联合的名义为工程、承包商文件、拟用于工程的材料和生产设备办理保险，投保额为重置价值，另加15%用于可能发生的补救工作和清理费；

■ 此保险覆盖的风险为从开工日期开始到移交证书签发时的这一阶段内出于任何原因招致业主或承包商发生的损失或损害，并扩展到由采用缺陷设计、施工材料、生产设备或有工艺缺陷的基础构件而引起的工程损失或损害；

■ 从移交证书签发到履约证书签发阶段，针对移交证书签发时仍存在扫尾工作，该保险仍应继续覆盖承包商履行后续责任时发生的损失或损害；

■ 但上面保险可以不包括：（1）修复直接由设计缺陷、采用有缺陷的材料和工艺的或不符合合约要求的那部分工程的费用（但保险仍需覆盖修复上述原因间接引起的其他工程部分的费用）；（2）间接或后果损失或损害，包含因延误对合同价格的减少；（3）磨损、短缺和被盗；（4）特别事件引起的风险（除非专用条件中另有规定）。

与1999版相比，本款明确了投保附加的额度，即外加15%，用于当工程损坏时的清理工作；细化了保险的阶段，明确写明了从开工到移交证书，并从移交证书到履约证书这两个阶段各自适用的保险标的。

与1999版类似，本款规定了工程保险覆盖的风险与不覆盖的风险。修复由于设计、材料和工艺本身有问题的那些基础构件的费用，保险可以不覆盖；但对引起的其他工程部分的损失和损害需要覆盖。

讨论：本款规定保险可以不覆盖间接的后果损失或损害。笔者认为，这一规定不太严密，因为前面规定，保险应"扩展到由采用缺陷设计、施工材料、生产设备或工艺缺陷的基础构件而引起的工程损失或损害"，这一内容，也可以认为是一种后果的间接损失。因此，在规定"保险可以不覆盖间接的后果损失或损害"时，可以增加一个限定词语："除本款明文规定外"。

本款虽然规定可以不包括特别事件引起的风险，但在实践中，业主往往在专用条件中会要求承包商办理的保险覆盖业主负责的特别事件的风险，除非保险市场没有该产品，或办理相关险别保费太高。因此，承包商在投标时，应在专用条件中识别业主有无具体要求。

19.2.2 货物（the Goods）

本款对应的是1999版的第18.2款[工程和承包商的设备保险]中涉及物资保险的那一部分，同时进行了细化，具体内容如下：

■ 承包商应以业主与承包商双方联合名义为承包商运至现场的货物和其他物品进行保险；

■ 投保额应按合同数据中的规定，若无规定，按全部重置价值投保；

■ 保险覆盖的时间段为运至现场直到这些货物不再需要。

本款实际上是扩展了1999版的第18.2款[工程和承包商的设备保险]中关于货物保险的内容。本款明确规定了相关保额，除"货物"外，还加上了"其他物品（other things）"。

19.2.3 违反职业责任的后果（Liability for breach of professional duty）

本款是2017版新增加的内容，主要规定如下：

■ 若承包商按照第4.1款[承包商的一般义务]的规定承担了相关设计工作，则他应按下面的具体规定办理相应保险，并与第17条[工程照管与保障]的规定保持一致；

■ 承包商应为其履行设计义务中的各类行为过失而应承担的责任，办理职业保障险，保险额不低于合同数据规定的额度，若没有规定，按业主同意的额度；

■ 若合同数据中有规定，则承包商办理的保险还应覆盖由其履行设计义务行为过失引起的工程竣工时不符合合同赋予的工程目的的责任，保险时效按合同数据中的规定。

即在施工合同条件下，根据FIDIC的设想，承包商也可能承担部分设计深化工作（参阅第4.1款[承包商的一般义务]），若设计出问题，可能造成巨大损失。但在以前的版本中，FIDIC在红皮书中没有明确规定承包商要办理相应保险。2017版红皮书补充了这方面的规定，即本款的规定。针对设计服务等工作，在保险市场上有相应的保险，一般称为"职业责任险（Professional Liability Insurance）"，在本款中称为"职业保障险（Professional Indemnity Insurance）"，但含义相同。

19.2.4　人身伤亡和财产损害（Injury to persons and damage to property）

2017版本款是对应的1999版的第18.3款[人身伤亡及财产损害保险]，并修订了相关内容，主要修订如下：

■ 承包商应以业主和承包商的联合名义，为在履约证书签发之前履约过程对人员造成的伤亡以及对任何财产（工程除外）造成的损失或损害进行投保，但可以不包括特别事件引起的损失或损害；

■ 相关保险单应包括一个交叉条款，使得保险单可以同时单独适用于承包商和业主；

■ 保险单必须在现场开工时办理生效，并持续有效到履约证书签发，投保额按合同数据中的规定，若无规定，则为业主同意的额度。

本款规定与1999版第18.3款[人身伤亡及财产损害保险]的规定基本相同，但增加了一个对此类保险单的要求，即：承包商在办理此类保险（第三方责任险）时，保险单必须包括一个交叉条款（Cross-liability clause），这是因为，这是以双方联合名义投保的，而且，本款规定，该保险是用来保障双方的责任，在履约过程中，双方都有可能对彼此及第三方人员和财产造成伤害或损害，因此交叉责任条款使得双方在保险索赔过程中更为方便。

对于投保额，本款规定按合同数据中规定的额度或业主同意的额度，比1999版中规定的更为具体，规定的是每发生一次的最低限额。对于此类责任险，按每次发生投保最低限额是惯例做法。

本款要求此类保险覆盖履约过程中有可能受到伤害的任何人，但是，由于在下面的第19.2.5款[人身伤亡和财产损害]要求承包商为其雇员办理投保，因此第19.2.4款中的人员应该排除承包商雇员，否则有重复保险的意味。

19.2.5　雇员人身伤亡（Injury to employees）

2017版本款是对应的1999版的第18.4款[承包商人员的保险]内容基本保持不变，

大家可以参阅前面我们对该款的解释和评述。

19.2.6 法律或当地实践要求的其他保险（Other insurances required by laws and by local practice）

2017版本款是新加的内容，反映了国际工程市场上的现状，具体规定如下：

■ 承包商应自费提供工程实施所在国法律要求或实践要求的其他保险；

■ 若合同数据中规定了当地实践要求的其他保险，承包商也应按要求的条件去办理，费用自理。

由于工程实施可能对公众造成负的外部性，除了合同双方约定的保险外，有些国家的规定还可能涉及一些其他强制的风险，如在法国和北非地区国家的法律通常规定，工程项目竣工后，承包商应对工程主体部分在十年内承担缺陷保证责任，对设备在两年内承担功能保证责任，承包商必须办理相关的保险，通常称为"十年责任险"。此类保险费率是根据工程所处的风险大小、承包商声誉、质量检查深度等综合测定，一般为工程总造价的1.5%~4%。这类保险的机制是为了保证工程质量，对承包商提供的一种激励机制，因为保费是承包商负担，为了声誉和少付保险费，他会努力加强质量管理，提高工程质量。目前我国的某些保险公司也推出了此类保险。

本款的规定，更加细化了保险的完整性和明晰性。应注意，即使没有本款规定，承包商也应按照法律要求办理相关保险，因为承包商遵守工程所在国的法律是其一项基本合同义务（参见第1.13款[遵守法律]）。

本条到此讲完了，请检查一下自己是否达到了开始提出的要求，并思考下面的问题：

1. 本条规定的保险要求能相应地包括在哪些工程险别中？

2. 设想，如果您负责一个项目的工程保险，在本条规定的框架下，请列出您办理保险采用的程序和注意事项。

3. 请总结本条2017版对1999版修订的内容，并给出评述。

管理者言：

投保者只愿意为"高风险的"东西办理保险；保险公司想法则相反。

FIDIC

第 **19** 条　不可抗力（Force Majeure）（1999版）

第 **18** 条　特别事件（Exceptional Event）（2017版）

学习完这一条，应该了解：

■ 不可抗力/特别事件被赋予的含义；

■ 不可抗力/特别事件发生后双方各自的责任；

■ 双方对不可抗力/特别事件造成的后果各自承担的责任；

■ 不可抗力/特别事件导致终止合同时的处理方法；

■ 由于法律的规定导致解除履约时处理方法。

在我们的社会中，有时会出现一些极端的"天灾人祸"。由于工程的建设周期比较长，尤其是近年来在国际某些区域恐怖主义以及国家内乱情况频繁发生，对工程的实施产生严重影响。1999版使用的术语是"不可抗力"为第19条；2017版将该术语修订为"特别事件"**❶**，并改变条款顺序，将"特别事件"编为第18条，并删减了"不可抗力影响到分包商"这一子条款。那么，倘若发生了不可抗力或特别事件，合同双方应如何处理这种情况？本条将回答这一问题。

19.1 不可抗力的定义（Definition of Force Majeure）（1999版）
18.1 特别事件（Exceptional Events）（2017版）

由于国际上对"不可抗力"或"特别事件"的理解并不完全一致，因此，只有在合同中严格界定其含义，才能在处理其后果时避免导致争执。

1999版本款的规定如下：

■ 凡满足全部下列条件的特别事件或情况可以认为构成不可抗力：

（1）一方无法控制；

（2）在签订合同之前，该方无法合理防范；

（3）事件发生后，该方不能合理避免或克服；

（4）该事件本质上不是合同另一方引起的。

■ 在满足上述全部条件时，下列事件或情况可包括（但不仅限于）在不可抗力范围之内：

（1）战争、敌对行动、外敌入侵；

（2）起义、恐怖、革命、军事政变或内战；

（3）非承包商人员引起的骚乱、秩序混乱、罢工、封锁等；

（4）非承包商使用或造成的军火、炸药爆炸、辐射、污染等；

（5）诸如地震、飓风、台风、火山爆发等自然灾害。

2017版关于"特别事件"的内涵与1999版关于"不可抗力"的定义基本一致，只是将原来例举的第（3）项分为了两项，使得2017版例举的"特别事件"达到六个方面。

---

❶ 在国际工程中，常用的类似术语还有：例外风险（Excepted Risks）、特别风险（Special Risks）、补偿性事件（Compensation Events）等。

本款用四个条件来限定不可抗力的内涵，并用例举法列出了常见的不可抗力事件。本款规定基本上与国际上通行的规定是一致的**❶**，但更完整和清晰。

"不可抗力"这一术语来源于大陆法系（the Civil Law System），与普通（英美）法系（the Common Law System）的中的"履约落空（Frustration）"以及"履约不能（Impossibility of Performance）"接近，但由于"不可抗力"这术语被广泛地应用在国际商务合同中，因此，FIDIC在1999版中也采用了这一术语**❷**。虽然"不可抗力"这一术语在当今国际上使用越来越广泛，其含义并不完全统一。FIDIC在此的定义具有广泛的代表性，但倘若与合同适用法律不一致，则应在具体合同中加以修改。

FIDIC在使用术语方面有一定的反复，在1992年以前编制的红皮书中，使用的是"Excepted Risks"、"Exceptional Risks"或"Special Risks"，但在1987年编制第三版黄皮书时，开始使用"Force Majeure"这一术语，之后在1995年编制的橘皮书（设计–建造与交钥匙合同条件）以及1999年编制的第一版四本合同条件中使用了"不可抗力"这一术语，但在2008年出版的DBO（设计–建造与运营合同条件）中，又开始使用了"例外风险"这一术语。在2017年出版的三本合同条件中，则使用了"特别事件"（Exceptional Events）**❸**。对于合同语言而言，诚如第一条关于标题和旁注的解释，相对于使用什么样的术语，我们更需要关注其本质的含义。

我国的法律中也有"不可抗力"这一术语，但并没有明确规定其具体的含义**❹**。

---

❶ 如：国际统一私法协会编写的"国际商事合同通则"（第7.1.7条）。

❷ 在FIDIC1987年出版的红皮书《土木工程施工合同条件》（第四版）中，没有采用这一术语，使用的类似词语为"特殊风险（第65.2款–特殊风险）"，"除非法律上或实际上不可能，……（第13.1款– 按照合同工作）"以及"解除履约"（第66.1款[解除履约]），但在1987年出版的黄皮书《电气与机械工程合同条件》（第三版）以及1995年出版的橘皮书《设计–建造与交钥匙合同条件》中却使用了"不可抗力"这一术语。

❸ 2010年FIDIC原合同委员会委员、英国合同专家Michael Hawkins来天津大学讲学时，曾谈到这个问题，他解释到，从使用"不可抗力"这一术语的实践反馈来看，出现了两个方面的不适，一是在有"不可抗力"术语的大陆法系国家中，其定义的含义可能与FIDIC定义的不完全相同；另一个是英美等习惯法系国家没有"不可抗力"的概念，其很多判例是基于"特别风险"或"例外风险"。因此，FIDIC合同委员会决定使用"普通语言"，以便更好地将FIDIC合同应用到各类法系的国家。

❹ 见《中华人民共和国合同法》第94条。

19.2 不可抗力通知（Notice of Force Majeure）（1999版）
18.2 特别事件的通知（Notice of Exceptional Events）（2017版）

如果一方在遇到不可抗力或特别事件后，是否有义务通知另一方呢？

1999版本款的规定如下：

■ 如果一方遇到或将会遇到不可抗力事件，导致其无法履行合同义务，则该方应将此类事件通知另一方，并说明哪些合同义务受阻不能履行；

■ 该方应在得知不可抗力事件后，或本应该了解该事件后的14天内，通知另一方；

■ 在通知发出后，受害方在不可抗力阻止其履行义务的时间段内，应被豁免履行该义务；

■ 但本款的任何规定，均不适用于合同一方向另一方支付款项的合同义务。

2017版本款在1999版的基础上，细化补充了两项规定，具体规定如下：

■ 若特别事件影响的一方在规定的14天以后才向另一方发出通知，则被特别事件影响的一方免去合同义务从另一方收到该延误的通知的日期开始；

■ 受特别事件影响的一方被免去的义务只适用于受阻于特别事件的义务，其他没有受阻的义务则正常履行。

本款规定了受到不可抗力影响的一方应通知对方的义务，并要求在14天内给出通知。现今虽然信息技术迅速发展，通信交流更加迅速、便捷，看来起来14天的时间似乎比较长，但考虑到不可抗力事件的后果影响特别大，出现后有可能造成信息沟通受到影响、甚至暂时中断，不能轻易因为程序上的问题而损害一方的实际权益。规定这种通知的时间适当长一些应该说是利大于弊。

2017版本款补充的两项规定，明确了一些特殊情况下如何处理。无论1999版或2017版都要求受影响一方在规定的14天内通知另一方，但1999版并没有规定若没有按时发通知如何处理，2017版的补充规定澄清了这一问题，而且是比较公平的规定。补充规定的第二项是为了阻止受害一方的机会主义行为，避免其在发生机会主义的情况下，趁机逃脱其他实际上没有受到影响的义务。下面第19.3/18.3款[有责任将延误降低到最小限度]的规定也是出于此目的。

本款最后一点规定很重要。这意味着，合同一方（主要是业主），不能以不可抗力为借口，不向另一方支付按合同应支付的款，也就是说，如果因不可抗力或特别事件导致业主支付工程款困难，虽然他可以延缓支付，但应按其他合同条款支付利息等，也不影响承包商按照合同行使其他权益。

请思考：本款规定合同一方（Party）向另一方发通知，但如果承包商遇到不可抗力，他应向业主发通知呢，还是向工程师发通知呢？（参阅定义第1.3款以及第19.4/18.4款[不可抗力/特别事件的后果]和注释。）

19.3/18.3 有责任将延误降低到最小限度（Duty to Minimise Delay）

在发生不可抗力事件后，合同是否要求各方采取适当的行为来尽量减少该事件的影响呢？

1999版本款的规定如下：

- 若发生不可抗力，各方应尽最大的努力，将该事件造成的延误降低到最小限度；
- 若不可抗力的影响停止了，一方应向对方发出通知。

2017版对本款增加了更加具体的规定，补充的内容如下：

- 若特别事件具有持续作用，则在受影响方发出第一封通知之后的每28天，需要向另一方再发出通知；
- 当特别事件影响停止后，受影响一方应当立即通知另一方，若没有发出通知，则另一方可以主动向受影响一方发出特别通知，并附有理由。

好的合同条件应能限制合同一方的投机行为，特别是在现今国际承包市场上不良的氛围下，更应如此。本款规定的目的就是限制不可抗力下的投机行为。在实践中，合同一方有可能出于某种意图，消极地处理该事件，企图从中获得某种利益，从而造成损失的扩大。

2017版本款的补充规定，澄清了某些特别情况下的做法，而且更有利于阻止受影响一方的机会主义行为。

本款的规定，仅限于双方将造成的延误"降低到最小限度"，而没有规定采取一切合理措施将"费用损失"降低到最小限度。但似乎加上这一限制更为合理，因为不可抗力导致的费用损失，在大多数情况下都由业主承担（见下款），如果不对费用方面加以限制，可能有助于承包商在处理某些问题上产生消极甚至是投机行为。

19.4 不可抗力的后果（Consequences of Force Majeure）（1999版）

18.4 特别事件的后果（Consequences of Exceptional Events）（2017版）

若发生的不可抗力/特别事件影响了承包商的工期和费用，那么，这种后果影响最终由合同哪一方承担呢？

1999版本款的规定如下：

■ 若承包商受到不可抗力的影响，且按照规定向业主发出通知，承包商可以按照索赔程序索赔工期；

■ 倘若费用影响是由于第19.1款[不可抗力的定义]中列举的第（1）、（2）、（3）、（4）类不可抗力引起的，并且第（2）、（3）、（4）类的情况发生在工程所在国，则承包商还可以索赔费用；

■ 工程师收到索赔通知后，按第3.5款[决定]处理。

2017版本款的规定基本不变，只是删除了关于工程师收到索赔报告后按合同规定处理的规定，因为此规定已在其他条款规定得十分清晰。

从本款规定可以看出，在发生不可抗力/特别事件之后，风险基本上是由业主承担。但同时，本款也反映出一个国际惯例，即：若发生的不可抗力事件属于第19.1款中规定的第5类"自然灾害"（天灾），承包商仅仅有权索赔工期，无权索赔费用。也就是说，发生此类非人为"天然事件"，业主和承包商各承担一部分损失。即使这样，本款反映出新版红皮书在风险分摊方面，总体上仍是"有利于承包商一方的"（pro-contractor）。

从前面第19.2/18.2款[不可抗力/特别事件的通知]可以推知，如果发生了影响承包商的不可抗力或特别事件，承包商应直接将此情况通知另一方，即业主，而不是工程师（工程师虽然属于"业主的人员"，但不是严格意义上的"业主"，见定义）。但按本款，承包商关于不可抗力的索赔同其他情况下的索赔一样，仍需要向工程师提出。这从沟通方面来讲不太合理，因为工程师是直接负责管理工程的，因此，在发生不可抗力时，承包商应直接通知工程师（可同时抄送业主，或在通知业主时同时抄送工程师），才有利于及时处理对工程的影响。

19.5　不可抗力影响到分包商（Force Majeure Affecting Subcontractor）（1999版）

在承包商与分包商签订的分包合同中，若规定的不可抗力的外延比主合同大，从而导致承包商对分包商的责任超过了业主方按主合同对承包商的责任，超过的部分能从业主处得到补偿吗？请看本款的规定：

■ 倘若承包商与分包商签订的分包合同规定，在发生同样不可抗力的情况下，分包商从承包商获得的补偿大于承包商根据主合同从业主处获得的补偿，则对于超出部分，应由承包商承担，业主不予补偿。

本款的规定实际上是一种谨慎的做法。在实践中，分包合同中的规定只能比主合同的规定更苛刻。大多数情况下，分包合同的相应规定往往与主合同是一致的。

此规定也许可以避免这样一种情况：承包商在分包商合同中多承担风险，从而使分包商降低报价，在风险发生后，再通过主合同的规定漏洞或不足，以分包商向其索赔为由，再向业主提出索赔，使自己最终获益。

虽然上述规定是以前国际合同范本中常见的规定，2017版删除了本款的规定。鉴于在国际商务中的"合同相对性原则（Privity of Contract）"，合同关系不涉及第三人。也许FIDIC认为并不影响，即使没有这一款，也不会诱发承包商利用分包合同的规定从主合同中获益，因为处理承包商与业主的关系只是依据双方签订的合同。

19.6　可选择的终止、支付以及解除履约（Optional Termination, Payment and Release）（1999版）
18.5　可选择的终止（Optional Termination）（2017版）

发生了不可抗力/特别事件后，承包商可以索赔工期，有些情况下，还可以索赔费用。但如果不可抗力/特别事件持续时间很长，使得双方中某一方认为再等待对自己不利，那么该方是否有权终止合同呢？

1999版本款的规定如下：

■ 如果工程被某不可抗力事件连续耽搁84天或间断累计耽搁140天，双方中的任一方均可发出终止通知，7天后合同终止生效；

■ 承包商按第16.3款[停止工作并撤离承包商的设备]，停止工作，并将施工设备等撤离现场；

■ 终止合同后，工程师应随即确定承包商完成的工作价值，并签发支付证书；

■ 该支付证书中包括的款项有：

（1）合同中标明了价格的任何已完成工作的应支付额；

（2）为工程订购的生产设备和材料，并已经交付给承包商，或承包商按采购合同已经不能退货，但业主付款后，此类物品应为业主的财产，承包商应交付给业主；

（3）承包商在不可抗力情况下为完成工程而招致的任何合理开支；

（4）承包商将临时工程或施工设备运回自己本国的存放场的遣散费；

（5）合同终止时承包商在工程上的专职雇员的遣散费。

2017版在处理终止的程序上规定的更加细致，补充了如下规定：

■ 工程师按照第3.7款[商定或决定]的规定，商定或决定承包商提交的上述工作价值额度，并直接按14.6款[期中支付证书的签发]签发支付证书，承包商无须再单独提交申请付款的报表。

合同条款的功能之一就是提供一个处理工程执行过程中发生问题的一个机制，本款的作用就在于此。

由于不可抗力/特别事件造成的后果往往十分严重，如果影响工程的时间很长的话，有可能造成继续该工程对业主已经没有意义，甚至会招致更大损失，或者，承包商如果持续等待会失去其他项目机会。本款提出了一个灵活解决此问题的机制。

从本款中的责任分担来看，仍然是对承包商有利的。但由于不可抗力或特别事件的影响，业主可能会出现财务危机，因此，对承包商的支付往往得不到保证。那么1999版对终止情况下何时支付承包商有没有具体的规定的呢？即：此类付款应在工程师签发支付证书后多长时间支付？由于付款问题是合同中至关重要的问题，现首先总结和分析1999版中关于支付方面的规定如下：

1. 总的说来，支付分两大类，一类是期中付款（根据定义，包括预付款，见定义1.1.4.4、1.1.4.7、1.1.4.9），另一类是最终支付。第一类是业主应在工程师收到承包商的报表后56天内支付承包商，第二类是业主应在从工程师那里收到最终支付证书后56天内支付承包商。

2. 本合同条件下规定了终止合同的情况如下：

（1）承包商违约，业主终止合同（第15.2款[业主提出终止]）；

（2）业主自便终止合同（第15.5款[业主终止合同的权力]）；

（3）业主违约，承包商终止合同（第16.2款[承包商提出终止]）；

（4）不可抗力超过一定的天数，双方任一方都可提出终止合同（第19.6款[可选择的终止、支付以及解除履约]）；

（5）根据适用的法律，出现不能再继续履约的情况下，双方任一方可以通知终止合同（第19.7款[根据法律解除履约]）。

对于第一种终止合同，业主只有在业主自行或雇用他人完成剩余工程、经过工程费用总决算之后，如果经过核算业主仍欠原承包商款项的话，才支付原承包商的最终的款项。对于其他四种终止合同的情况，其支付均按照本款的规定执行。但阅读中除支付款项的内容有规定外，并没有关于业主何时支付此类款项的规定。本款虽然要求工程师在合同终止后随即开出一份支付证书，但并没有明确此类支付证书的性质，即是否属于最终支付证书。因此，我们只能从上下文来看，此类终止合同下的付款是属于哪一类付款。从直观上讲，此类付款应该属于最终付款，但似乎又不符合最终付款的条件。这似乎是1999版中的一个不足。实际上，如果在本款中加入类似"本款中的支付证书应被认为是最终支付证书"的措辞，则可解决这一问题。

另外，关于终止合同情况下，履约证书何时退还也没有明确的规定。笔者认为，除前面第一种终止情况外，业主应在其他终止情况下立即退还（如7天之内）。

2017版规定，在发生可选择性终止后，由承包商首先向工程师提交完成工作价值的证据后，工程师再与双方商定或决定相关金额，开具期中支付证书，而不是像1999版那样，不要求承包商提前提供证据，而是由工程师直接签发支付证书。由于2017版规定了工程师商定或决定的时间限制，避免了工程师在签发支付证书时拖延，因此，程序上比1999版规定的更有操作性，也更有利于承包商。

就支付时间而言，2017版本款的规定澄清了1999版规定不清的内容，即在可选择性的终止行为发生后，明确规定，工程师签发的是期中支付证书，因此，按照第14.7款[支付]的规定，业主应在工程师收到报表和证据后的56天内支付，但本款规定，工程师可以在承包商提供依据之后，直接签发期中支付证书，因此第14.7款[支付]的规定，最好给出在可选择的终止下，只需要在工程师收到证据的56天内支付，这样更完善些。

2017版本款关于可选的终止发生后履约保证的退还也规定得十分清楚，即：在终止日后立即退还。（请回忆一下FIDIC在哪一条款中规定的？参见2017版第4.2款。）

19.7/18.6 根据法律解除履约（Release from Performance under Law）

如果发生了特殊情况，即：该事件一发生，就已经决定不可能再继续履行该义务，如何处理这种情况呢？

1999版本款的具体规定如下：

■ 如果发生的事件，包括属于不可抗力的事件，双方无法控制，使得双方或一方履约已经不可能或已经非法，或者合同适用的法律赋予合同方有权放弃进一步履约的权利，则在一方通知另一方后，合同双方随即被解除进一步的履约义务，但不影响履约解除前违约情况赋予一方的权利；

■ 业主向承包商支付的款额依据第19.6款[可选择的终止、支付以及解除履约]的规定执行。

2017版对本款无论措辞或内容进行了修订和补充，具体如下：

■ 在第18.5款[可选择的终止]规定的基础上，若发生双方不可控事件，包括特别事件，使得双方或其中任一方：（1）履约已经不可能或已经非法；（2）合同适用的法律赋予合同一方有权放弃进一步履约的权利；（3）且双方没有就为了继续履约进行了合同修订达成一致意见。

■ 在上述情况下，则在任一方通知另一方该事件后，合同双方被解除进一步的履约义务，但不影响履约解除前违约情况赋予一方的权利；

■ 在此类终止下，业主应支付承包商应付工程款，具体按照第18.5款[可选择的终止]规定执行。

本款的规定实际上是针对一类特别情形，即：该情况发生后，不可能再继续履行义务，也没有复工的希望，若按照一般的不可抗力事件来处理（见前面几款的规定），再等待很多天才可以终止合同的话，则双方只能招致更大的损失。

在实践中，正如本款中提到的，出现这类问题，主要是发生了两类情况：（1）继续履约不可能或非法；（2）按合同适用法律合同方有权不再履约。

2017版本款补充了一项规定，即：发生继续履约不可能或非法或适用法律允许双方不再进一步履约的情况后，双方要想终止合同，还有一个限定条件，即：双方必须为进一步履约对合同修订的谈判，若协商不成，再履行合同解除程序。

本条到此讲完了，请检查一下自己是否达到了开始提出的要求，并思考下面的问题：

1. 如果您是承包商，在遇到不可抗力或特别事件后，按照本款规定必须立即采取哪些措施？

2. 如何理解1999版第19.7款[根据法律解除履约]与前面关于不可抗力规定的关系？

3. 总结本条2017版对1999版进行的修订，并加以评述。

管理者言：

如果今后国际工程中"不可抗力条款"动用的次数越少，则表明这个世界变得越美好；反之则反。

第**20**条 索赔、争议与仲裁（Claim，Disputes and Arbitration）（1999版）

第**20**条 业主的索赔与承包商的索赔（Employer's Claim and Contractor's Claim）（2017版）

学习完这一条，应该了解：

- 业主与承包商索赔的程序，包括通知以及时间方面的限制；
- 争议裁定委员会的构成、性质和运作机制；
- 仲裁的前提条件以及仲裁的规则和程序。

合同中对风险进行了分担，意味着承包商在投标报价以及工期安排时应已经将自己一方承担的风险考虑进去，而对于业主承担的风险，则一般不会考虑。如果这些风险发生，承包商可以向业主索赔。在前面的很多条款中，都明确规定或隐含了业主或承包商索赔的权利。FIDIC在2017版对原来的索赔条款进行了整合与扩充。1999版在第2.5款[业主的索赔]中简单地规定了业主向承包商的索赔程序。这一子条款从2017版第2条[业主]中删除，并被纳入2017版第20条[业主的索赔与承包商的索赔]。1999版第20条[索赔、争议与仲裁]在2017版中被扩充为两个独立条款：第20条[业主的索赔与承包商的索赔]与第21条[争议与仲裁]。这一修订，反映了FIDIC对索赔、争议的复杂性与重要性更加重视，也体现了在索赔程序上对合同双方的公平性。由于1999版与2017版结构变化，我们先看1999版第20条[索赔、争议与仲裁]的规定。然后，我们再讲解2017版第20条[业主的索赔与承包商的索赔]。关于2017版的第21条[争议与仲裁]，我们作为一条单独讲解。

20.1 承包商的索赔（Contractor's Claims）（1999版）

贯穿整个合同条件，很多条款都规定了承包商可以索赔，那么承包商怎样实现自己的此类权利？他应遵循什么样的程序和原则？本款的规定如下：

■ 若承包商认为按照合同有权索赔工期和额外款项，他应尽快向工程师发出通知，说明导致索赔的事件；

■ 该通知应由承包商在知道或本应知道该事件发生后的28天内发出，否则，承包商失去一切索赔权利，下面的规定一概不再适用；

■ 承包商还应提供合同要求的其他通知以及支持索赔的证据；

■ 承包商还应在现场或工程师接受的其他地点保持用来证明索赔的必要同期记录，工程师在收到承包商的通知后，可以监管承包商同期记录情况，并可指示承包商进行进一步的记录；

■ 承包商应允许工程师查阅此类记录，并在要求时提供拷贝件；

■ 在承包商得知（或本应意识到）索赔事件发生后的42天内，或承包商建议并经过工程师同意的其他时间内，向工程师提供完整的索赔报告，包括索赔依据、索赔的工期和款额；

■ 若索赔事件是持续性的，该索赔报告可视为是临时的，之后承包商每月提出进一步的临时索赔报告，给出累计索赔工期、款额和工程师可能要求的其他资料；

■ 最终的索赔报告在索赔事件结束后的28天内或工程师同意的其他时间内提交；

■ 收到每项索赔报告后的42天内或工程师提出并经承包商同意的其他时间内，工程师应给予答复，予以批准，若不批准承包商的索赔，则说明详细原因，工程师可以要求承包商提交进一步的证据，但此情况下，也应将原则性的答复在上述时间内给出；

■ 每一支付证书中只包括已经被合理证明并到期应付的款额，当承包商提供的证据不能证明全部索赔款额时，承包商仅仅有权获得他已经证明的那一部分；

■ 工程师根据第3.5款[决定]以及第8.4款[竣工时间的延长]来处理索赔；

■ 本款的规定是与合同中其他与索赔有关的规定相互补充的，根据承包商违反的程度，承包商即失去相应的索赔权。

本款内容比较多，归纳起来主要有：对承包商提交索赔通知的时间限制，对承包商按工程师指示保持同期记录的要求，对承包商提出索赔报告的内容要求以及时间限制，对工程师批复的时间限制以及他批复应遵守的规定。

从本款的规定看来，对承包商提交的程序要求比较严格，凡索赔超过时间限制，则承包商就失去索赔权❶。本款的规定提醒承包商，在索赔时一定注意时间限制，虽然在实践中，有的业主/工程师对此要求相对宽松，不太计较索赔的时效，但作为承包商，还是谨慎为好。如果一时编制不出完整的索赔报告，可以先提交临时报告，其他资料随后再提交，以免违反程序方面的规定。

虽然本款也规定了工程师答复索赔的时间限制❷，但合同并没有规定，如果工程师没有在规定的时间内给出答复，则如何处理。按照等价原则，既然承包商违反时间规定就失去索赔权，那么工程师不在规定时间答复，也应认为他已经批准了索赔。虽然在实践中有时做法比较有弹性，但若出现争议等问题时，也许时间方面的问题就会构成实质问题。这一点，无论业主、工程师还是承包商都应注意。

本款规定，"工程师可以要求承包商提交进一步的证据，但此情况下，也应将原则性的答复在上述时间内给出"。笔者认为，这一规定对承包商来说颇为有利。因为在实践中，出于种种原因，工程师一方面对一些合理的索赔也不愿意批准，但同时又害怕影响承包商实施工程的积极性，往往以承包商证据不充分为理由拖延批准索赔，

---

❶ 原红皮书第四版（1987）规定，如果承包商不遵守提交程序，并不完全失去索赔权，而只是这是索赔的额度由工程师根据实际情况决定。从这个意义上来讲，新版的规定对承包商要求更加严格，实质上是对承包商的合同管理提出了更高的要求。（见原该合同条件第53.4款）。

❷ 原红皮书第四版（1987）甚至没有规定工程师答复索赔的时间限制。

待承包商基本完成工程之后，承包商无法"控制"项目后再拒绝索赔。这一规定，避免了工程师这种行为❶。

20.2　任命争议裁定委员会（Appointment of the Dispute Adjudication Board）（1999版）

在本合同条件下，反复提到，在涉及工程量、支付、索赔处理等方面，由工程师根据合同规定，并在与双方磋商后予以决定。如果承包商不同意工程师的决定，产生争议，应如何处理？本款的规定如下：

■ 争议由争议裁定委员会按下面第20.4款[获得争议裁定委员会的决定]裁定，双方应在投标函附录中规定的日期前任命该委员会；

■ 争议裁定委员会可以由一人组成，也可以由三人组成，如果数量没有在投标函附录中规定或双方没有一致意见，则为三人；

■ 若为三人委员会，则每方提名一位，供对方批准，双方与两位成员磋商后商定第三位，并由第三位作为主席。若合同附有委员会成员候选人名单，则应从该名单中选取愿意承担此任务的人员；

■ 合同双方与各个成员签订的协议应包含本合同条件中所附的争议裁定协议书通用条件，该条件各方可做出合理修改；

■ 争议裁定委员会成员以及该委员会聘请的咨询专家的报酬条件应在商定任命条件时由各方共同商定，合同双方各支付此类报酬的一半；

■ 若双方同意，他们可以随时就某事宜提交该委员会，征求其意见，不经过一方同意，另一方不得单独向委员会咨询；

■ 若双方同意，他们可随时任命合适人员取代委员会的任何成员，除非另有商定，否则新成员的任命在原成员拒绝或不能履行其职责时即时生效；

■ 在原成员拒绝或不能履行其职责，而又没有现成的替代人选时，则应按原成员选择程序来选择新成员；

■ 只要合同双方都同意，可以随时解聘委员会任何成员；

■ 若合同双方无另外商定，当第14.12款[结清单]规定的结清单生效后，委员会

---

❶ 这只是笔者自己了解到的一种现象，并没有经过大量统计和实证，希望读者不要产生的误解。事实上，在笔者参与的国际工程中，很多业主、工程师还是比较公正的。

的任期届满。

从本款的规定可以看出，1999版红皮书引进了一种新的争议解决机制，即争议裁定委员会。本款规定了任命争议裁定委员会的程序，包括成员的选择方法、委员会组成人数、委员会成员与合同双方协议的签订、成员的报酬以及支付分担、成员的撤换，以及委员会的终止。

20.3　未能就争议裁定委员会达成协议（Failure to Agree Dispute Adjudication Board）（1999版）

前一款要求合同在任命争议裁定委员会成员的问题上，双方应予以商定。那么，如果双方商定不成，则最终将如何处理？本款的规定如下：

■ 在任命争议裁定委员会成员的过程中可能发生下列情况：

（1）合同双方没有在规定的时间任命争议裁定委员会成员（如果委员会为独任成员的情况）；

（2）合同一方没有在规定的时间向对方提出一名人选，供其批准（如果委员会为三位成员的情况）；

（3）合同双方对第三位成员的任命没有在规定的时间达成一致意见；

（4）在原成员拒绝或无法履行职责后的42天内，双方对替代人选没有达成一致意见。

■ 若发生上述情况之一，在合同双方或任一方的要求之下，投标函附录中的机构在与双方磋商之后，将负责任命委员会成员，此类任命是终局的；

■ 该任命机构的费用由合同双方平均共担，各自支付一半。

本款说明了当合同双方不能就任命争议裁定委员会成员达成一致时的解决方法。在投标函附录中规定一机构（官员），在双方意见不一致时，该机构应邀可以任命委员会成员，并且该任命是终局的，合同双方不能再改变。在1999版红皮书中，指定者为FIDIC的主席或其委托的人员。也就是说，当双方不一致时，FIDIC的主席或其委托人可以为他们指定委员会成员，并收取报酬，合同双方各支付一半。

20.4　获得争议裁定委员会的决定（Obtaining Dispute Adjudication Board's Decision）（1999版）

前面规定了，合同双方之间的争议由争议裁定委员会裁定，那么该委员会如何裁定争议？本款的规定如下：

■ 如果工程实施过程中合同双方出现争议，任一方都可将争议书面提交争议裁定委员会裁定，并说明是按本款的规定提交的；

■ 若争议裁定委员会由三人组成，当委员会主席收到申请后，即认为争议裁定委员会收到了申请；

■ 合同双方应为争议裁定委员会提供裁定所需的附加信息、现场进入、有关设施等；

■ 争议裁定委员会不应被认为是仲裁员；

■ 收到申请后84天内，委员会应做出决定，并给出支持决定的理由；

■ 除非随后的友好解决或仲裁修改了委员会的决定，否则该决定是有约束力的，双方应立即执行该决定；

■ 如果某一方对此决定不满，可在收到决定后28天内，将其不满的意见通知另一方；

■ 若委员会在收到申请84天内没有给出决定，在84天届满后的28天内，合同任一方可向另一方发出不满的通知；

■ 上述两类不满通知都应说明争议的事宜和不满的原因，不发出本款规定的不满通知，任一方都无权申请仲裁，但第20.7款[未能遵守争议裁定委员会的决定]和第20.8款[争议裁定委员会的任期届满]中规定的情况除外；

■ 若委员会给出了决定，并且合同双方在收到决定的28天内没有发出不满通知，则该决定为最终决定，并具有约束力；

■ 在由争议裁定委员会调解争议的过程中，承包商应继续按合同施工。

本款规定了委员会处理双方争议的程序：双方提供给委员会便利；委员会收到申请84天内决定；不满决定的一方28天内向对方发出不满通知，否则，决定生效并不得改变。

20.5 友好解决（Amicable Settlement）（1999版）

由于仲裁解决争议花费大量的时间和费用❶，因此，应鼓励合同双方以友好的方

---

❶ 这里仅仅是相对调解、友好解决等方式来解决争议而言，与向法院诉讼相比，仲裁仍有很大的优越性，这就是为什么近年来，仲裁通常作为最终解决工程争议的方法，且FIDIC一直提倡用仲裁最终解决工程争议，而不推荐诉讼方式。

式解决争议。本款规定如下：

■ 如果不满意争议裁定委员会决定的通知已经发出，则双方在开始仲裁之前，应努力友好解决争议；

■ 但除非双方另有商定，仲裁可以在不满意通知发出后56天当天或之后开始，而不管双方是否已经做出友好解决争议的努力。

一个良好的合同版本应有助于合同双方以最小的代价解决争议。本款规定"不经过友好解决阶段不能开始仲裁"，这实际上就是鼓励双方友好解决，但同时又给予合同任一方在一定的时间后开始仲裁的权利，从而避免争议久拖不决的情况。

20.6　仲裁（Arbitration）（1999版）

由于人们的立场以及看问题的方法不同，在国际工程中，仍有不少争议无法友好解决，需要以仲裁途径来最终解决，因此，工程合同中必须给出仲裁的相关规定。本款的规定如下：

■ 若争议裁定委员会的决定没有成为终局决定，且双方也没有友好解决对该决定的争议，该争议应最终按国际仲裁方式解决；

■ 仲裁规则应采用国际商会仲裁规则，除非双方另有商定；

■ 争议应由三位仲裁员仲裁，除非双方另有商定；

■ 仲裁的语言应为第1.4款[法律与语言]中规定的语言，除非双方另有商定；

■ 仲裁员有权查阅与该争议有关的一切文档，包括工程师签发的任何证书，给出的任何决定、指令、意见，以及争议裁定委员会的决定等；

■ 就争议涉及的问题，工程师有权被唤作证人，并在仲裁员面前作证；

■ 除以前提出的证据和观点外，合同双方都有权在仲裁过程中再提出进一步证据和理由，争议裁定委员会的决定在仲裁中可以作为证据；

■ 在工程完成前后都可以开始仲裁，若在工程进行中开始仲裁，合同双方、工程师以及争议裁定委员会应继续履行其合同义务，不应受正在进行的仲裁的影响。

在世界经济和贸易全球化的今天，仲裁越来越作为解决国际经济交往中的争议常用方法，越来越多的国际性公约签订，为国际仲裁裁决的执行提供了操作上的可行性。在国际工程中，绝大多数合同都包含有仲裁条款，将仲裁作为最终解决争议的方法。1958年在美国纽约签订的《承认及执行国外仲裁裁决公约》（简称"纽约公约"）为成员国之间执行国外裁决提供了法律上的保障。我国于1987年加入了该公约。

一般来说，仲裁条款涉及三项主要内容：仲裁机构、仲裁规则和仲裁地。实践中，这三者一般在合同中（如专用条件中）规定。仲裁机构都有自己的仲裁规则，本款推荐了国际商会仲裁规则，该规则也是国际上应用最广泛的规则之一。但即使合同指定的仲裁机构为国际商会国际仲裁院（ICC International Court of Arbitration），合同双方也可以商定用其他仲裁规则，如联合国国际贸易法委员会仲裁规则（UNCITRAL Arbitration Rules）等。

国际上还有很多仲裁机构，比较知名、常被国际工程合同指定为仲裁机构的有：

- 国际商会国际仲裁院（巴黎）

（The ICC International Court of Arbitration）；

- 英国伦敦国际仲裁院

（London Court of International Arbitration）；

- 瑞典斯德哥尔摩商会仲裁院

（Arbitration Institute of the Stockholm Chamber of Commerce）；

- 中国国际经济贸易仲裁委员会

（China International Economic and Trade Arbitration Commission）；

- 香港国际仲裁中心

（Hong Kong International Arbitration Centre）。

20.7 未能遵守争议裁定委员会的决定（Failure to Comply with Dispute Adjudication Board's Decision）（1999版）

按照第20.4款中规定，争议裁定委员会的决定成为终局决定，并具有约束力。那么，在此情况下，如果合同某一方不执行该已经有约束力的决定怎么办？本款的规定如下：

- 倘若双方在规定的28天时间内，对争议裁定委员会的决定没有向对方发出不满意的通知，从而该决定为终局决定，并具有约束力，在此情况下，如果合同某一方不执行该已经有约束力的决定，则另一方可将此不执行该决定事件本身提交仲裁；

- 第20.4款[获得争议裁定委员会的决定]和第20.5款[友好解决]的规定不适用于

该情况；

■ 同时，另一方还享有合同规定的其他权利。

本款的规定实际上是第20.4款[获得争议裁定委员会的决定]的后续规定，也就是说，在争议裁定委员会的决定已经成为最终决定，并有约束力的情况下，合同一方仍不执行该决定，如：争议裁定委员会认定，承包商的索赔是合理的，业主应支付承包商某笔索赔款，而业主就是不执行该规定，则承包商可以将业主不执行决定作为违约事件提交仲裁，承包商同时还享有其他权利，如：从本应支付该索赔款开始之日，有权获得利息，若影响了工程进度，还可以索赔工期等。

20.8 争议裁定委员会的任期届满（Expiry of Dispute Adjudication Board's Appointment）（1999版）

如果在没有争议裁定委员会的情况下，业主与承包商之间发生了争议，该争议如何处理？本款的规定如下：

■ 如果由于争议裁定委员会的任期结束或其他原因，致使争议发生时没有争议裁定委员会在工作，则此时双方可直接将该争议提交仲裁，第20.4款[获得争议裁定委员会的决定]和第20.5款[友好解决]两条款不再适用。

对于本合同，没有争议裁定委员会工作（No DAB in place）的情况有两种：一种是争议裁定委员会的任期届满，另一种是在争议发生时双方还没有能够任命全部委员会成员。由于委员会在工程付款"结清单"生效后任期才届满（见第20.2款[争议裁定委员会的任命]），而"结清单"在承包商缺陷通知期结束且业主支付完所有工程款后才生效（见第14.2款[结清]），此时缺陷通知期早已经结束，因此，合同双方之间再发生争议的情况可能性不大。因此，这里实际上主要指发生争议时，委员会仍没有开始工作或未补充新委员的情况。本款的规定，避免了合同规定仲裁之前需要先过争议裁定委员会这一关、而当时又没有委员会这一矛盾现象。

一个没有规定争议解决机制的合同肯定不是一个完善的合同，但一个总是频繁动用争议条款的项目则肯定不是一个执行顺利的项目。

前面我们提到，1999版将业主的索赔在第2.5款[业主的索赔]中规定，而将承包商的索赔放在第20条[索赔、争议与仲裁]规定。2017版则将两部分中关于索赔的内容进行整合，形成了一个关于双方相互索赔的完整条款：第20条[业主的索赔与承包商的索赔]。同时，将1999版第20条[索赔、争议与仲裁]中关于争议与仲裁的部分另外形成一独立条款。本条共分两个子条款，第一个子条款界定索赔的内涵与类型，第二个子条款规定有关工期和费用的详细的索赔程序和要求。下面我们分别分析和评述。

20.1 索赔（Claims）（2017版）

在国际工程领域，先前谈到索赔，大抵指的是承包商向业主提出的索赔，但随着国际工程的实践发展，人们发现，业主的利益受到承包商损害后也应向承包商提出索赔，但以前通常称为"反扣（Back-charge）"，大概是因为业主为付款方的缘故。在反扣过程中，往往不经过正式的程序，而是由咨询工程师/业主直接扣款，这种情况可能导致承包商利益反而受损，有失公平。FIDIC合同条件从1987年第四版起，给出了相对完整的承包商索赔程序，并在1999版给出了"业主的索赔"这一概念，但业主的索赔程序规定的特别简单。2017版本款又是对1999版的改进，适用于双方双向索赔。请看本款的具体规定：

■ 本款所指索赔包括如下三种情形：

（1）业主认为自己有权从承包商处获得支付（减扣合同价格）或有权要求延长缺陷通知期（DNP）；

（2）承包商认为自己有权从业主处获得额外付款或有权要求延长工期；

（3）双方任一方认为有权从对方获得其他救济权利，包括不涉及前面费用和延期方面的工程师签发证书、决定、指令、通知、意见或计价等。

■ 若索赔属于前两种类型，则按下面第20.2款[费用和/或延期索赔]规定的程序执行；

■ 若属于第三种情形，处理的程序按下面规定；

■ 一方或工程师不同意另一方向其提出的救济权时，此时并不视为已发生争议；

■ 但此时索赔方可以通知的形式，将索赔事宜提交工程师；

■ 此后按第3.7款[商定或决定]规定的程序处理；

■ 索赔方应当在意识到"另一方不同意"后尽快发出该索赔通知，该通知应包含索赔事件的具体信息以及另一方或工程师不同意的具体意见。

本款界定了索赔的三种类型，即：承包商的费用工期索赔；业主的费用和缺陷通知期延期索赔；以及双方非费用和时间方面的索赔。在程序方面，费用和延期方面的索赔程序比较严格，在后面第20.2款[费用和/或延期索赔]中单独规定。本款规定了非费用和时间方面的索赔程序，要求索赔方在意识到对方或工程师不同意自己的索赔时，就尽快向工程师发出通知，没有规定发出的具体时间，这可能是出于以下几个原因：（1）即使不界定具体时间，涉及自身利益，索赔方也会积极提出；（2）涉及的不是费用和工期等敏感重要问题；（3）某些时间点不好界定。大家可以参考前面2017版的第3.7[商定或决定]。

无论业主还是承包商，在作为索赔方时，都遵守同等的程序，FIDIC没有再区分双方程序的不同，这反映了FIDIC在程序方面的"对等"思想。

20.2 费用和/或延期索赔（Claim for Payment and/or EOT）（2017版）

前一子条款规定了费用和时间之外方面的索赔程序，那么，对承包商和业主来说，涉及费用和时间方面的索赔，双方应遵守什么样的程序？本款的具体规定如下：

■ 若承包商认为有权向业主索赔费用和工期延期，或业主认为有权向承包商索赔费用和缺陷通知期延期，则双方需要遵守如下规定的程序；

■ 索赔通知（第20.2.1款）：索赔方应在索赔事件发生后28天内向工程师提交索赔通知，描述引起索赔费用和时间方面的具体事宜；若28天内索赔方没有发出该索赔通知，则丧失所有索赔权；

■ 工程师的初步答复（第20.2.2款）：若索赔方发出的索赔通知没有在规定的28天内，则工程师收到该索赔通知后的14天内，应给索赔方发出通知，指出该通知已超过规定的28天，并说明理由；

■ 若工程师在14天没有给索赔方发出上述通知，则原索赔通知则被认为是有效通知；

■ 若另一方不认同有效索赔通知的内容，则他应发通知给工程师，说明不同意的详细理由；

■ 在工程师按照后面的第20.2.5款[索赔的商定或决定]商定或决定该索赔事宜时，其在协议书或决定书中应包含对另一方不同意的理由进行评述；

■ 若索赔方收到了工程师的上述通知，但对该通知持有不同意见，或者，索赔方认为，索赔通知晚提交是有正当理由的，则索赔方应在完整索赔报告中，说明不同意工程师的理由或晚提交通知的正当理由；

■ 同期记录（第20.2.3款）："同期记录"指的是引起索赔事件同时或随后立即编

制或生成的记录；

- 索赔方应保持证明索赔的必要的同期记录；

- 在不事先确定业主有责任的情况下，工程师可以随时监控承包商的同期记录，并可指示承包商保持任何附件同期记录；

- 承包商应该允许工程师在正常的工作时间或其同意的时间内查阅此类同期记录，但此类查阅并不意味着工程师接受承包商同期记录的准确性和完整性；

- 完整索赔报告（第20.2.4款）："完整索赔报告"指的是符合下面条件的文件；

- 完整索赔报告必须包括如下四项内容，并在如下规定的时间提交；

- 这四项内容包括：（1）索赔事宜的详细描述；（2）索赔的合同或法律基础；（3）索赔方所有的同期记录；（4）索赔额外费用或减扣合同价款额度以及索赔工期或延期缺陷通知期的详细论证书。

- 上述报告内容必须在索赔方知道或应该知道引起索赔事件发生后的84天内或索赔方提议工程师同意的时间段内提交给工程师；

- 若上述报告中的第（2）项内容没有在规定的84天内提交，则索赔通知时效即告失效，工程师在84天时效届满后的14天内，向索赔方发出通知，将此情况通报索赔方，若工程师没有在14天内发出该通知，则原来失效的索赔通知又被认为生效；

- 若另一方对被认为有效的索赔有异议，则他应给工程师发出通知，说明不同意的具体理由；

- 在工程师按照后面的第20.2.5款[索赔的商定或协定]商定或决定该索赔事宜时，其协商书或决定书中应对另一方不同意的理由进行评述；

- 若索赔方收到了工程师的初步答复（第20.2.2款），但对该答复持有不同意见，或者，索赔方认为，完整索赔报告晚提交是有正当理由的，则索赔方应在根据第20.2.4款[完整索赔报告]提交的详细索赔报告中，说明不同意工程师的理由或晚提交通知的正当理由；

- 若引起索赔的事件具有连续效应，则按第20.2.6款[对持续性影响的索赔]规定执行；

- 索赔的商定或决定（第20.2.5款）：工程师在收到完整索赔报告后，应根据第3.7款去商定或决定索赔额或合同价格减扣额以及工程延期或缺陷通知期的延长；

- 即使工程师按照第20.2.2款[工程师的初步答复]或/和第20.2.4款[完整索赔报

告]，已经发出了相关通知，对索赔的商定或决定仍应该根据第20.2.5款[索赔的商定或决定]进行；

■ 对索赔的商定或决定包括：索赔通知是否被认为有效，这需要基于索赔方在完整索赔报告中对工程师相关通知的反对意见以及晚提交的正当理由，具体参照事宜包括：（1）若接受晚提交通知或报告，是否对另一方造成不利影响，以及该的影响严重性；（2）就提交索赔通知失效而言，是否存在另一方提前了解到索赔方可能提交索赔所包含的索赔事件的证据；（3）就提交完整索赔报告失效而言，是否存在另一方提前了解索赔方索赔的合同或法律依据的证据。

■ 若在收到完整索赔报告后（包括第20.2.6款[对持续性影响的索赔]中的临时和最终完整索赔报告），工程师要求补充必要的资料，则（1）他应当立即发出通知，说明需要提交的补充资料和理由；（2）他在第3.7.3款[期限]规定的时效内，对索赔权依据的合同或法律给出自己的意见，并以通知形式发给索赔方；（3）索赔方在收到工程师要求其补充资料的通知后，立即提供补充资料；（4）工程师在第3.7.3款[期限]规定的时效内去商定或决定索赔结果，计算时效开始的日期为工程师收到补充资料的日期。

■ 对持续性影响的索赔（第20.2.6款）：若引起索赔的事件有持续性影响，则（1）第20.2.4款[完整索赔报告]中的完整索赔报告应被认为是临时性质的；（2）针对第一个临时的完整索赔报告，工程师应对索赔合同或法律依据给出意见，并在规定时效内，以通知的形式发送给索赔方；（3）在第一个临时完整索赔报告之后，索赔方应提交每月临时完整索赔报告，记录其累计索赔额或合同价格减扣额，以及相关累计延期；（4）在持续性影响结束后的28天内或索赔方提出工程师同意的其他时效内，索赔方应提交一份最终的完整索赔报告，在报告中给出最终的索赔额或合同价格减扣额以及累计延期；

■ 总体要求（第20.2.7款）：在收到索赔通知之后且在完全商定或确定索赔之前，工程师应将按合同规定到期应支付的已经证实的索赔款纳入在每一支付证书中；

■ 业主只有按第20.2款[费用和/或延期索赔]规定的程序，才能从承包商处获得索赔款或合同价款抵扣款以及缺陷通知期的延长；

■ 第20.2款[费用和/或延期索赔]的规定是其他索赔条款的补充要求，若索赔方违反任何相关规定，其最终获得的相关索赔款或延期，也都要考虑违反相关规定对工程师了解索赔事件所造成的不利影响。

从上面条款的内容看出，2017版第20条关于索赔的规定比1999版详细的多，甚至繁琐得多，尤其是语言的表述方面显得有点臃肿。可以看出，FIDIC在努力从程序上以及事实上达到一种微妙的平衡，也在努力使得条款更容易操作，避免任一方出现机会主义的投机行为。

具体看来，本款又分为七个子条款：

- 第20.2.1款[索赔通知]；

- 第20.2.2款[工程师的初步答复]；

- 第20.2.3款[同期记录]；

- 第20.2.4款[完整索赔报告]；

- 第20.2.5款[索赔的商定或决定]；

- 第20.2.6款[对持续性影响的索赔]；

- 第20.2.7款[总体要求]。

从上述各子条款的规定来看，无论业主或承包商，在索赔费用和时间延期方面都要遵守本款的规定，这与1999版的规定有本质的不同，反映出FIDIC在2017版修订时"双方对等原则"，从而使FIDIC在这方面的规定显得更公平无偏。另外，在程序的描述方面，也更加趋向一个"连续区间"的解决方案，而非像1999版规定的那样"离散"。无论是承包商、业主作为索赔方，还是工程师作为临时的决定方，都要遵守严格的程序规定，任何一方违反，则需要评估其违反该规定的后果影响，并在工程师商定或决定该索赔时考虑进去。此类规定无疑对双方和工程师对合同规定的遵守提出了更高的要求。

关于1999版第20条中关于争议与仲裁的内容，请继续阅读我们在后面讲解的2017版第21条[争议与仲裁]。

本条到此讲完了，请检查一下自己是否达到了开始提出的要求，并思考下面的问题：

1. 业主、承包商、工程师在处理索赔程序方面应注意哪些问题？

2. 对比1999版与2017版关于索赔方面规定的异同。

管理者言：

　　承包商不是慈善家，他必须敢于索赔；业主亦不是慈善家，因此，承包商还必须善于索赔；但君子虽爱财，取之须有道。

第**21**条 争议与仲裁（Disputes and Arbitration）（2017版）

学习完这一条，应该了解：

- 争议裁定委员会构成，性质和运作机制；
- 仲裁的前提条件以及仲裁的规则和程序。

在2017版中，FIDIC将1999版的第20条[索赔、争议与仲裁]分成两个独立的条款：将索赔内容变成一个独立条款，编号为第20条；将争议与仲裁变成另一个独立条款，编号为21条，也就是整个红皮书的最后条款。在前面第20条，我们讲解了1999版与2017版的第20条，此处单独讲解2017版的第21条[争议与仲裁]，本条实际上是对1999版第20条中关于争议与仲裁的修订与扩充，共分八个子条款。由于我们是单独讲解本条，下面的每个子条款规定的内容，我们完整列出，并同时对比原来的规定，给出每款的分析和评述。

21.1 DAAB❶的组成（Constitution of DAAB）

如我们在1999版中第20条中所述，若双方在履约过程中，对工程师的决定不满意，导致形成的双方之间的争议，那么，接下来就由争议裁定委员会来解决，这一机制在2017版中名称有所变动，增加了"避免性质的协调环节"，那么，2017版具体是怎样规定的？与1999版有何异同？请看本款的规定：

■ 争议按第21.4款[获得DAAB的裁定]由DAAB予以裁定；

■ 双方应在合同数据中规定的时间内任命DAAB，若合同数据没有规定时间，则在承包商收到中标函后的28天内；

■ DAAB可由具有恰当资格的一人独任，也可以由具有恰当资格的三人组成，具体按合同数据中的规定，若无规定，且双方没有达成一致意见，则由三人组成；

■ DAAB一人或三人成员应从合同数据中列出的候选人名单中选择，除非该名单中的候选人不愿意或不能担任；

■ 若DAAB由三人组成，则双方可以各自选择一名，并经由对方同意，之后双方在与他们磋商之后，商定第三名成员，且该成员作为主席；

■ 在DAAB成员与合同双方签订DAAB协议之日即为DAAB的组成之日；

■ DAAB成员的报酬标准，包括DAAB咨询的专家的报酬，应由双方在商定DAAB成员任命协议时共同确定，每一方各自负担一半；

■ 如果双方协商一致，则他们可以随时替换DAAB成员；

■ 除非另有商定，否则，在DAAB成员中由于病故、致残、辞职、任命终止等情

---

❶ DAAB即为争议避免与裁定委员会为Dispute Avoidance/ Adjudication Board的缩写，见1.1.22定义。由于前面已经定义了DAAB，为了行文方便，避免题目太长，在此用原文缩写，下同。

况下，双方应任命替代人员，任命替代人选的方式与原任命方式相同；

■ 任何成员任命的终止须经过双方共同同意，任一方无权单独终止任命；

■ 除非合同双方另有约定，否则DAAB任期届满的日期为：根据第14.2款[结清单]的规定，结清单生效的日期，或DAAB根据第21.4款[获得DAAB的裁定]在结清单生效前给出所有争议的裁定后的28天当天，两者以较晚者为准；

■ 如果根据本合同条件或其他规定合同被终止，则DAAB任命届满之日为：DAAB在合同终止后的224天内给出了提交给它的全部争议后的28天当天，或者，双方就有关终止事宜达成所有一致意见之后的28天当天，两者以较早日期为准。

与1999版第20条[索赔、争议与仲裁]的规定相比，本款基本保持了原来第20.2款[任命争议裁定委员会]的规定，只是进行了少量的修订，更加具体化了任命DAAB成员的时间，即：若合同数据中没有规定具体日期，则在承包商收到中标函后的28天任命。

关于DAAB任期问题，原来规定是第14.2款[结清单]生效日期为DAAB任命届满日期，但本款又进行了补充，对程序进行了细化，分为两种情况：一种情况是正常届满，另一种情况是合同终止的情况下的非正常届满。在正常届满的情形下，又补充了一个可能日期，即：若DAAB在结清单生效前完成了提交给它的全部争议，也可在此情况下完成全部争议的28天为DAAB任命届满日，两者以较晚者为准。这种细化就避免了结清单生效拖延的时间很长，但此时双方并没有争议，只是走正常程序，DAAB的任命即使有效，也无任何争议，再持续有效对合同双方来说是一种浪费。

在合同终止的DAAB任期非正常届满的情况下，本款增加的规定是，要求DAAB在合同终止日之后的224天内完成提交给它的一切争议后，再过28天，即为DAAB任期届满之日。

上述的细化规定更加完善，且能加强DAAB任期合理结束的可操作性。

21.2 未能任命DAAB成员（Failure to Appointment of DAAB Member（s））

本款对应的是1999版的第20.3款[未能就争议裁定委员会达成协议]，虽然标题有所变动，内容也细化了一点，但实质性的规定相同，在此不再复述，请参见前面对1999版该款的解析。

21.3 避免争议（Avoidance of Disputes）

避免争议是最好的解决争议的方法，对于国际工程项目参与各方来说，尤其如此。FIDIC 2017版增加了争议解决过程中的一个由DAAB调解环节，努力使合同双方在DAAB的协调下友好解决争议。请看本款的规定：

■ 若合同双方同意，他们可以联合以书面的形式请求DAAB提供协助，并在双方之间非正式商谈，努力就履约过程中产生的问题达成一致意见，书面请求也同时抄送给工程师；

■ 此类请求可以随时提出，但不能在该问题在工程师根据第3.7款[商定与决定]进行商定或决定期间，除非双方另有商定；

■ DAAB提供的此类协助可以在任何会议、现场考察或其他任何场合期间；

■ 除非双方另有商定，否则，DAAB提供协助的会议中，双方都得出席讨论；

■ 此类非正式商谈中所给出的建议，对双方都没有约束力，DAAB在未来的争议解决过程或裁定时，也不受此类意见和建议的约束，不管此类建议是口头的还是书面的。

现代合同理论与实践研究表明，在一个由第三方参与调解的情况下，尤其是以未来裁决员的身份参与调解，能提高双方通过协商解决争议的效率。FIDIC在2017版中给出了一个"争议避免机制"，无疑有助于双方通过DAAB的协助，协商解决。但是应当注意，此类协商机制必须是双方共同同意，否则，一方就有可能利用此类机制拖延争议解决的时间。因此，本款强调，启动这一机制，需要双方"共同提出"。

21.4 获得DAAB的裁定（Obtaining DAAB's Decision）

虽然1999版中也有类似子条款，但2017版又进行了细化规定，本款的规定如下：

■ 不管争议是否经过上面规定的非正式协商，任一方都有权利将争议提交DAAB，请求其裁定，且适用下面的规定；

■ 将争议提交DAAB（21.4.1）：对于涉及第3.7款[商定与决定]的相关事宜发生的争议，双方任一方都有权在发出或收到第3.7.5款[对工程师决定的不满]所述的不满意通知（NOD）后的42天内提出，若42天不提出，该不满意通知时效即失，不再被认为是有效通知；

- 提交争议通知应说明是根据本款提交的，争议提出方应说明争议案情，同时抄送给另一方和工程师；

- 若DAAB为三人委员会，DAAB主席收到该通知日期即被视作DAAB委员会收到通知的日期；

- 除非法律禁止，否则，本款中争议提交DAAB的行为应被视为适用的法律时效的中断；

- 争议提交DAAB后各方义务（24.4.2）：为争议裁定之目的，各方应按DAAB的要求，为其提供所需的全部资料、进入现场、相关设施等；

- 除非合同被放弃或终止，否则，双方应继续履行各自的合同义务；

- DAAB的裁定（24.4.3）：DAAB应在收到争议提交函的84天内或DAAB提议且双方同意的时段内给出裁定；

- 若当上述时段到期时，应付的DAAB成员的款项仍没有得到支付，则在相关款项被支付前，DAAB没有义务给出裁定，但一旦此类款项支付后，DAAB应尽快给出裁定；

- 争议裁定应书面通知双方，并抄送工程师；

- 裁定书应写明理由，并说明是根据本款给出的；

- 不管双方是否对争议裁定发出了不满意通知，争议裁定对双方都有约束力，并应立即遵守；

- 业主应该负责保证工程师遵守DAAB的裁定；

- 若DAAB裁定要求一方支付另一方款项，该款项应该予以支付，无需开具支付证书或发出通知，或者，在一方要求之下，若DAAB有充足的理由认为，在后续仲裁裁决反转的情况下，收款一方没有能力返还支付此类款额，则作为其裁定的一部分，DAAB可以要求收款一方提供相应的等额担保，但最终是否要求收款方提供担保，完全由DAAB来决定；

- DAAB的裁定不应被认为是仲裁，DAAB也不得以仲裁员身份行使裁定职责；

- 对DAAB的裁定不满（21.4.4）：若一方对DAAB的裁定不满意，他可向另一方发出不满意通知（NOD），同时抄送给DAAB和工程师；

- NOD应说明这是一个对DAAB裁定不满意的通知，并列明争议事宜以及不满意裁定的理由；

- 本NOD应在收到DAAB的裁定后的28天发出；

■ 若DAAB没有在规定的时间内给出裁定，合同双方任一方可以在该期限届满后的28天内，向另一方发出上述NOD；

■ 若没有按本款发出不满意通知，任一方无权开始仲裁，除非发生了：（1）第3.7.5款[对工程师决定的不满]所述的情况，即：一方拒不执行已经有约束力的工程师的决定；（2）第21.7款[没有遵守争议避免与裁决委员会的裁定]所述情况，即：一方拒不执行已经有约束力的DAAB的裁定；（3）第21.8款[DAAB机制不再存在]所述情形，即：已经不存在DAAB的工作机制；

■ 若DAAB按时给出了争议裁定，但双方在收到裁定后的28天内没有提出NOD，则此情况下，DAAB的裁定即成为终局的且有约束力的裁定；

■ 若对NOD不满意的一方只是部分不满意，则应在NOD中清楚地列出该部分，则该部分连同该部分的相关部分，应该被认为可以与裁定书的其他部分分离出来的；

■ 裁定书的其他部分则成为终局的且有约束力的部分。

本款应该是争议解决中最重要的一个步骤，从实践来看，争议大部分可以通过此过程解决。因此，这一DAAB裁定过程十分重要。与1999版相应的条款相比，本款也用了更长的篇幅来细致地规定整个过程的每一个方面：争议如何提交；提交争议后各方义务的履行；DAAB如何给出裁定；裁定的性质；一方对裁定不满如何处理。

对于合同双方而言，本款对时效作出了严格规定，若不按时发出通知，则有可能失去自己的抗辩权利。

21.5　友好解决（Amicable Settlement）

就友好解决这一子条款，内容与1999版的内容基本保持不变，只是要求双方提出仲裁的时间，从原来的收到裁定后的56天，缩短到28天内。这一调整大概是FIDIC考虑到2017版增加了争议避免机制，因此，在经历了几个环节后，给予56天的友好谈判时间无疑显得时间有点长了，不利于解决争议的效率。但笔者认为，对于金额比较小或索赔事件影响小的争议可以缩短为28天，但对于巨大金额的事宜，还是较长些为好，因为一旦启动仲裁程序，对双方来说，无论从时间和费用上，都面临更大的不确定，成本也更加高昂。

大家可以参阅前面关于1999版第20.5款[友好解决]的解析，在此不再论述。

21.6 仲裁（Arbitration）

在1999版中，对仲裁的规定已经比较完整，但2017版又补充给出了一些更加细致的规定。请看本款的规定：

- 若争议没有按上述方式解决，则应最终提交国际仲裁解决；
- 除非另外商定，仲裁规则采用国际商会仲裁规则，按该规则任命一名或三名仲裁员来解决；
- 仲裁语言应为第1.4款[法律与语言]规定主导语言；
- 仲裁员有权查阅与该争议有关的一切文件，包括工程师签发的证书、给出的任何指令、意见以及没有成为最终约束力的决定，也有权查阅DAAB没有成为有最终约束力的裁定；
- 就有关争议，工程师有资格被唤作证人，在仲裁员面前作证；
- 在涉及仲裁费用的裁决时，仲裁员应考虑合同一方在任命DAAB成员方面给予另一方的不合作行为；
- 任何一方在仲裁过程中所提供的证据，不仅仅限于在以前工程师或DAAB处理争议事宜的环节中所提供的证据，可以根据情况补充新证据；
- DAAB的任何裁定可以作为仲裁的证据；
- 仲裁既可以在工程实施期间开始，也可以在竣工之后开始，仲裁不影响合同双方实施过程中的各项合同义务；
- 若仲裁结果要求一方支付另一方费用，则该费用应立即支付，无需签发证书或发出通知。

本款的规定与1999版规定基本相同，但也补充的一些新规定，如：仲裁员无权查阅已经成为有最终约束力的工程师的决定或DAAB的裁定，只能查阅哪些没有成为最终有约束力的决定或裁定，而1999版则规定可以查阅一切决定或裁定；另外，由于仲裁还需要裁定双方要负担的仲裁费，此款补充规定，在裁决分摊仲裁费时，仲裁员应该了解双方在任命DAAB等过程合作表现，对于一方表现出来的不合作行为所造成的影响，应该在责任划定方面予以考虑。虽然这一规定表面上看比较合理，但仔细研究，逻辑上似乎有点问题。虽然也应该考虑各方在任命DAAB过程中的合作表现，但更重要的是，要考虑双方在任命仲裁员过程的合作表现，因为仲裁时主要考虑的是仲裁费的分担情况，而不是DAAB成员费用的分担情况，DAAB的费用按合同规定是由双方平均分担的。

关于仲裁方面的评述，请参见1999版第20.6款[仲裁]的评述和解析。

21.7 没有遵守争议避免与裁决委员会的裁定（Failure to Comply with DAAB's Decision）

就本款而言，2017版在1999版的基础上又补充了细致的规定，本款的具体内容如下：

■ 若一方不遵守已经变成有约束力的DAAB的裁定，在不影响其他权利的情况下，另一方可以直接针对相关裁定提起仲裁，前面相关条款规定设置仲裁前的先决条件不再适用；

■ 在此情况下，仲裁庭有权采用直接纳入裁定内容或其他快捷程序，根据相关法律的规定，以临时措施或临时仲裁裁决的方式，命令执行该DAAB的裁定；

■ 若涉及DAAB的裁定有约束力，但不是终局的情况，在上述临时措施或临时裁决中应有明确保留声明，即：就双方保留该争议涉及的双方权益，并在最终仲裁中确定。

与1999版相比，本款的规定解决了一个临时支付问题，即：有时争议问题复杂，金额很大，完成整个仲裁过程可能会需要一年甚至若干年，这样悬而不决的情况对权利方的财务状况损害很大，甚至会影响一方的正常经营，为了解决这一问题，本款规定了仲裁庭可以采用法律允许的便捷程序，先支付已生效或终局且已生效的DAAB裁定，然后再根据正常程序予以仲裁裁决。

本款提出了一个重要的法律概念，"有约束力的（binding）"以及"终局的且有约束力的（final and binding）"。若仅仅有"约束力"，则接下来的法律程序，仍可能推翻向裁定，但若是"终局的且有约束力的"，则后面的法律程序不可推翻该裁定，只是按照法律程序要求强制执行该裁定。

结合2017版第3.7款[商定或决定]、第21.4款[获得DAAB的裁决]等的规定，总结一下，工程师和DAAB的决定和裁定，在什么条件下，哪些是无约束力的？哪些是有约束力的？哪些既有约束力，又是终局的？

21.8 DAAB机制不再存在（No DAAB in Place）

本款对应的是1999版的第20.8款[争议裁定委员会的任期届满]，虽然标题有所修订，但基本内容没变，请参阅前面这一条款的解释和评述。此处不再解释。

本条到此讲完了，请检查一下自己是否达到了开始提出的要求，并思考下面的问题：

1. 提交争议解决的前提条件是什么？

2. DAAB的裁定有法律上的约束力吗？若有约束力，此类约束力是终局的吗？

3. 对比分析1999版第20.8款[争议裁定委员会的任期届满]与本条的异同，并加以评述。

管理者言：

　　虽然人们通常声称最好的仲裁结果也比不上最糟糕的友好解决，但只有合同规定一个完善的仲裁机制，才能促进双方采用友好方式解决争议。

　　1999版和2017版的红皮书讲解到此结束，在学习黄皮书之前，请再回忆一下，红皮书中规定的主要内容，包括合同文件、各方义务和权利、质量、工期、支付以及风险分担等。如果基本掌握了，就接着阅读黄皮书吧。

FIDIC 黄皮书
（1999 版与 2017 版）

生产设备与设计 — 建造合同条件
Conditions of Contract for Plant and Design-Build

黄皮书中的合同与组织关系示意图：

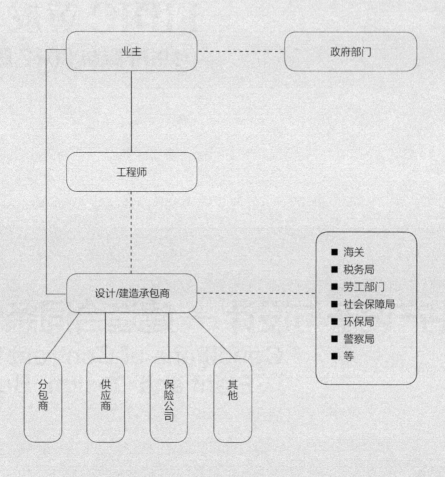

注　1. 实线表示合同关系和管理（或协调）关系；虚线只表示管理或协调关系。

　　 2. 设计工作由承包商承担，一般承包商雇用一个设计分包商。

　　 3. 图中的"工程师"相当于我国的监理工程师（单位）。

　　 4. 工程保险一般由承包商办理。

说明：

　　由于FIDIC新版合同条件，除"简明合同格式"外，红皮书、黄皮书以及银皮书三个版本的编排方式基本相同，合同条款的编号也基本对应。因此，在讲解黄皮书的内容时，对与红皮书中内容基本相同的条款不再讲解，也不再列出，读者可以参阅红皮书的对应条款。

FIDIC

第1条 一般规定（General Provisions）

学习完这一条，应该了解：

- 黄皮书合同各个组成部分；
- 业主的要求的性质；
- 承包商的建议书的性质；
- 业主的要求中出现错误时的处理方法。

1.1　定义（Definitions）

1.1.1　合同（Contract）

1.1.1.1　合同（Contract）[1]

这里的合同实际是全部合同文件的总称，它包括全部的合同文件，这些文件是：

- 合同协议书；

- 中标函；

- 投标函；

- 合同条件；

- 业主的要求；

- 明细表；

- 承包商的建议书；

- 合同协议书或中标函中列出的其他文件。

与1999版红皮书相比，上面的合同文件没有包括"规范"和"图纸"，而增加了"业主的要求"和"承包商的建议书"。由于在1999版黄皮书模式下，承包商的工作范围包括设计，因此，业主在招标文件中，也就不可能给出详细的"规范"和"图纸"等文件，因为这些文件只有设计工作做到一定程度才能编出[2]。这种工作范围包括设计的总承包合同只在"业主的要求"中给出轮廓性规定，并要求承包商在投标时，以该轮廓为基础，给出"承包商的建议书"。这两个术语的含义，在下面的定义中给出。

2017版对此定义进行了修订，合同组成文件，除上面列出的内容外，增加了"合同协议书补遗"以及"联营体保证"两项具体内容。

1.1.1.5　业主的要求（Employer's Requirements）

这一文件包括的主要内容有工程的目的、工程范围、工程设计的技术标准等。其地位与1999版红皮书下的"规范"、"图纸"、"工程量表"等文件类似，但内容属于粗线条，主要说明的是工程的技术要求以及范围。具体地讲，本文件中一般要说明下列内容：

---

[1] 与前面的1999版红皮书类似，在解释黄皮书时，列出1999版的规定，若2017版有实质性修订，则在解释时给出2017版修订的内容。下同。

[2] 事实上，在国际工程实践中，"业主的要求"往往包括"规范"或类似技术性文件。

- 现场的位置；

- 工程的界定以及目的；

- 质量和性能标准。

1999版中与"业主的要求"相关的条款包括：

- 第1.8款[承包商需要提交文件的份数]；

- 第1.13款[业主将获取许哪些许可]；

- 第2.1款[业主向承包商移交现场以及相关附属物的方法]；

- 第4.1款[工程的目的]；

- 第4.6款[现场是否有其他承包商作业]；

- 第4.7款[向承包商提供放线的数据有哪些]；

- 第4.14款[承包商需要采取哪些措施来保护第三方不受施工的影响]；

- 第4.18款[对承包商提出的环保要求]；

- 第4.19款[业主将向承包商提供的水电等设施]；

- 第4.20款[业主将向承包商提供的施工设备和免费材料]；

- 第5.1款[承包商的设计人员应达到的标准]；

- 第5.2款[哪些承包商的文件在施工期间需要经过工程师批复]；

- 第5.4款[承包商在施工过程中应遵守的技术标准以及有关法律，如环保法]；

- 第5.5款[是否需要承包商为业主的人员提供培训服务]；

- 第5.6款[承包商需要提交哪些竣工文件，以及编制标准]；

- 第5.7款[承包商编制操作维护手册的标准以及其他要求]；

- 第6.6款[承包商需要向其他人员提供的便利条件]；

- 第7.2款[承包商需要向工程师提供哪些样品]；

- 第7.4款[承包商应进行哪些检验，以及为此类检验提供哪些设备，仪器和
人员]；

- 第9.1款[承包商如何进行竣工检验]；

- 第9.4款[通不过竣工检验的处罚方法]；

- 第12.1款[进行竣工后检验的具体方法]；

- 第12.4款[通不过竣工后检验的处罚方法]；

- 第13.5款[属于暂定金额的工作项]。

2017版关于"业主的要求"的定义，又增加了"关键职员（Key Personnel）"

这一内容，这大概是因为FIDIC越来越认为，关键职员的素养对工程的顺利进行十分重要，因此在合同方面加强了这方面的规定。

从以上可以看出，"业主的要求"是一份十分重要的文件。因此，对业主方来说，在编制时应注意保持各内容间的一致性，特别是针对质量与计量方面的规定，要注意，既不宜采用过分"具体"的方法，也不宜采用过分"概括"的方法。"太具体"容易漏掉某些内容，导致覆盖面不全；"太概括"则导致承包商在投标时无法计算投标价格，在执行过程中双方在某些具体做法上产生争议❶。

1.1.1.6　明细表（Schedules）

虽然本术语的定义与新红皮书下的定义类似，但1999版红皮书下的明细表主要包括工程量表和计日工表；而1999版黄皮书中的明细表则主要是要求投标人提供业主评标所需要的关于投标人的资料，它可能包括有问答栏和一些其他列表，用来要求投标人提供信息，如：关于投标人的施工设备、技术人员（尤其是设计人员）等反映投标人实力的数据。

1.1.1.7　承包商的建议书（Contractor's Proposal）

本术语实际上指的是承包商编写的投标技术方案，包括设计、施工和采购等工作安排计划。这份投标文件是反映承包商技术力量的主要标志。1999版规定，"承包商的建议书"是随承包商的投标书提交的那一部分文件，2017版则明确定义其为组成投标书一部分的文件。

在国际工程总承包合同的投标中，对于承包商的建议书的编制应详细到什么程度，一般并没有详细的规定，如：设计部分需要达到什么深度，但有时要求承包商在承包商的建议书中包括工程的初步设计（preliminary design）。根据项目的具体情况，业主可以在招标文件中提出，承包商的建议书到达什么深度，其投标文件才被认为是"响应标"。

理论上讲，承包商的建议书编制的越详细，越有利于减少合同双方在工程实施阶段就工程的设计等问题产生的矛盾。但由于承包商编制详细的建议书，尤其是设计部分，需要一定的费用和时间，因此，承包商可能不太愿意为投标花费太大的代价，尤其是当投标人数目较多时。要求承包商编制十分详细的建议书有时不太实际。

---

❶ 关于"业主的要求"的编写方法进一步的说明，请参阅亚洲开发银行编写的SAMPLE BIDDING DOCUMENTS：DESIGN-BUILD AND TURNKEY CONTRACTS，1996，pp175～178。

在国际工程实践中，我们常常使用"商务建议书（商务标）"和"技术建议书（技术标）"等类似术语。本定义中的"承包商的建议书"实际上是"承包商的技术建议书"，本合同条中所提到的"投标函"、"投标函附录（合同数据）"以及其他有关价格和支付方面的文件，则通常被归在"承包商的商务建议书"中。

1.9 业主的要求中的错误（Errors in the Employer's Requirements）

如果承包商在工程进行当中，发现业主的要求中出现错误，而这些错误又影响到了承包商的工作，则如何处理？

1999版本款的规定如下：

■ 如果业主的要求中出现的错误导致承包商的工期和费用受到影响，则承包商在满足下列条件下可以提出索赔工期、费用和合理的利润；

■ 工程师在收到承包商的索赔报告后，应按第3.5款[决定]予以审定；

■ 但如果业主的要求中的错误是一个有经验的承包商在第5.1款[一般设计义务]中规定的审核期中，经过仔细审核本应能发现的错误，则承包商失去此类索赔权。

2017版本款的规定比上述规定更加细致，具体如下：

■ 若承包商 按照第5.1款[一般设计义务]对业主的要求进行审查时，发现了其中存在错误，则应在合同数据中规定时间内或若合同数据中没有规定，则在开工日期后的42天内，将相关错误通知工程师；

■ 若在上述期限之后又发现了错误，仍应及时通知工程师；

■ 工程师应按照第3.7款[商定或决定]规定，去商定或决定：（1）业主的要求中是否的确存在此类错误；（2）在提交投标书之前勘察现场或审查业主的要求时，或若在上述规定的时间之后发现的错误，一个有经验的承包商是否能够根据合同要求以应有的专业技能，合理发现此类错误；（3）要求承包商为改正此类错误所采取的措施。

■ 若工程师断定一个有经验的承包商在上面的两个时间段也无法合理发现此类错误，则相关纠错措施可以适用第13.3.1款[变更指令]；

■ 若因此类事件承包商遭受延误和其他损失，则他可以按索赔程序提出费用、利润和工期的索赔。

承包商有两个时间需要对"业主的要求"进行研究，一个是承包商投标期间，目的为了编制投标文件和计算报价；另一是在工程开工后，目的是在开始设计以前保证"业主的要求"中的问题能及时发现（见第5.1款[一般设计义务]）。在特定的条件下，如果"业主的要求"中的错误影响了承包商的工作，本款允许承包商提出索赔。2017版规定，工程师在确定是否一个有经验的承包商应能够发现"业主的要求"中是否存在错误，要根据这两个阶段的具体情况来判断。这无疑更具有合理性以及对工程师的主观判断给出了更具体的规则限制。这实际上是将1999版中第5.1款[一般设计义务]的规定调整到第1.9款[业主的要求中的错误]，并进行了具体化。

承包商一定要注意，虽然根据本款，如果"业主的要求"中出现问题，就可以索赔，但必须满足一个条件，即："业主的要求"中出现的错误必须是一个有经验的承包商经过认真核查也无法发现的，因此，如果承包商要索赔，他必须证明，他按要求在上述两个时间段都进行了合理的审核，而未能发现错误，并应能提供证据。同时参阅第5.1款[一般设计义务]。

本条到此讲完了，请检查一下自己是否达到了开始提出的要求，并思考下面的问题：

1. 黄皮书与红皮书模式下，其组成合同文件有哪些异同？
2. 投标人在编制"承包商的建议书"时应注意什么问题？
3. 对比分析本条1999版与2017版，并评述相关修订的内容。

第 5 条　设计（Design）

学习完这一条，应该了解：

- 承包商的一般设计义务；
- 业主对承包商的文件的编制要求；
- 承包商设计过程中应遵守的基本规则；
- 承包商在移交工程之前必须提交的文件。

与红皮书相比，黄皮书的最大不同就是工作范围，即在黄皮书模式下，承包商的工作不但包括施工，同时也包括设计。从国际惯例来看，工程设计大致可划分三个阶段：概念设计阶段、基础（初步）设计阶段、详细设计阶段。概念设计通常由业主在项目可行性研究阶段进行[1]，并将设计出的图纸与文件编入业主的要求中，作为招标文件的一部分；初步设计也称为基础设计，由承包商在投标时依据业主的要求来做或提出详细的设计计划[2]，并在中标后具体实施；详细设计是在承包商完成初步设计后，于工程实施过程中逐步完成。1999版与2017版黄皮书对设计工作是怎样规定的？现在我们一起看具体内容。

5.1 一般设计义务（General Design Obligations）

设计的好坏直接关系到工程的质量，那么承包商在设计方面有哪些义务？业主是怎样管控承包商的设计工作的？

1999版本款的规定如下：

■ 承包商应执行工程的设计并为之负责；

■ 从事设计的人员必须是合格的工程师或其他专业人员，如果业主的要求中规定了相关标准，则设计人员应达到该标准；

■ 除合同另有规定，设计人员和设计分包商应报经工程师同意；

■ 承包商应保证其设计人员和设计分包商具备设计所必需的经验和能力，并保证在缺陷责任通知期届满之前他们随时能够参加与工程师的讨论；

■ 开工通知颁发之前，承包商应仔细审核业主的要求中的设计标准和计算书以及任何放线参照数据，并在投标函附录规定的时间内，将发现的错误通知工程师；

---

[1] 在国际工程中，业主在招标时所完成的设计深度并不一致，有些业主前期设计工程完成得比较深，甚至达到初步设计的深度，但有的业主的设计深度只是可研甚至是预可研深度。最新理论研究显示，业主前期设计工作的深度的不同，对后续承包商设计工作绩效有一定的影响。若业主前期设计浅，有助于承包商后期的设计创新，但同时又容易导致双方的争议。具体请参阅：Shuibo Zhang, Xinyan Liu, Pei Ma（2018），Effect of the Level of Owner-provided Design on Contractor's Design Quality in DB/EPC Projects, *Journal of Construction Management and Engineering*, forthcoming .

[2] 在实践中，对于包括设计的总承包工程，设计工作阶段的划分并不完全一致，一般取决于业主的总的工程招标策略。有时业主在招标前除概念设计外，还完成部分初步设计，因此所包括的技术资料比较详细；有时，业主并不要求必须在承包商的建议书中进行完整的初步设计，而只要求承包商提出进行工程设计的详细计划。在1999版黄皮书中，对此也没有明确规定。

■ 工程师收到通知后，应决定是否变更，并通知承包商；

■ 如果该错误是一个有经验的承包商在提交投标文件前经过仔细审查招标文件和现场可以预见的，则合同费用和竣工时间不予调整。

2017版对本款进行了修订，将对承包商的设计人员的要求进行了细化，并将业主的要求中的错误责任划分放到前面第1.9款[业主的要求中的错误]，具体规定如下：

■ 承包商应实施工程设计并对设计负责；

■ 承包商的设计人员：（1）应为各专业的有资格、有经验、有能力的工程师和其他专业人员；（2）应遵守业主的要求所规定的标准；（3）根据适用法律，有设计工程的资质和权利。

■ 除非业主的要求另外规定，承包商应将每个设计人员/设计分包商的名称、地址、详细资料、相关经验报给工程师同意；

■ 承包商要担保承包商、其设计人员或设计分包商具有必要的设计经验、资格与能力；

■ 承包商保证，在履约证书签发之前，其相关设计人员/设计分包商在所有合理时间随时可以参加与工程师和业主的现场内外的讨论；

■ 收到开工通知后，承包商应对业主的要求进行详细研究，若发现错误，按第1.9款[业主的要求中的错误]规定处理；

■ 若业主的要求中的错误涉及的是相关参照项，则按第4.7款[放线]处理。

与第4条[承包商]的编排方法类似，本条第一款一开始使用比较笼统的语言规定了承包商的总体设计义务。这也是合同文件编制的一个特点，即：先采用概括的方法来对有关义务做出总体规定，然后在后面的各个条款中针对具体内容再做出进一步的规定，使文件的编排有"面"有"点"，既不至于漏项，也不至于规定得太烦琐，从便于阅读使用。

从内容来看，本款对承包商的设计人员的要求比较严格，这些人员必须具备设计经验和能力，并经过工程师的许可。有时，在业主的要求中，可能对设计人员的标准有具体规定，如：设计人员必须有一定年限的设计经验，主要设计人员必须能流利地使用合同规定的沟通语言与业主、工程师进行交流等。此类情况下，承包商的设计人员应符合该具体规定。

2017版修订了两点：一是对设计人员资质和能力要求更具体了；另一个将关于业主的要求的责任界定删除，相关内容放到第1.9款[业主的要求中的错误]和第4.7款[放线]。

请思考：如果工程师对承包商的设计人员不同意，承包商应如何处理这类情况呢？（请参阅第1.3款[通信联络]）。

由于设计工作比较专业，很多承包商本身不具备设计能力，因此需要进行设计分包。设计工作是总承包工作中的核心工作之一，设计工作执行的好坏直接关系到后续施工是否能够顺利进行。可以这样认为，好的设计是总承包项目成功的一半[1]。

本款规定，承包商应在规定的时间内将发现的业主的要求中的错误通知工程师，这项规定实际上给承包商提供了一个索赔机会，但承包商本身至少要做到：

（1）他必须证明他在投标期间仔细审阅了招标文件的各项规定，尤其是业主的要求中的各类规定；

（2）他必须在投标期间仔细踏勘了现场；

（3）他在整个投标期间的做法属于一个有经验的承包商的通常做法；

（4）由于业主的要求中的错误的隐蔽性，他仍不能够发现该类错误。

但如果达不到上述条件，则即使于发现的错误导致变更，费用和工期仍不能得到调整。

5.2　承包商的文件（Contractor's Documents）

承包商的文件既是工程的实施的操作依据，又是承包商内部控制工程质量的前提。此类文件包括哪些内容？承包商如何编制此类文件？业主对承包商的文件编制是怎样管理的？

1999版本款的规定如下：

■ 承包商的文件包括：

（1）业主的要求中规定的技术文件；

（2）为满足法规要求的批准须编制的文件；

（3）合同要求的竣工文件（第5.6款[竣工文件]）；

（4）操作维护手册（第5.7款[操作维护手册]）；

■ 承包商应使用合同规定的语言编写（第1.4款[法律与语言]）；

■ 除前面提到的承包商的文件外，承包商还需要编制为指导其人员施工所需的其

---

❶ 关于总承包中的设计管理，可以参阅"工程总承包项目的设计分包管理"，石油工程建设1999年第5期，作者：吕文学。

他文件;

■ 业主的人员有权检查承包商的文件编制工作;

■ 若业主的要求中规定承包商的文件应提交工程师审查或批准,则应按要求提交,并附通知;

■ 除非业主的要求中另有规定,否则,从工程师收到承包商的文件和通知算起,审核或批准的时间不应超过21天;

■ 文件所附的通知应说明,所提交的文件已经编制完毕,供工程师按本款规定进行审核或批复,并且承包商认为该文件可以投入使用,同时还应说明,所提交的文件符合合同的要求,若不符合,说明不符合的地方;

■ 工程师可在审核期内通知承包商,指出其文件不符合合同规定的地方,若该文件的确不符合合同规定,承包商应自费修改并再次提交工程师,要求其审核或批准;

■ 除非承包商已经提前获得工程师的许可或批准,否则按下列程序执行;

■ 针对需要取得工程师批准或许可的承包商的文件:

(1)在承包商的文件已经提交给工程师后,工程师应通知承包商文件是否予以批准,若批准,可以不给出额外说明;若不批准,应说明不符合合同的地方;

(2)工程师批准文件之前,相关工程不得开工;

(3)审核期届满后,即认为工程师已经批准承包商的文件,除非工程师在审核期内通知承包商该文件不符合合同的方面。

■ 对于承包商的所有文件,审核期不届满,相关施工工作不得开始;

■ 承包商应按照审核或批准的文件进行实施;

■ 若承包商随后希望修改已经提交给工程师的文件,则他应立即通知工程师,并随后将修改的文件按程序提交给工程师;

■ 若工程师认为需要承包商编制进一步的文件,承包商应立即编制;

■ 任何此类审核或批准不解除承包商的任何义务和责任。

2017版本款对1999版进行了修订,将相关内容更好地进行了结构化,又细分为3个子条款,具体规定如下:

■ 承包商的文件包括:

(1)业主的要求中规定的那些文件;

(2)满足法律法规、许可证等报批所需编制的文件;

(3)按合同规定的竣工记录与操作维护手册等文件。

■ 承包商的文件编制：除非业主的要求中另有规定，否则承包商的文件的编制应使用第1.4款[法律与语言]中规定的语言；

■ 承包商应编制所有承包商的文件以及他实施工程所必要编制的其他文件，并用来指导其员工，不管这些文件在何处编制，业主的人员有权检查文件的编制情况；

■ 工程师的审核（第5.2.2款[工程师的审核]）：本款所述的"审核期"指的是21天或业主的要求另行规定的时间段，从工程师从承包商处收到文件以及通知的日期算起；

■ 第5.2.2款[工程师的审核]所述的"承包商的文件"不包括按照业主的要求或合同条件的规定不需要提交审核的文件；

■ 第5.2.2款[工程师的审核]所述的"通知"应说明承包商的文件已经编制完毕，已准备好供审核和用于工程实施，且符合业主的要求与合同条件的规定，若不符合，需要说出不符合的方面；

■ 若业主的要求或合同条件规定，某项承包商的文件需要提交工程师审核，则承包商应按规定提交，并附有一通知；

■ 工程师在审核期内审核，并向承包商发出：（1）不反对通知，但可以指出需要修改但不实质性影响工程的小问题；（2）通知，指出在哪些方面承包商的文件不符合业主的要求，并说明理由。

■ 若工程师在审核期没有针对某一承包商文件发出上述通知，则认为工程师发出了不反对通知，但该文件所依据的其他承包商的文件应已获得工程师的不反对通知；

■ 若工程师指示承包商提交附加承包商的文件，才能显示承包商的设计符合合同，只要此类要求合理，承包商应立即编制和提交相应文件，费用由承包商负担；

■ 若工程师的审核意见认为，承包商的文件不符合要求，则承包商应：（1）立即修改该承包商的文件；（2）并按上述程序再次提交工程师审核；（3）承包商无权因此类修改、再提交和再审核索赔工期。

■ 若业主方因承包商的文件修改后再提交和再审核招致了额外费用，则业主有权向承包商提出费用索赔；

■ 施工（第5.2.3款[施工]）：对于要求提交的承包商的文件（不包括竣工记录和操作维护手册）：（1）只有工程师发出了不反对通知，承包商才能开始相关工程施工；（2）施工时，应按照已完成审核的承包商的文件；（3）承包商可以对已经提交的承包商的文件进行修订，但需要通知工程师，说明理由。若相关施工已经开始，则应：

（1）暂停施工；（2）按第5.2.2款[工程师的审核]中工程师审核未通过的情形再次提交
工程师审核；（3）只有在工程师对修改的相关承包商的文件发出了不反对通知，该部
分施工才能重新开始。

本款详细地规定了承包商的文件编制的管理程序，本款的规定可分三方面：
（1）承包商的文件包括的内容；（2）承包商的文件递交和审核程序；（3）工程师有
权要求承包商编制进一步的承包商的文件。2017版更好地结构化为：承包商的文件
的编制；工程师对此类文件的审核程序；承包商依据审核通过的文件进行施工。

根据本款的规定，承包商的文件可分为：业主的要求中明文规定的文件；为获得
各类法规批准而要求承包商编制的文件（如当地警察局可能依法要求承包商编制工程
使用炸药的规程等）；为工程接收而提交的各类竣工文件（第5.6款，第5.7款）；同时
还规定，承包商还需要编制为指导其人员所需的承包商的文件中没有包括的文件。事
实上，这些文件通常都会在业主的要求中做出明确规定，这里分别规定是编制合同条
件的一种保险做法，目的是防止漏项。如：在业主的要求中列明的为获得法规批准所
需的承包商的文件可能并不完整，而在此规定承包商必须编制为获得法规批准所需的
文件，就能弥补业主要求中的不足。

应当注意，本款的规定并不意味着所有承包商的文件都要提交工程师审核或批
准，而只是提交在业主的要求中明文规定须提交的那些文件，因此，业主应当注意，
如果希望审核或批准哪一部分文件，就需要在业主的要求中列清楚。

根据1999版本款的规定，要求承包商提交的文件按性质可以再分两类：一类是
需要批准（approve）的；另一类则只需要审核（review）。一般来说，需要批准的
承包商的文件，其管理程序规定得比较细致。对于仅仅需要审核的文件，规定得比较
简单。但在2017版中，删除了"批准（Approve）"字眼，仅仅使用"审核（Review）"
字眼。不使用"批准"一词，大抵更容易避免审核文件的专业工程师的职业责任等。

对承包商的文件的审核与批准，主要目的是保证承包商的设计等符合合同的规
定。从理论上讲，也给业主一个变更其原来的要求的机会❶。

在实践中，承包商的文件的批复期是一个敏感的问题。本款规定了为21天，但
问题是，如果在工程师指出承包商的文件不符合合同要求，需要修改，承包商需要再

---

❶ 由于变更常导致额外的费用，因此，实践中，业主方有时在审查承包商的设计时，利用合同中
的一些模糊规定，提出在承包商看来不合理的内容，要求承包商增加，以达到自己的目的。

提交，新一轮的批复期是多长时间？虽然本款没有明确规定，但暗示仍为21天。考虑到在签订合同前，合同中的工程设计标准是粗线条的，承包商在投标文件中的设计方案也不可能太详细，因此，在工程实施过程中的详细设计中，业主（工程师）与承包商双方对设计的具体细节上有时意见差别特别大，造成承包商必须听从业主（工程师）的意见，因为工程师掌握着批复权，因为得不到批准，承包商不得开工。因此，有些文件的批复要经过若干次反复才能最终被批准，有可能造成工期的拖延，特别是当双方关系不太融洽时，情况更是如此。这种现象对承包商来说极为不利，是承包商承担总承包工程的主要潜在风险之一，承包商应特别关注。1999版的规定似乎也没有能很好的解决这一问题。

遗憾的是，2017版的规定就该问题向业主（工程师）更加倾斜，新增加的规定要求，若承包商的文件审核不通过，因业主后续再审核招致的额外费用，他可以向承包商提出索赔。这一规定更加对承包商不利，这大抵是对"这一复杂的审批过程"认知过分简单化导致。因为对于工程总承包项目，前期业主的要求很笼统，很多事项处于一个"灰色区域"，双方在审核过程中会出现反复的磋商，很多情况下是很难判断谁是谁非，这一过程往往是双方反复磋商和妥协的过程。2017版这一规定也不利于操作，即：如何鉴别业主因为承包商的文件修订后再提交再审核招致了额外费用？因为，按照国际工程设计管理过程，不可能假定承包商的文件审核一次通过，而且即使不通过，原因也不一定在承包商。反过来，业主（工程师）利用这一新增加的规定对承包商施压，将其不合理的意向纳入设计方案，从而更加损害承包商的利益。

就承包商而言，应对此问题的途径有两类：一是保证与业主方的人员建立良好的合作关系，以自身的技术实力赢得对方的信任，这样将有助于文件的审核通过；二是以合同为手段，在确信自身设计符合合同要求，而对方故意刁难时，可以参阅合同中相关的条款提出索赔。如第1.3款[通信联络]中关于工程师的"批准、证书、许可与决定不得无故扣发或延误"；也可以推定工程师的某些要求为"推定的变更指令"（constructive variation order），进而也可以依据变更来提出索赔（参见第13条[变更与调整]），但第二种方法容易导致双方产生争议。

本款还规定，如果工程师指示承包商编制进一步的承包商的文件，承包商应立即执行。但在2017版中，增加了一个要求，即：工程师的这一要求应"合理"。因此，在执行此指令时，承包商应注意，工程师要求的文件是否属于合同规定的范围之内，若不属于，则不能认为是合理要求，承包商有权将此类指令视为变更指令。

5.3 承包商的保证（Contractor's Undertaking）

在总承包合同中，通常要求承包商对其设计和施工做出承诺或保证，1999版本款的规定如下：

- 承包商应保证其设计、文件、施工以及完成的工程符合下列规定：

（1）工程实施所在国的法律；

（2）合同文件，若有变更，以变更为准。

2017版本款的规定与1999版相同。

本款规定虽然简单，但无论对业主还是承包商都十分重要。对业主而言，本款的规定提醒业主在编制招标文件时，一定注意工程所在国的有关法律，并最好将有关法律的名称列入招标文件内，供承包商投标时参考。对承包商而言，在投标阶段应该对该国的相关法律进行查阅，可以通过业主或当地代理来了解，特别是对设计工作影响很大的安全、环保、质量标准等问题。

在执行合同的规定时，有关组成合同的文件很多，彼此之间有可能存在不一致的情况，执行时最好要求工程师澄清，并应按最有优先权的文件执行（见第1.5款[文件的优先次序]）。承包商前期应对业主技术要求涉及的法律、技术规范、图纸、合同条件等文件的要求汇总整合研究，避免因误解而提出不恰当的设计方案，给报价工作带来偏差。

5.4 技术标准和规章（Technical Standard and Regulations）

对工程建设而言，绝大多数国家都有一些适用的法规来管辖，业主方为了保证其工程符合各类建设法规，因而通常在合同中增加相应的规定，来管辖承包商的工程实施。

1999版的规定如下：

- 承包商的设计、文件、工程实施以及竣工后的工程必须符合：

（1）工程所在国的技术标准；

（2）建筑、施工以及环境方面的法律；

（3）工程生产出的产品适用的法律；

（4）业主的要求中规定的适用于工程的其他标准或适用法律规定的其他标准。

- 此处所述法律为业主接收工程时通行之法律；

- 合同中所述颁布的标准应为在基准日期仍适用的版本；

■ 如果基准日期后标准修改或出现新标准，承包商应通知工程师，若需要，还应向工程师提出执行此类标准的建议书；

■ 如果工程师认为需要执行，并且该执行构成了变更，工程师应按变更条款签发变更命令。

2017版的规定与1999版基本保持一致，只有个别措辞发生变化，但不影响含义。

本款的规定提醒承包商，在承担包括设计的总承包工程时，一个重要的问题就是需要了解工程所在国涉及工程建设的相关法律，尤其是工程建设的技术标准以及环保法规，并且在投标阶段就需要进行研究。如果业主在招标文件没有具体列出相关文件，则应利用现场考察机会收集相关资料，也可以请当地律师咨询（有时费用太高！），作为自己在投标中考虑设计方案的基础。如管线工程，若其线路会影响到自然保护区，则其设计时应尽量绕行，或者将影响降低到最小限度，以便能取得当地主管当局的批准。

由于承包商在投标时只能依据当时的各类技术标准和相关法规，因此，本款规定，如果在基准日期之后有关标准或法规改变，并且承包商需要执行时，则应按变更处理。

与第5.3款[承包商的保证]以及本款一个相关的问题是：如果合同文件的规定与相关法律的要求不一致怎么办？这是一个比较复杂的问题，也是国际工程包括设计的总承包中容易出现的问题。但无论如何，必须首先执行法律的要求。如果法律要求的标准比业主的要求中的标准高，如果承包商在投标时只是按照业主提出的标准来考虑标价的，则实际费用就会增大，那么承包商是否可以索赔呢？就本合同条件的规定来看，此类索赔不太容易成功。但也不尽然，如果合同中业主的要求比较模糊，而法律的相关规定也比较模糊，而主管当局在批复有关设计时，提出了超过合同规定的标准，导致额外费用，此情况下，承包商的索赔还是有可能的，这需要根据项目的特点，合同和法律的具体措辞，以及主管当局要求所持的依据等的具体情况来具体判断❶。

近年来，业主为了防范承包商因技术要求不一致而提出的索赔，往往在合同条件或业主的要求中增加一句："若出现技术要求不一致的情况，以最严格的要求执行（In case of inconsistencies, the most stringent will prevail）"。此情况下，则承包商更应该注意相关规定的一致性审核，并且利用标前会议等机会进行技术澄清。

---

❶ 读者可以参阅：张水波，谢亚琴主编，《国际工程管理英文信函写作》中关于工程索赔的案例写作部分案例一，中国建筑工业出版社，2001。

阅读本款时，可参见第1.13款[遵守法律]。

5.5 培训（Training）

在工作范围中包括培训是设计–施工总承包合同的一个特点，原因是在工程结束以后，工程的运行需要"本土化"，让当地人掌握工程操作和维护的有效途径就是让工程的设计和实施者去对业主的人员进行培训。

1999版本款的规定如下：

■ 承包商应根据业主的要求中的具体规定，对业主的人员进行工程操作和维护培训；

■ 如果合同规定培训在工程接收前执行，则完成培训工作之前，不能认为工程已经竣工，因而业主也不予以接收。

2017版本款补充了一项规定如下：

■ 承包商应按业主的要求编制培训计划，并提供合格的有经验的培训师、培训设施与培训材料。

阅读本款请注意，只有在业主的要求中有培训工作，承包商才有义务为业主的人员进行培训。有时，在业主的要求中，对培训工作的内容规定比较模糊，因此，承包商在投标时，在其建议书中可将培训具体化一些，如：培训的内容、培训的时间、培训方式（室内理论培训和现场培训）等。2017版在这些方面明确了一些。同时，也应注意业主的要求对培训规定太严格的情况，例如，要求经过培训的学员达到某一水平等。由于学员的素质与培训效果关联性很大，因此，若业主要求学员达到一定水平，承包商也应该提出，参加培训的学员的资质也需要经过承包商的同意。从理论上讲，承包商没有义务保证接受培训的学员一定到达某一水平，但如果培训效果不好，学员达不到工程操作和维护的技能，这可能会导致业主以"承包商没有完成培训"为借口，拖延签发接收证书。

承包商的培训计划应反映在承包商向业主提交的进度计划中（见第8.3款[进度计划]）。

5.6 竣工文件（As-built Documents）（1999版）
5.6 竣工记录（As-built Records）（2017版）

竣工文件或记录是业主工程项目的重要的存档文件；也是今后工程检修所需的必

要资料。编制竣工文件通常是承包商工作的一部分。那么，合同通常对承包商编制和提交竣工文件有何规定？

1999版本款的规定如下：

■ 承包商应按实际施工情况编制完整的竣工记录，保存在现场，并在竣工检验开始前提交工程师两份副本；

■ 承包商还应向工程师提供竣工图纸，此类图纸应按第5.2款[承包商的文件]提交工程师审查，承包商应就绘制竣工图纸的尺寸、基准系统等具体事宜征得工程师的同意；

■ 接收证书颁发之前，承包商应按照业主的要求中的规定，向工程师提交规定的竣工图纸的份数与类型，工程师收到此类文件之前，工程不被认为完工，不能进行接收。

2017版修订了本款的标题，将"竣工文件"改为"竣工记录"，还修订了一些规定，具体如下：

■ 竣工记录的格式、参照系统、电子储存系统以及其细节要求应在业主的要求中规定，若没有规定，按工程师接受的方式执行；

■ 在竣工检验开始之前，承包商应按第5.2.2款[工程师的审核]向工程师提交工程或区段的竣工记录，并将竣工检验期间或工程移交之后更新的竣工记录提交工程师；

■ 竣工记录提供的份数按第1.8款[文件的照管与提供]规定执行。

本款提到的竣工文件主要分为施工记录和竣工图纸，属于"承包商的文件"。本款规定提醒承包商，要注意实施过程中对有关工作的记录，要做到随施工随整理，防止工程已经完成但由于竣工文件没有同步编制而延误工程移交的时间。

在具体合同中，关于竣工文件的详细规定一般可以在"业主的要求"或类似文件中找到。

由于近年来办公自动化的推行，2017版明确规定了需要提交电子版本，具体按第1.8款[文件的照管与提交]执行。（大家还记得该款的具体规定吗？）

5.7 操作维护手册（Operation and Maintenance Manuals）

对于包括设计的总包工程，尤其是机电工程，合同都规定，编制操作维护手册是承包商工作的一部分。请看1999版本款的规定：

■ 在竣工检验开始前，承包商应将操作维护手册的临时版本提交工程师，手册的编制标准应能满足业主运行、维护、修理工程中的生产设备等需要；

■ 操作维护手册最终版本以及业主的要求中规定的其他手册必须在工程接收之前提交给工程师，否则工程不予接收。

2017版对本款作了更加细致的规定，具体如下：

■ 承包商应根据本合同条件的规定，编制并保持更新完整的工程操作维护手册；

■ 操作维护手册的格式与详细程度应按业主的要求规定；

■ 操作维护手册应足够详细，以使：（1）业主为了工程达到规定的性能标准和性能保证对工程进行操作、维护、调整；（2）业主能对生产设备操作、维护、拆卸、重装、修复。

■ 操作维护手册还应包括业主未来使用生产设备所需的备件清单；

■ 在开始竣工检验前，承包商应根据第5.2.2款[工程师的审核]的规定向工程师提交临时的操作维护手册；

■ 在工程移交之前，承包商应根据第5.2.2款[工程师的审核]的规定向工程师提交最终的操作维护手册。

很明显，操作维护手册对工程的最终用户是十分重要的。本款的核心内容是规定承包商提交工程操作维护手册的时间：初步版本在竣工检验前提交，最终版本在工程接收之前提交。提交临时版本的主要目的是在竣工检验的过程中业主参照使用；竣工检验过程中如果发现临时版本有不足之处，最终版本应随后进行更正、补充。

本款只是笼统的规定，操作维护手册的内容应详细得足够业主在今后运行和维修工程时使用。有时，在"业主的要求"中，可能会做出更详细的规定。由于工程操作维护手册属于"承包商的文件"，因此，业主使用此类文件应遵守第1.10款[业主使用承包商的文件]中的约定。

2017版中补充规定，将操作维护手册的程序纳入第5.2.2款[工程师的审核]的审核程序，更易于实践操作。

5.8 设计错误（Design Error）

在总承包项目中，既然设计是工作的一部分，当然承包商应对设计负责。请看1999版本款的规定：

■ 如果承包商的文件中出现错误、疏漏、缺陷等，不管工程师对其批准与否，这些文件的修改以及相关工程的返工，都由承包商自费负责。

2017版扩展了1999版本款的规定，具体如下：

■ 如果承包商的设计和承包商的文件中发现错误、疏漏、模糊、不一致等缺陷，则应根据第7.5款[缺陷与拒收]进行改正；

■ 若此类承包商的文件曾属于第5.2.2款[工程师的审核]下的需要"不反对通知"的范畴，则此类改正应遵守第5.2.2款[工程师的审核]的程序；

■ 所有上述文件的再提交与再审核的风险和费用都由承包商承担。

无论1999版还是2017版，从本款的规定再次显示出国际工程中的这样一个原则：即使工程师（业主代表）批准（不反对）承包商的各类文件，其后果还是由承包商负担。业主方的批准或许可只是一种监督，承包商在合同下的责任是向业主提交一个符合合同要求的"最终产品"。

2017版比1999版的规定更加细致，除了修改设计和文件的责任由承包商承担外，还细化了具体操作的两个方面：一是承包商的设计和文件出现问题后按第7.5款[缺陷与拒收]整改；二是涉及承包商的文件，若此前按照第5.2.2款[工程师的审核]该文件经受过工程师的审核并得到工程师的不反对，则这一文件的修改仍需走审核与不反对程序。

但本款的规定，需要与第1.9款[业主的要求中的错误]的规定联系起来，如果承包商的设计错误是由于业主的要求中的问题引起的，则承包商还是有可能进行索赔的。另外，根据第1.8款[文件的照管与提供]，合同双方中任一方在某文件中发现有错误，该方有义务立即通知另一方。这就意味着，从理论上讲，如果承包商的文件中出现问题，被工程师发现了，工程师有义务立即通知承包商。

本条到此讲完了，请检查一下自己是否达到了开始提出的要求，并思考下面的问题：

1. 如果您是承包商，那么您认为保证文件被工程师顺利批准的方法有哪些？您对自己的设计工作与施工工作之间的结合部是怎么考虑的？

2. 请总结本条2017版对1999版的修订内容，并加以评述。

3. 您认为，根据本条关于设计的规定，在国际工程中，承包商方的设计经理应具备哪些基本素质？

第12条 竹工后检验（Tests After Completion）

学习完这一条，应该了解：

■ 竹工后检验的程序，包括执行方，时间，检验结果评定等；

■ 如果竹工后检验被延误，双方各自的义务和权利；

■ 工程没有通过竹工后检验情况下的处理方法。

对于包括设计的总承包合同，承包商需要按照"业主的要求"中的规定来设计和施工。此类合同，特别是机电工程❶，常要求工程完成后达到某些性能标准，如：能源消耗与产出的标准。为了检验工程竣工后是否达到了规定的标准，就需要在投产后进行检验，来证明是否达到合同规定的性能和标准。如果说"竣工检验"的目的是保证工程实体已经按合同完成并处于随时可以投入使用的状态，"竣工后的检验"则可以看作是来验证工程在投产后是否达到了"业主的要求"中规定的性能标准。这就是在包括设计的总承包合同中常规定"竣工后的检验"的目的。现在我们一起看1999版与2017版规定的具体内容。

12.1 竣工后检验的程序（Procedure for Tests After Completion）

竣工后的检验怎样执行？什么时间执行？检验结果怎么评定？

1999版本款的规定如下：

■ 如果合同规定有"竣工后检验"，本条的规定才适用；

■ 若在专用条件中无另外规定，业主应为进行竣工后检验提供必要的设备仪器、电、燃料、材料和人员；

■ 业主应按照承包商提供的操作维护手册（并可要求承包商给予指导）进行竣工后检验，承包商可以主动参加竣工后检验，也可在业主要求下参加；

■ 此类检验应在业主接收工程后尽快进行，业主应提前21天通知工程准备好并在之后可以进行检验的日期，检验必须在该日期后的14天内进行，具体日期由业主来定；

■ 如果承包商不在商定的时间和地点参加检验，业主可自行检验，承包商应认可业主的检验结果；

■ 检验结果由双方共同整理和评价，评价时要考虑业主在使用过程中造成的影响。

2017版本款更加程序化，主要规定如下：

■ 业主应为高效率、恰当地进行竣工后检验提供电、水、排污、设备、燃料、消耗品、仪器、劳工、材料，以及有资质、有经验、有能力的专业人员；

---

❶ 事实上，在实践中，即使是包括设计的总承包合同，如果属于土木工程，合同中通常是不规定"竣工后的检验"的，在本条的规定也说明，并不是设计–建造总承包合同都有"竣工后检验"的。具体合同是否规定此类检验，通常取决于"工程的性质"。

■ 业主进行竣工检验的依据包括业主的要求和工程师同意的操作维护手册等，检验过程中要求承包商提供的指导意见；

■ 上述检验应该是在承包商在场的情况下实施，承包商可以主动参加，也可以应业主要求参加；

■ 竣工后检验的时间安排按业主的要求中的规定，若无规定，应该在业主接收工程后尽快实施；

■ 工程师应至少提前21天将实施竣工后检验的日期和地点通知承包商，通知中应包含有一个检验进度计划，除非与承包商另有商定，否则，就在通知的日期进行检验；

■ 若承包商没有按时参加检验，则业主方可以自行进行检验，并视为承包商在场的情况下进行的，承包商应接受检验结果为准确结果；

■ 检验结果由双方整理和评价，但评价时应考虑业主的使用所造成的影响。

与竣工检验相反，竣工后检验主要由业主负责，包括提供需要的人员和物品，以及负责程序方面的安排。

承包商处于协助地位，如果业主不要求其参加，他可以主动参加，也可以不参加。若业主要求其参加，他必须参加，否则应对业主自行检验的结果认可。但合同规定，业主必须将检验的时间通知承包商。

一般来说，承包商应主动参加竣工后检验，以便了解检验的具体结果和发现的问题，这样才能便于参加评价和进行维修。

本款2017版更加明确了业主主导的竣工后检验的依据，不但依据业主的要求，而且还有操作维护手册以及承包商的指导意见。在具体通知程序上也有时差异：1999版对执行的时间规定，在接收工程之后必须在合理可行的时间内尽快执行；业主应至少提前21天通知可以进行检验的日期；检验必须在14天执行，具体日期由业主方确定。2017版规定，业主直接提前21天通知竣工检验的日期和地点。

由于此类检验决定着承包商是否成功地完成工程，因此，检验标准的规定十分重要，此类性能标准一般在"业主的要求"中规定，通常包括：原料质量标准、能源等消耗指标、产品质量标准、产出率等。但由于"业主的要求"是在工程可行性研究阶段编制的，因此不可能很完整，这可能导致双方对检验结果的评定方面看法不一，因此，在条件允许的情况下，业主在编制竣工后检验标准时尽可能具体化。

12.2 延误的检验（Delayed Tests）

检验是否及时完成，直接关系到承包商的利益，那么如果此类检验被延误了应如何处理？

1999版本款的主要规定如下：

■ 如果承包商因为业主无故延误竣工后检验招致了额外费用，承包商应向工程师发出通知，并有权根据索赔程序索赔额外费用以及合理利润；

■ 工程师收到通知后，应按照合同予以决定是否理赔；

■ 如果由于非承包商负责的原因，导致竣工后检验没有在缺陷通知期或双方商定的时间内完成，则该期限届满之日即认为工程已经通过了竣工检验。

2017版本款的规定与1999版基本相同。

由于竣工后检验主要由业主负责安排，而竣工后检验完成的时间与承包商的利益直接相关，如履约证书的签发、后一半保留金的退还等，因此，本款规定了，如果业主无正当理由，导致竣工后检验的执行延误，承包商在此类情况下的权益：（1）索赔费用和利润；（2）如果在缺陷通知期内没有完成竣工后检验，没有出现检验结果的情况下，仍认为工程已经通过了竣工检验。

本款实际上是保护承包商的一个条款。

12.3 重复检验（Retesting）

如果第一次竣工后检验没有通过则如何处理？

1999版本款的规定如下：

■ 如果工程没有通过竣工后检验，则承包商应按第11.1款[完成扫尾工作和修复缺陷]的规定修复缺陷；

■ 完成修复后，双方任一方均可要求按原来条件再重复进行检验；

■ 如果此类重复检验是由于承包商的原因引起的，并导致业主方支付了额外费用，业主可以按程序向承包商提出索赔。

2017版本款的规定与1999版基本相同，但处理重复检验的依据更加明晰，明确了：除遵守第11.1款[完成扫尾工作和修复缺陷]外，还要符合第11.6款[修复缺陷后的进一步检验]、第12.4款[未能通过竣工后检验]的限制。

本款规定了第一次没有通过竣工后检验的处理方法。如果由于承包商的原因造成的，则承包商承担导致重复检验的一切费用，包括业主方的费用。

在1999版第11.2款❶[修复缺陷的费用]中规定了承包商对缺陷负责的四种情况：

（1）缺陷是由于承包商的设计导致的；

（2）生产设备、材料或施工工艺不符合合同要求；

（3）由此承包商对业主人员进行的培训以及其编制的操作维护手册等原因，导致工程不能正常运行或维护；

（4）承包商没有遵守其他合同义务。

12.4　未能通过竣工后检验（Failure to Pass Tests After Completion）

前一款规定，若工程没有通过竣工后检验，处理方法是承包商应修复缺陷并重新检验，是否还有其他处理方法呢？虽然没有通过竣工后检验规定的标准，但若业主为了提前投产，仍想使工程持续运行，则如何处理这种情况呢？

1999版本款的规定如下：

■ 若工程没有通过竣工后检验，在合同规定了没有通过该检验相应的赔偿费，并且承包商在缺陷通知期内支付了该笔赔偿费，则仍认为工程已经通过了竣工后检验；

■ 若工程没有通过竣工后检验，承包商提议对工程进行修复，则业主可以通知承包商，他需要等到业主方便的时间才能进入工程进行检修，业主将这一时间通知承包商，承包商有义务等待该时间；

■ 但若业主在缺陷通知期内仍没有给予承包商此类通知，则认为承包商此类义务已经完成，并且工程通过了竣工后检验；

■ 若业主没有正当理由，延误了承包商进入工程调查检验失败的原因或整修的时间，导致额外费用，承包商应通知工程师并有权索赔相应费用和利润；

■ 工程师收到通知后，决定是否理赔。

2017版本款的规定与1999版基本保持不变。

本款的规定提出了一个灵活解决问题的方法。有时，虽然工程没有达到竣工后检验要求达到的标准和效率，但如果工程仍可以正常运行，使得业主方早投产、早收

---

❶ 1999年第一版新红皮书中与新黄皮书的第11.2款[修复缺陷的费用]基本相同，因此没有在新黄皮书中就该条款单独讲解，在此列出不同之处，作为弥补。

益，业主可能不希望因承包商进行整修工作影响工程的持续运行。在这种思想的指导下，业主在合同中可能会规定：承包商在支付相应赔偿费情况下，仍可认为工程通过了竣工后检验。此类赔偿费为性能降低赔偿费❶。

另外，业主也可以通知承包商等待到工程运行暂停时来维修，但此通知应在缺陷通知期内发出，否则，承包商就不再承担维修的义务。

理论上讲，若工程没有通过竣工后检验，在整修后应再重新检验；重新检验不合格，再维修，再检验，循环往复。但此情况可能会极大影响业主的投产和收益。若出现的问题属于非实质性问题，承包商在支付一定的赔偿费后可以被认为完成了合同。若合同没有相应规定，双方可以谈判，若谈判失败，可以进行DAAB裁定甚至仲裁。另外，业主也可按终止条款来终止合同，并按终止合同下的规定处理。参阅第15条[业主的终止]。

本条到此讲完了，请检查一下自己是否达到了开始提出的要求，并思考下面的问题：

1. 黄皮书规定竣工后检验的主要意图是什么？

2. 总结本条2017版对1999版的修订内容，并加以评述。

3. 如果您是业主，请思考：结合本条的规定，如何能够在其他合同条件中纳入补充规定，作为具体的操作程序，处理工程不能通过竣工后检验的情况。

---

❶ 有意思的是，在1999版中，"性能降低赔偿费"的英文为"Non-performance damages"，而2017版将该词修订为"Performance Damages"，并且在术语中进行了定义。

第**14**条 合同价格与支付（Contract Price and Payment）

学习完这一条，应该了解：

- 黄皮书中合同价格含义以及与红皮书中合同价格含义的不同之处；
- 黄皮书中进度款支付时的计算依据；
- 支付表的含义与功能。

工程合同若从价格上来看，则可以分为单价合同与总价合同❶，黄皮书基本上属于可调价的总价合同。对于总价合同，进度款支付依据合同的规定，可以按月支付，也可以按其他固定时间段来支付，如每季度。其总体支付程序与单价合同的支付比较接近，但每次支付款额的估算有所差异。现在我们看1999版黄皮书中的合同价格性质与支付机制，同时了解2017版黄皮书相关的修订内容。

14.1　合同价格（Contract Price）

在1999版中，与红皮书类似，黄皮书中的"合同价格"虽然在前面的定义中出现，但定义本身并没有赋予其多少内涵，只是说明它具有第14.1款[合同价格]赋予给它的含义。

1999版本款的规定如下：

■ 合同价格应为包干的中标合同金额，并可按照合同规定进行调整；

■ 承包商应支付合同中要求其支付的一切税费，合同价格已经包含了此类税费，只有因相关立法变更导致税费变化的情况下才予以调整合同价格（第13.7款[因立法变动而调整]）；

■ 在某明细表中给出的任何工程量均为估算工程量，不能被认为是承包商为完成工程而实施的正确的工程量；

■ 在某明细表中可能给出的任何工程量或价格方面的数据只能用于该明细表中所述之目的；

■ 若工程某部分需要按实际完成工程量来支付，则这部分测量与估价方法应在专用条件中单独规定，合同价格按相关规定进行调整。

2017版没有对本款修订。

从本款的规定来看，本合同价格与红皮书不同之处是在于，红皮书属于单价合同，即：合同价格要根据单价与实际完成的工程量计算得出，而黄皮书属于包干价格合同，即：合同价格为中标合同金额。但两者也有共同之处，即：合同价格都可以按照合同的规定进行类似的调整，因为在两个合同条件中，在业主方与承包商方之间风险分担原则是类似的。

---

❶ 实际上，除了单价合同与总价合同外，国际工程中还有成本加酬金的价格机制，但FIDIC合同中没有单独使用过成本加酬金方式。从近年的国际工程实践来看，成本加酬金工程合同越来越少见。

由于黄皮书合同条件中没有工程量表，因此在合同文件中，可能包括若干涉及工程量和价格等内容的明细表。但一般来说，这类明细表的性质与红皮书中的工程量表不一样，其中的价格数据的目的往往是参考性质的，是进度款支付时等方面的参照内容，不构成决定最终合同价格的约束力。但本款也规定了一种例外，即：如果在专用条件规定某部分工作要依据其单价和实测工程量来支付，则合同价格进行相应调整。

因此，可以认为，在红皮书下主要是按单价实测工程量确定合同价格，附之以包干项，而在黄皮书下的价格机制正好相反，合同价格的确定主要是以包干价而定，附之以某些单价工作项。

14.3　申请期中支付证书（Application for Interim Certificate）

本款2017版与1999版类似，与红皮书中的规定相同，内容不再列出。请大家参阅红皮书2017版本款的规定。在此主要讨论的是每月报表中每月完成的工程款金额的计算问题。

红皮书中，每月款额的计算比较清晰，主要依据每月测量得出的工程量和工程量表中规定的单价，对于个别包干项参照承包商提供的价格分解表而定。而黄皮书属于总价合同，每一次进度款（每月或一固定时间段）计算的方式与红皮书不相同。对于此类合同，在招标文件中，对每次进度款的计算方法必须予以说明。一般来说，在总价合同中，都有一个支付表，其中说明如何来计算此类款项。如果支付表的规定不十分详细，达不到可操作的程度，则有时合同规定，承包商在合同签订后的多长时间内，依据支付表和其他相关规定，编制一个测量程序，详细说明计算方式，并报业主工程师批准。

14.4　支付表（Schedule of Payments）

2017版与1999版类似，本款的规定与红皮书中的规定相同，内容不再列出。在总价合同中，合同中往往包括支付表❶，作为工程进度款与最终结算款的计算依据。因此，支付表在黄皮书和银皮书等总承包合同下是十分重要的一个文件。

14.9　保留金的支付（Timing of Payments）

在1999版中，黄皮书的保留金支付方式与红皮书不完全相同，黄皮书规定，如

---

❶ 虽然在红皮书中也单独为支付表列出一款，但实践中，支付表并不常常出现在此类单价合同中。

果签发的接收证书是工程区段，则应按该区段所占整个工程的比例，从保留金的一半中退还相应比例，这一相应比例在投标函附录中规定。若没有规定，则业主可不退还任何保留金。

但在2017版中，黄皮书与红皮书关于保留金的支付的规定完全相同了。参见前面2017版红皮书中关于保留金的支付。

本条到此讲完了，请检查一下自己是否达到了开始提出的要求，并思考下面的问题：

1. 如果您是业主，就此类包干价合同类型，如何在招标文件中规定工程款的支付方法？

2. 如果您是承包商，在编制投标文件中自己的商务标（投标价格）时，应注意哪些事项？

黄皮书的讲解到此结束，在学习银皮书之前，请再回忆一下，黄皮书中规定的主要内容，与红皮书中有哪些主要差别？如果基本掌握了，就接着阅读银皮书吧。

FIDIC 银皮书
（1999 版与 2017 版）

设计 — 采购 — 施工与交钥匙 项目合同条件
Conditions of Contract for EPC/Turnkey Projects

银皮书中的合同与组织关系示意图:

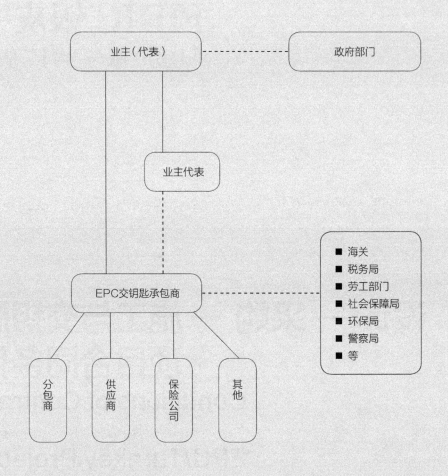

注 1. 实线表示合同关系和管理（或协调）关系；虚线只表示管理或协调关系。

2. 设计工作由承包商承担，一般承包商雇用一个设计分包商。

3. 工程保险一般由承包商办理。

说明:

与黄皮书讲解时的原则一样，在讲解银皮书的内容时，对与红皮书和黄皮书中内容基本相同的条款不再讲解，也不再列出，读者可以参阅红皮书和黄皮书中的对应条款。由于银皮书与黄皮书是相类似的合同类型，因此，在对不同条款的解释中，主要与黄皮书的规定进行对比分析，以探讨银皮书的特点。

第1条 一般规定（General Provisions）

学习完这一条，应该了解：

- 银皮书合同各个组成部分；
- 投标书的内涵；
- 合同文件的优先次序；
- 合同协议书的性质。

1.1 定义（Definitions）

1.1.1 合同（Contract）

这一部分中，与黄皮书不同的定义主要有以下三个：

1.1.1.1 合同（Contract）（1999版）

这里的合同实际是全部合同文件的总称，它包括全部的合同文件，这些文件是：

- 合同协议书；
- 合同条件；
- 业主的要求；
- 投标书；
- 合同协议书列出的其他文件。

与1999版黄皮书相比，上面的合同条件没有包括"中标函"、"投标函"、"承包商的建议书"、"明细表"以及"投标函附录"。

上面定义中没有这些术语，这大概考虑了EPC交钥匙项目比较特殊，一般采用邀请招标，因此需要更灵活的签订合同的程序。与红皮书以及黄皮书不同，这类合同的签订过程实际上就是一个谈判，合同协议书中会出现大量的备忘录，对原招标文件以及承包商的投标书进行大量修改。这些修订的内容也就属于"合同协议书列出的其他文件"。按照本款规定的思路，在EPC交钥匙合同中，"投标书"（见下面定义）中包括了"承包商的建议书"内容。但从实践上看，EPC交钥匙合同中，编入"承包商的建议书"是有利于实际操作的，似乎利大于弊。

银皮书2017版与1999版对"合同"的定义修订如下：

"合同"指的下列文件的组合：合同协议书、合同协议书所述之补遗、合同条件、业主的要求、明细表、投标书、联合体保证、合同协议书列明的其他文件。

在2017版中，增加了"合同协议所述之补遗"、"明细表"、"联合体保证"。修订思想与2017版黄皮书类似，这是因为，对工程总承包合同，尤其是EPC合同业主通常邀请招标，甚至议标，这样整个前期招投标过程，就是一个各种技术与商务问题澄清与合同谈判过程，因此，就会有大量会议纪要、备忘录。在2017版银皮书中增加了"补遗"和"明细表"，更便于记录这些文件。

1.1.1.2　合同协议书（Contract Agreement）

在本定义中，除了与红皮书和黄皮书相同的措辞"指第1.6款[合同协议书]中所指的协议书"之外，还加上了"包括任何作为附件的备忘录"。与前面的修订类似，这样定义是因为ECP交钥匙合同下，通过谈判达成的备忘录比较多，在此主要是强调此类型文件。

2017版银皮书保持不变。

1.1.1.4　投标书（Tender）

1999版此处将"投标书"定义为"工程报价书以及随报价书提交的其他文件"。

由于在银皮书中没有出现"中标函"、"投标函"、"明细表"、"承包商的建议书"以及"投标函附录"等在红皮书和黄皮书下的定义，因此，可以认为，银皮书中的对合同文件的编制的规定比较笼统，这样做的优点是扩大操作中的灵活性，但有时显得"指导性"比较差，特别是对于招标经验不丰富的业主。从实践看，这里的"投标书"一般可具体化为下列三项内容：

（1）报价前附函（Covering Letter）；

（2）技术标（Technical Proposal）；

（3）商务标（Commercial Proposal）。

其中，"报价前附函"与黄皮书中的投标函类似，"技术标"和"商务标"与黄皮书中的"承包商的建议书"类似。

由于EPC合同的灵活性比较大，很多情况下允许投标者提出与招标文件不一致的内容，因此，EPC合同的"投标书"中，投标者可以说明，自己的商务标与技术标基于对原招标文件的某些修改，此类修改一般被称为"偏差（Deviations）"。

2017版对"投标书"的定义中，将"明细表"这一类文件排除在外，因为2017版增加了"明细表"定义，包括"支付计划表"、"性能保证明细表"、"单价与价格表"等。实际上，在实践中EPC项目中，承包商对原招标文件中包含的此类文件往往进行修改，因此，这些文件往往随投标书一起提交，因此，用定义将此类文件排除，承包商只能在投标时将修改的内容放到"偏差表（List of Deviations）"中了。

1.1.2　合同双方和人员（Parties and Persons）

1999版本款与黄皮书不同的定义主要有以下两个：

1.1.2.4　业主的代表（Employer's Representative）

此处指的是"业主在合同中指明或按照第3.1款随时任命的人员，他代表业主管理工程的实施"。

红皮书和黄皮书中并没有"业主的代表"这一角色；而在银皮书中没有"工程师"这一角色。实际上，银皮书中的"业主的代表"这一角色实际上类似红皮书和黄皮书下的"工程师"的角色。从业主用来管理承包商的方法看，传统的"工程师"这一角色，在EPC合同中被"业主的代表"所取代。

2017版银皮书对"业主的代表"进行了修订，修订的定义为："指的是在合同数据中为合同之目的任命的人员或根据第3.1款[业主的代表]任命的替代人选"。新定义强调了是"为合同之目的"，而原来的定义则侧重"代表业主管理工程实施"，但含义没有本质不同。

1.1.2.6　业主的人员（Employer's Representative）

在1999版中，由于在银皮书中没有"工程师"这一角色，因而，此处"业主的人员"的定义中，也就不包括"工程师"以及相关人员，取而代之的是"业主的代表以及其助理人员"。

2017版银皮书对该定义基本保持不变。

1.1.4　款项与支付（Money and Payment）

1999版银皮书没有出现黄皮书中"中标合同款额"、"最终支付证书"、"期中支付证书"这三个术语的定义，与黄皮书不同的定义只有一个：

1.1.4.1　合同价格（Contract Price）

此处指的是"在协议书中商定的金额，覆盖的工作内容为设计、施工以及修复缺陷，这笔金额包括根据合同进行的调整"。

从定义看出，银皮书中的合同价格是在协议书中写明，同时包括按照合同可能做出的调整。黄皮书规定，"合同价格"按第14.1款[合同价格]的规定。银皮书中这一定义与黄皮书虽然不同，但并没有本质区别。这样定义的原因大概是因为银皮书模式下，合同价格虽然也允许调整，但相对来说比较固定。

在本款的定义中，没有出现黄皮书中的"中标合同款额"、"最终支付证书"、"期中支付证书"这三个术语，原因与后面第13条[合同价格与支付]中规定的支付机制有关。在银皮书下的支付方法与红皮书和黄皮书不太相同。银皮书下，由业主根据承包商的报表直接支付，中间没有工程师开具的支付证书。

2017版与1999版在上述关于价格与支付的术语定义上基本相同，对于"合同价格"的定义也保持不变。

1.1.6　其他定义（Other Definitions）

1999版的在本部分中，没有出现黄皮书中"不可预见的（Unforeseeable）"这一术语的定义，其他与黄皮书中的定义相同。没有规定的原因是因为在银皮书中，不可预见的风险基本上由承包商承担（参阅前面的红皮书和黄皮书中的第4.12款[不可预见的外部障碍]，以及银皮书中第4.12款[不可预见的困难]）。

但在2017版银皮书中，增加了"不可预见的"这一术语的定义，因为从风险分担角度，2017版银皮书也将一些承包商"不可预见的"风险分摊给了业主，这似乎在风险分担方面对承包商比1999版稍微友好些。我们在后面的相关风险条款再具体分析。

1.5　文件的优先次序（Priority of Documents）

在1999版中，合同文件构成与红皮书和黄皮书中的有很大不同，在本款中所列的优先次序如下：

- 合同协议书；
- 专用条件；
- 通用条件；
- 业主的要求；
- 投标书以及构成合同的其他文件。

由于2017版对"合同"定义中增加了相关文件，因此对本款也做了相应修订，具体规定的优先顺序如下：

- 合同协议书；
- 专用合同条件—A部分：合同数据；
- 专用合同条件—B部分：特殊条款；
- 通用条件；
- 业主的要求；
- 明细表；
- 投标书；
- 联营体保证（若投标人为联营体）；
- 其他组成合同的任何文件。

无论从1999版的规定，还是2017版的规定，可以看出，承包商提交的投标书是处于最低的优先次序。当其中内容与前面的文件（如"业主的要求"）发生矛盾时，则按其他文件的内容优先解释合同的规定。因此，如果承包商的投标书是基于对招标文件某些内容修改的前提下编制而成的，那么，此类修改的内容（即：偏差）一定要在合同谈判时提出，并在合同协议书中加以确认，作为合同协议书的备忘录，这就大大提高了此类"修改的内容"的优先次序。

1.6 合同协议书（Contract Agreement）

1999版银皮书中的合同协议书定义与红皮书和黄皮书中的有所不同，主要内容如下：

- 合同在合同协议书中规定的日期生效；
- 签订合同协议书时，法律规定应支付的印花税和相关收费由业主支付。

2017版对本款没有修订。

在银皮书下，合同协议书是最重要的一份文件，这与红皮书以及黄皮书中的协议书有本质的不同。在红皮书以及黄皮书模式下，一般在承包商收到中标函后，合同即告成立，而不一定需要合同协议书，虽然按照习惯，在承包商收到中标函后需要与业主签订合同协议书（如2017版红皮书与黄皮书第1.6款[合同协议书]的规定）。在这两类合同模式下，构成合同的实质性文件是投标函以及中标函；而银皮书下，没有这两类文件，合同的成立只是依据构成合同的核心文件"合同协议书"以及其中载明的其他文件。

在国际工程实践中，EPC合同协议书里一般写明的内容有：合同双方、合同价格、构成整个合同协议书的文件、合同生效的前提条件。

1.9 保密（Confidentiality）

1999版银皮书通常适用的是那些私人投资项目（如：BOT项目），对保密要求比较严格，本款的规定就是限制合同双方，主要是承包商，对外披露项目信息，主要内容如下：

- 除为履行合同以及法律要求外，业主和承包商应将合同视为保密内容；
- 不经过业主的同意，承包商不得在专业刊物等上面发表有关工程的内容。

红皮书以及黄皮书中没有这一款，他们的第1.9款分别是[延误的图纸或指令]和[业主的要求中的错误]。无论红皮书还是黄皮书，该款是保护承包商的利益的。而在银皮书中，则没有这两个条款规定的相关内容，也表明，在银皮书模式下，承包商要承担较大的风险。这也反映出FIDIC新版合同编制的一个风险分担原则。

在1999版银皮书中，第1.9款[保密性]与第1.12款[保密细节]都是涉及保密性规定的，虽然是从不同的角度来说的，但从标题编排上显得有点费解。在2017版中，FIDIC将这两个子条款合并为一个子条款（1.11），即第1.11款[保密性]，对合同双方提出了保密的同等要求。

本条到此讲完了，请检查一下自己是否达到了开始提出的要求，并思考下面的问题：

1. 在银皮书与黄皮书模式下，合同文件组成有哪些异同？
2. 银皮书中，投标书可能包括哪些内容？与黄皮书中的哪些文件对应？
3. 总结银皮书本条2017版对1999版的修订，并加以评述。

第**3**条 业主的管理（Employer's Administration）

学习完这一条，应该了解：

■ 业主管理工程的方式；

■ 承包商不同意业主的决定的处理程序。

与红皮书和黄皮书中工程师代表业主来管理工程不同，在银皮书的模式下，业主对工程的管理由其亲自或委派其代表来具体执行，可以说这是银皮书与红皮书和黄皮书最大的区别之一。那么，业主的代表既然是项目的管理者，他有哪些职责？为履行这些职责他又有哪些权力？履行职责和行使权力时他又必须遵循什么程序？业主有权自行更换业主的代表吗？我们分别来看银皮书1999版的具体规定以及2017版的相关修订。

3.1 业主的代表（Employer's Representative）（1999版）

业主如何任命业主的代表？业主的代表的权力如何？业主有权自行更换业主的代表吗？

1999版本款的规定如下：

- 业主可以任命一位代表，代替业主行使管理承包商的职能；
- 业主应将业主的代表的名字、地址、职责和权力通知承包商；
- 业主的代表应履行其职责，行使其被授予的权力，除了没有终止合同的权力之外，若没有另外规定，业主的代表应被认为是业主的全权代表；
- 若业主计划更换其代表，则应提前14天将替代人员的名字、地址、职责和权力通知承包商。

本款的规定与黄皮书中对工程师的规定虽然有某些类似，但明显的不同有两点：一是，一般情况下，业主的代表为业主的全权代表（终止合同的权力除外），而在红皮书和黄皮书中，对工程师的权力规定时，却没有此类措辞，显然，在银皮书下，业主对其代表的干预比较少；另一个是，本款赋予业主随时更换其代表的权利，只不过提前14天通知而已。如果大家还记得更换工程师的程序，就会发现，业主更换代表的权利要比更换工程师的权利大得多。

2017版对本款进行了修订，增加的一个主要内容就是，若业主更换业主的代表，则承包商对更替人选有权提出反对，但需要给出合理理由。这一修订所持的原则与红皮书与黄皮书关于替换工程师的原则保持了一致。因此，可以说在2017版中，就业主更换其代表方面，给予了承包商否决权。

3.2 其他业主人员（Other Employer's Personnel）（1999版）

根据银皮书中的定义，除了业主的代表外，还有助理人员，那么，这些助理人员承担什么职能呢？请看1999版本款的规定：

■ 业主或业主的代表可以随时将某些职责与权力授予其助理人员，并可以随时收回此类授权，授权和收回授权需要在承包商收到通知后才生效；

■ 助理人员的一般职责为检查生产设备与材料，或进行相关试验，来控制质量；

■ 助理人员的具体职位包括驻地工程师、独立检查员等在现场工作的人员；

■ 助理人员应具备恰当资格，具体为：有能力履行被授予的职责和行使被授予的权力，能流利地用合同规定的语言进行沟通。

可以看出，本款的规定与1999版红皮书和黄皮书中第3.2款[工程师的授权]类似。本款的规定同样要求业主人员必须是合格的专业人员。

1999版规定了被授权的助理人员的角色一般是进行材料检测以及现场施工监督检查等。2017版采取了不同的规定方法，即：没有明确规定哪些权力可以授权给其他人员，但对业主的代表将其权力授权给其助理人员进行了限制性规定，即：第3.5款[商定或决定]中的权力、第15.1款[通知整改]中涉及的权力不能授予其他人员。这就意味着，除此之外的权力都可以授予其他业主的人员。

3.3　被授权的人员（Delegated Persons）（1999版）

1999版银皮书中的这一款实际上与红皮书和黄皮书中第3.2款[工程师的授权]的后半部分类似，只是多了下面一点规定：

■ 业主的被授权的人员，包括业主的代表和助理人员，所给予的一切指令，不解除承包商的责任，但若在指令中特别明确承包商不承担责任的除外。

这一规定在一定的情况下，使得承包商可以拒绝业主方的人员的一些不合理或不负责任的指令。

2017版本款补充完善了承包商质疑业主授权人员的指令的程序，规定，若业主收到承包商质疑通知的7天内没有给予答复，则视为业主确认了其授权人员的相关指令或通知。这与2017版红皮书与黄皮书的相关规定一致。

3.4　指令（Instructions）（1999版）

本款的规定的内容实质上与1999版红皮书和黄皮书中第3.2款[指令]相同，因此，具体内容不再列出。

根据本款规定，承包商应从业主处获得指令，或者根据授权权限，从业主的代表或助理人员获得指令。

2017版银皮书的修订与前面2017版红皮书、黄皮书的修订基本相同，请参阅前面红皮书第3.5款[工程师的指令]的讲解。

3.5　决定（Determinations）

1999版本款的规定的内容实质上与红皮书和黄皮书中第3.5款[决定]略有差异：一是涉及的有关事宜，由业主决定，而不是业主的代表；另一点是，若承包商不同意业主的决定，应在收到决定后14天通知业主他的不同意见，之后任一方均可以将此争议提交争议裁定委员会（DAB）裁定。而按照红皮书和黄皮书中的规定，工程师做出决定后，双方必须执行。若双方中任一方不同意工程师的决定，同样可以按争议解决程序处理，但如果承包商不同意工程师的决定，该款并没有要求必须在规定的时间内提出疑义。

2017版对本款进行了实质性修订，修订的原则与前面红皮书相关条款相同，更加细致和完善。对1999版银皮书的核心修订内容包括：

- 本款标题与红皮书、黄皮书一样在2017版修改为"商定与决定"；

- 明确规定由业主的代表，而非业主来商定和决定双方的争议；

- 明确规定，业主的代表与双方商定或决定争议问题时，不是代表业主，进行决定时要公平对待双方；

- 业主的代表的商定或决定意见有约束力，双方需要遵守，除非按程序在后面进行了修正，也就是说，这种约束力是临时的，不是最终的；

- 其他方面与2017版红皮书设定的处理原则是相同的。

从上面2017版的修订可以看出，FIDIC在努力使得业主的代表在商定或确定合同双方争议时与工程师秉持的方式一致。但这种规定似乎不现实。业主的代表由业主任命，并由业主支付费用，其行为天然地会代表业主的利益，尤其在事关重大利益的情况下。因此，赋予其决定有约束力（即使这种约束力是临时的）似乎是不妥的，若规定其可以代表业主与承包商进行协商相关争议，但没有对此类事宜的决定权，而只是给出指令，由承包商执行，若承包商有异议，则可以在收到指令的7天或14天内提交DAAB解决，这样的规定可能显得更"柔和"一些。

本款的其他具体内容不再列出。

本条到此讲完了，请检查一下自己是否达到了开始提出的要求，并思考下面的问题：

1. 怎样理解业主的代表管理工程的职责和权力？

2. 在银皮书中，承包商如果不同意业主的决定，必须注意什么问题？

3. 总结本条2017版对1999版的相关修订，并加以评述。

第4条　承包商（The Contractor）

学习完这一条，应该了解：

- 承包商在放线中承担的责任范围；
- 承包商就外部风险和地质条件所承担的风险。

本条标题为"承包商"，规定的是承包商的基本权利和义务。在银皮书模式下，虽然工作范围与黄皮书类似，但在实施工程中承担的责任与风险上，承包商承担的要多得多。在本条的规定中，虽然两者大部分内容都相同，但在体现责任与风险的条款上，还是有很大差异。接下来，我们先具体看1999版银皮书与黄皮书的差异条款，然后再解释2017版银皮书的相关修订。

4.3　承包商的代表（Contractor's Representative）

1999版本款的内容与红皮书和黄皮书中对承包商的代表的规定很类似，略微不同的一点是：在红皮书和黄皮书中，承包商的代表一般情况下必须用全部时间来管理承包商的工程实施，如果临时离开项目现场，必须由工程师事先同意的替代人选代替承包商的代表行使职责才可。在银皮书中，本款没有出现此类规定，这意味着，承包商的代表可以离开现场，只需他在离开现场前将临时代替其行使职责的人通知业主即可，而这一替代人员不需要得到业主的事先同意。

2017版针对本款的规定进行了部分修订，具体如下：

■ 更加明确了承包商的代表的任职资格，承包商的代表必须在与工程相关的主要专业方面有资格、能力以及经验，必须流利使用合同规定的语言；

■ 若出现替换承包商的代表的情况，承包商应向业主发出替换通知，业主接到通知后28天内不答复，则视为同意任命替代人选；

■ 承包商的代表应以现场为基地，专职来管理项目实施工作。

从上面可以看出，在2017版银皮书下，承包商的代表的角色与在红皮书、黄皮书下基本一致了。

本款的具体内容不再列出。

4.4　分包商（Subcontractors）

1999版本款的规定与红皮书和黄皮书中对分包商的管理有一点不同，即：分包商的选定不需要经过业主的批准。这一点规定比较重要，它给予承包商自由选择分包商的权利。但在实践中，某些EPC合同还是要求承包商选择的分包商需要经过业主批准，尤其是涉及负责提供重要生产设备的分包商（供应商）时，有时业主的要求是十分严格的，如：某项国际工程，业主在招标文件中规定，承包商只能从招标文件中业主提供的"供应商名单（Vendor List）"中选择。

本款2017版对1999版进行了一条实质性修订,除了按1999版规定承包商不得将整个工程分包出去外,增加了一项明确规定,即:只有在合同数据中没有限制分包的部分,承包商才能分包。

4.7 放线(Ssetting Out)

1999版本款只保留了红皮书和黄皮书中的第一段,即:承包商应按照合同规定的原始数据进行放线,并保证放线的正确性等。

1999版银皮书删除了红皮书和黄皮书中的下面的规定:如果原始数据有错误,承包商可以就由此导致的损失向业主提出索赔。虽然,此处没有明确规定,此类原始数据有错误导致放线错误的情况下由何方负担,从第5.1款[一般设计义务]中的规定中可以推论出,这种情况至少在大部分情况下将由承包商负责。这项规定是承包商一个很大的潜在风险,承包商应特别注意,在放线之前,应对有关数据进行详细的核实,不要过分依赖业主提供的此类数据的正确性。参阅第5.1款[一般设计义务]的解释。

2017版对本款没有进行实质性修订。

4.10 现场数据(Site Data)

1999版本款的规定与红皮书和黄皮书中的措辞也略有不同。本款规定:承包商应负责审查和解释业主提供的现场数据,业主对此类数据的准确性、充分性和完整性不负担任何责任(第5.1款[一般设计义务]提出的情况除外),因此,很明确,承包商完全承担这方面的风险。然而在红皮书和黄皮书中这方面的规定却比较模糊,有一定的弹性,给承包商在这方面提出索赔留有一定的余地。这反映出,在银皮书模式下,承包商承担的风险比较大。请参阅红皮书和黄皮书中的第4.10款[现场数据]。

与红皮书和黄皮书修订类似,2017版银皮书中将本款的标题改为"使用现场数据",并且只保留了1999版的第二段,即承包商负责核实和解释业主按第2.5款[现场数据与参照项]规定的各类资料。这实际上与1999版本质上完全一致。

本款的内容不再具体列出。

4.12 不可预见的困难(Unforeseeable Difficulties)(1999版)

在红皮书和黄皮书中,承包商碰到不可预见的外部条件时可以向业主提出索赔,银皮书中是怎样规定的呢？

1999版本款的具体规定如下：

■ 承包商被认为已经了解到了有可能影响到工程的一切风险因素；

■ 只要承包商签订了合同，就意味着他接受了预见到圆满完成工程所碰到的一切困难以及所需要的全部费用；

■ 合同价格不因任何没有预见到的困难或费用而进行调整；

■ 合同中另有说明的除外。

根据本款，承包商必须承担"外部条件"风险，包括气候、地质等在工程实施中特别容易发生问题的情况。可以说，这是特别能够体现在银皮书下承包商要承担大量风险的一个典型条款。

本款的规定，基本上排除了承包商以外部条件为理由向业主提出索赔的合同依据，因而，此类索赔不可能成功。

本款的规定再一次提醒承包商，他必须清醒地认识到在银皮书模式下自己所承担的风险，并采取相应的防范措施。

请大家与红皮书和黄皮书中的第4.12款[不可预见的外部条件]对照来分析两者具体差异。阅读本款，同时请参看上面第4.10款[现场数据]和第17.3款[业主的风险]。

2017版对本款没有修订。这反映出，在银皮书下，FIDIC对此类风险分担的规则不变，让承包商承担大部分这方面的风险。但阅读本款，也需要与其他条款一起阅读，毕竟此处有一个限定条件"除非合同专用条件另有规定"。读者可以参阅后面的第17.2款[工程照管的责任]。

本条到此讲完了，请检查一下自己是否达到了开始提出的要求，并思考下面的问题：

1. 本条的规定对承包商在投标时有哪些启示？

2. 如何理解FIDIC在银皮书中将大量风险划分给承包商的原因的？

3. 总结2017版本条的主要修订内容，并加以评述。

第5条　设计（Design）

学习完这一条，应该了解：

- 承包商的一般设计义务；
- 业主方对承包商的文件编制的管理。

在银皮书模式下，虽然与黄皮书类似，承包商承担设计工作，但在具体的管理程序和责任分担上却不尽相同。我们来具体看有哪些条款不同。

5.1 一般设计义务（General Design Obligations）

承包商要进行设计工作，必须依据"业主的要求"来展开。那么，在银皮书模式下，业主是否对"业主的要求"出现的错误承担责任？在设计开始前，合同对承包商有哪些要求？

1999版本款的具体规定如下：

■ 承包商应被认为在基础日期之前已经仔细审查了"业主的要求"，除下面提到的情况外，承包商要对设计以及"业主的要求"的正确性负责；

■ 除下面提到的情况外，业主对"业主的要求"中的错误、不准确以及疏漏不负责任；

■ 承包商从业主处收到的任何信息，都不能解除承包商对设计和实施工程所负担的责任；

■ 业主对"业主的要求"以及提供给承包商的其他信息所承担的责任范围如下：

（1）在合同中规定不能改变或业主应负责的那些部分、信息或数据；

（2）对工程的预期目的的确定；

（3）竣工检验和性能的标准；

（4）承包商无法核实的部分、信息或数据，除非合同另有规定。

本款的规定又一次显示出，在银皮书中，承包商承担的责任要比黄皮书中承包商承担的设计责任大。因为，在本款中，承包商不但对自己的设计负责，而且对业主的要求中的某些错误也应负责。而根据黄皮书中规定，承包商在开工后才详细审查"业主的要求"，如果"业主的要求"中有错误，且是一个有经验的承包商在投标阶段无法发现的问题，承包商有权利索赔。因此，在承担基于FIDIC银皮书的EPC项目时，承包商在投标阶段，对"业主的要求"必须进行充分的研究，就发现的问题要求业主澄清。否则，如果是基于"业主的要求"的错误信息编制投标文件，后果由承包商负担。

虽然本款同时提到了承包商不承担责任的情况。但总体说来，承包商在设计方面承担的风险要比在黄皮书大。

2017版本款没有做实质性修订，仍要求承包商在基准日期之前对业主的要求进行仔细研读，并除了规定的四项内容外，承包商对业主的要求中其他内容的正确性负责。

大家可以将银皮书和黄皮书中的第5.1款[一般设计义务]对照来看。

5.2 承包商的文件（Contractor's Documents）

本款的规定与黄皮书中的同一款的规定类似，所不同的一点是：在黄皮书中，对于承包商的文件，有的需要工程师审查（review），有的则需要批准（approval）。而在银皮书下，承包商的文件只需要业主方审查，不需要业主方批准。因此，在银皮书下，业主方的管理显然比新黄皮书下宽松，对承包商比较有利。

但承包商必须注意，本款的规定，并不是意味着他可以按自己的意图进行设计，他的设计必须符合合同的要求，如果在业主方审查过程中发现其不符合合同的地方，他仍必须立即修改。

但由于在这种包括设计的总承包模式下，合同中的规定，主要是"业主的要求"中的规定，比较模糊，本款的规定对承包商比较有利，特别是在对某些"灰色地带"解释上。但笔者认为，在实践中，将可能有为数不少的业主会对本款进行修改，增加业主方"批准"承包商的文件的权利。如果增加了这一点，承包商应要求明确"批准的时间"，以防延误工作。

与2017版黄皮书一样，在2017版银皮书引入了一个"不反对通知"，意在淡化"批准"等概念。其他修订的程序等也与2017版黄皮书相同或类似。本款的具体内容不再单独列出，参见2017版黄皮书。

从管理程序上看，2017版银皮书与黄皮书基本趋同。但从大的理念上讲，让承包商承担更多风险的EPC合同下，承包商应该有更大的决策权，这样不容易产生因决策方面带来的交叉责任。

本条到此讲完了，请检查一下自己是否达到了开始提出的要求，并思考下面的问题：

1. 对比分析黄皮书与银皮书在设计接口责任方面有哪些异同？本条的规定对承包商在投标时有哪些启示？

2. 如何理解2017版银皮书在管理程序上的规定？

第**8**条 开工、延误与暂停（Commencement, Delays and Suspension）

学习完这一条，应该了解：

■ 银皮书下，承包商被允许延长竣工时间的条件。

在本条中，除了第8.4款[竣工时间的延长]外，银皮书与黄皮书基本相同。我们现在来看这一不同条款。

8.4 竣工时间的延长（Extension of Time for Completion）

黄皮书中（红皮书也一样），在下列五种情况下，承包商有权提出延长工程竣工时间的要求：

- 发生合同变更或某些工作量有大量变化；
- 本合同条件中提到的赋予承包商索赔权的原因；
- 异常不利的气候条件；
- 由于流行病或政府当局的原因导致的无法预见的人员或物品的短缺；
- 由业主或他的在现场的其他承包商造成的延误、妨碍或阻止。（any delay, impediment or prevention caused by or attributable to the Employer, the Employer's Personnel, or the Employer's other contractor on the site）

而在银皮书中，只有下列三种情况下，允许承包商提出索赔工期：

- 发生合同变更；
- 本合同条件中提到的赋予承包商索赔权的原因；
- 由业主或他的在现场的其他承包商造成的延误、妨碍或阻止。

由于承包商的施工过程中，也许"异常恶劣的气候条件"是对工期影响最大的因素，不允许承包商在此条件下索赔工期，则大大地加大承包商的工期风险。因此，此类情况下，承包商要对工期的规定进行一下评估，应避免工期安排太紧的情况，同时，应在前期对东道国气候条件进行评判，当地是否常常发生影响工程施工的恶劣天气，考虑进度计划安排，并尽可能在合同谈判中将工期设定为合理的长度。

2017版银皮书关于工期索赔原则与1999版基本相同。如黄皮书一样，在2017版增加了关于工期索赔的交叉责任方面的规定。请参阅前面关于2017版黄皮书相应条款的解释与评述。

本款的规定，再一次显示出，银皮书下风险分担时承包商承担更大的责任。

本条到此讲完了，请检查一下自己是否达到了开始提出的要求，并思考下面的问题：

1. 根据您的经验，评估一下不允许承包商在"异常恶劣的气候"条件下索赔工期的规定，给承包商带来的影响。

2. 承包商如何在投标期间应对此类条款的规定？

第 **10** 条　业主的接受（Employer's Taking Over）❶

---

❶ 说明:由于在第10条、第12条、第13条、第14条中，银皮书与红皮书和黄皮书中不同的内容很少，因此，在此将它们放在一起综合讲解。

在本条中，除了第10.2款[部分工程的接收]和第10.3款[对竣工检验的干扰]（Interference with Tests on Completion）外，银皮书与红皮书和黄皮书基本相同。

10.2 [部分工程的接收]（Taking Over of Parts of the Works）

1999版本款规定，"如果在合同中没有另外规定或双方另有商定，业主不得接收或使用工程的某部分（区段除外）"，这一规定，虽然有弹性，但赋予了承包商一定的权利，即：如果承包商不同意，或在其他合同文件中没有规定，业主不能擅自要求承包商将某部分工程移交给业主（区段除外）。但在1999版红皮书和黄皮书中的第10.2款[部分工程的接收]中规定，只要业主需要，工程师可以为永久工程的任何部分签发接收证书，这样的规定，赋予了业主随时接受和占有某部分工程的权利，这与银皮书有一定的区别。

2017版本款的规定与1999版相同。

10.3 [对竣工检验的干扰]（Interference with Tests on Completion）

在1999版银皮书中，本款规定，"如果由于业主负责的原因，致使竣工检验被延误超过了14天，则承包商应在可能时尽快进行竣工检验"。如果因此导致了承包商损失，可以提出索赔工期、费用和利润。

而在1999版新红皮书和新黄皮书中规定，"如果由于业主负责的原因，则，在本应该完成竣工检验的那一天，即认为业主已经接收了相应的工程。"并且，如果因此导致了承包商损失，可以提出索赔工期、费用和利润。

从上面的对比来看，仍然是1999版红皮书和黄皮书中的规定比1999版银皮书中的规定对承包商有利，因为只要竣工检验被业主负责的原因延误，就认为业主已经接受了该工程，而在银皮书中，承包商则没有这项权利。

2017版本款的规定与1999版基本相同，但对规定的"14天"的含义给出了清晰的界定，即：无论是连续14天或累计14天都适用。

第**12**条 竣工后检验（Tests after Completion）

针对1999版，在本条中，除了第12.1款[竣工后检验]外，银皮书与黄皮书基本相同。

12.1　[竣工后检验]（Procedure for Tests after Completion）

1999版银皮书中，本款的前一部分规定与新黄皮书中的规定相同，都是业主主要负责进行竣工后检验，承包商协助参加，但在后一部分，银皮书规定，"竣工后检验的结果由承包商汇编整理和评价"，而在1999版黄皮书中规定"竣工后检验的结果由双方汇编和评价"。

笔者认为，1999版银皮书中的规定很有意思，似乎给了承包商审查检验和评价结果的权利，但由于是单方面这样做，容易导致业主对承包商评价的结果有不同意见。而黄皮书中"共同汇编和评价"的规定，似乎更合理，更利于双方在评价中沟通交流。

2017版银皮书则对1999版进行了修订，使银皮书的规定与黄皮书的规定相一致，竣工后检验结果由双方共同整理和评价。

FIDIC

第13条 变更与调整（Variations and Adjustments）

针对1999版，在本条中，除了第13.8款[因费用波动而调整]外，银皮书与黄皮书基本相同。

13.8 因费用波动而调整（Adjustment for Changes in Cost）

1999版银皮书中，本款规定，"如果合同价格因劳务、物品，以及工程其他费用波动而进行调整，则应在专有条件中予以规定"。而在1999版红皮书和黄皮书中，直接规定了如何因劳务费用和物价波动进行调整，并给出了调价公式。

从两类不同的措辞看出，FIDIC更倾向于在红皮书和黄皮书中进行物价调整，而银皮书中一般不予以调整。这也反映出，在银皮书中，物价波动的风险常常是由承包商承担。

本款对应的是2017版银皮书的第13.7款[因费用波动而调整]，内容则与2017版红皮书、黄皮书的规定保持一致，即：若专用合同条件中包含费用指数，则应调整给予承包商的费用。调整方法三个版本保持一致。这一修订反映了FIDIC也在努力使风险分担规定再向黄皮书靠近些。

FIDIC

第**14**条 合同价格与支付（Contract Price and Payment）

针对1999版，在本条中，关于合同价格与支付，银皮书与黄皮书的规定基本相同，略微有差别的条款有：第14.1款[合同价格]、第14.3款[申请期中支付]、第14.6款[期中支付]和第14.7款[支付的时间安排]。下面我们简单来看一下这些差别。

14.1 合同价格（Contract Price）

1999版本款的规定与黄皮书的前两部分内容一致，即：除根据合同做出的某些调整外，支付应按照在协议书中规定的包干合同价格；合同价格中已经包括了税收，承包商应自己支付有关税收，业主对此费用一概不再补偿。

由于1999版银皮书中没有包括关于"明细表"（Schedules）的定义，因此，黄皮书中关于"明细表"的有关内容的规定没有在银皮书中出现。但在实践中，EPC合同包括"明细表"的情况也很常见。

银皮书2017版本款对原规定进行了修订，增加的一项补充规定如下：若明细表中列出了工程量，则此类工程量只用于所述的目的，并不表示是承包商为实施工程而实际完成的工程量。这一修订，与2017版黄皮书的规定一致。

同时参阅前面对黄皮书的相关条款的解析与评述。

14.3 申请期中支付（Application for Interim Payment）

在1999版中，由于银皮书中是业主和业主代表直接管理合同，没有工程师的角色，因此，承包商直接向业主提出支付申请报表，但报表的内容与黄皮书中的一样。

2017版对本款进行了修订，除了也是向业主直接提交支付申请外，其他与2017版红皮书、黄皮书基本一致，都比原来1999版的规定更具体、更有操作性。参见前面2017版红皮书、黄皮书的相关条款。

14.6 期中支付（Interim Payment）

1999版银皮书中，业主在收到承包商的报表之后，如果不同意承包商报表中的某项内容，则他应在收到报表的28天内通知承包商，并给出理由。本款的规定与1999版红皮书和黄皮书有差别，在这两个合同条件中，工程师根据承包商的报表，决定出合理的期中支付金额，向业主开具支付证书，要求业主依据该支付证书向承包商支付。

2017版本款对原规定进行了修订，修订后与2017版黄皮书基本保持一致（除了是业主直接处理支付问题），具体参见前面关于2017版红皮书、黄皮书相关条款的评述。

14.7 支付的时间安排（Timing of Payments）

1999版银皮书中预付款的第一笔支付款都是在合同协议生效后或业主收到履约保证和预付款保函后42天内支付（以较晚者时间为准），而红皮书和黄皮书中规定是在中标函签发后42天内，或业主收到履约保证和预付款保函后21天内支付（以较晚者时间为准）；期中支付时间相同，都是在业主/工程师收到报表后56天内支付。

1999版银皮书与红皮书和黄皮书差别较大的是在最终支付的时间上。根据银皮书的规定，业主应在收到承包商的最终报表和结清单后42天内支付；而在红皮书和黄皮书中，业主收到工程师签发的最终支付证书后56天内才支付，由于工程师在收到承包商的最终报表和结清单后28天内向业主开出最终支付证书（第14.3款[最终支付证书的签发]），因此，从承包商递交最终报表和结清单到业主支付最终支付款的时间实际上为28+56天，这比银皮书中，承包商在递交最终报表和结清单后42天内就可以收到最终支付款要晚很多。可以说，在最终支付款的支付时间上，银皮书对承包商还是有利的❶。

2017版银皮书对原规定进行了修订，虽然FIDIC努力使得银皮书与红皮书和黄皮书在规定上保持一致，但由于银皮书下是业主直接管理，缺少了工程师的管理环节，因此支付程序仍有一点差异。

就预付款而言，2017版黄皮书规定，业主收到工程师为预付款开具的期中支付证书后，在合同数据中的规定的时间内支付，若合同数据中没有规定，在21天内支付；而2017版银皮书规定，业主收到承包商提交的履约保证、预付款保函以及预付款支付申请后14天内支付。

就期中支付款而言，2017版与1999版相同，黄皮书规定，工程师收到承包商的报表和支持文件后的56天内由业主支付，银皮书规定，业主在收到承包商的报表和支持文件后的56天内支付。

就最终支付而言，2017版黄皮书规定，业主收到工程师签发的最终支付证书

---

❶ 在实践中，工程款的支付时间并不是固定不变的，常取决于双方的谈判和关系。笔者参加的一个EPC项目的期中支付和最终支付时间更短，为承包商提交报表（支付申请）后30天。

后，按合同数据中规定的时间内支付，若没有规定，在56天内支付；2017版银皮书规定，业主在从承包商处收到最终报表和结清单后，按合同数据中规定的时间内支付，若没有规定，在56天内支付。或者，倘若在承包商不按规定的时间提交最终报表草案的情况下，则业主签发最终支付通知后的14天届满后，按合同数据中规定的时间内支付，若没有规定，在56天内支付。

14.9　保留金的支付（Payment of Retention Money）

1999版中，银皮书中对保留金的支付与黄皮书相同，但与红皮书有一定差异（见前面关于红皮书、黄皮书相关条款的解析）。2017版银皮书、黄皮书、红皮书关于保留金支付都相同，参见2017版红皮书的相关规定。

FIDIC

第**17**条   风险与责任（Risk and Responsibility）（1999版）

第**17**条   工程照管与保障（Care of the Works and Indemnities）（2017版）

在1999版，对于第17条[风险与责任]，除了第17.3款[业主的风险]有实质性区别外，银皮书与黄皮书、红皮书的其他规定基本相同。2017版银皮书对1999版进行了实质性的修订。下面我们先看1999版银皮书与黄皮书和红皮书的区别，然后我们再看看2017版中银皮书的修订内容。

第17.3款　[业主的风险]（1999年第一版）

黄皮书和红皮书中规定业主承担的风险有8项：

（1）战争、敌对行为等行为；

（2）在业主国内的叛乱、恐怖、革命、政变、内战等；

（3）在业主国内的，非承包商人员造成的骚乱，混乱等；

（4）在业主国内的，非承包商的军火、炸药、放射物质导致的污染等；

（5）飞行器导致的压力波；

（6）业主占用部分工程导致的风险；

（7）业主负责的设计；

（8）一个有经验的承包商无法预见或无法充分合理防范的自然力的作用。

而在银皮书中，只有前五项内容属于业主的风险。后三项内容应被认为由承包商负责。我们来分析一下在银皮书中承包商负责的后三项内容：

（6）业主占用部分工程导致的风险

银皮书中，一般情况下，不允许业主使用部分工程，除非合同或双方有商定（见第10.2款[部分工程的接收]）。如果合同没有规定业主有权使用某部分工程，但业主想使用，则必须得到承包商的同意。若承包商同意，他必须注意，要同时加上补充规定，即：由此导致的一切风险由业主承担，否则，根据本款的规定，业主是不承担这项风险的。但如果合同规定了业主有权使用部分工程时，本款的规定应在专有条件中作出相应修改，否则要承包商为业主的行为承担风险，显然是不合理的。

（7）业主负责的设计

在银皮书中，设计一般由承包商来做。对于业主前期所做的部分设计工作，如包括在"业主的要求"中的那些工作，根据银皮书中的规定，承包商也是有责任审核改正的，除非是承包商无法更正的内容（见第5.1款[一般设计义务]），因此本款的规定，是与银皮书中的其他规定相呼应的（见第5.1款[一般设计义务]）。这充分反映出，在银皮书中，承包商所承担的巨大的风险和责任。

（8）一个有经验的承包商无法预见或无法充分合理防范的自然力的作用

承包商承担的这一风险，实际上是工程实施过程中发生可能性最大的风险。事实上，银皮书中的很多规定，也是与这项内容相呼应的（见第4.10款[现场数据]和第4.12款[不可预见的困难]）。因此，本款的规定，再一次提醒承包商，依据银皮书来实施EPC项目时，自己所负担的风险是多么大。

2017版关于业主与承包商承担的风险责任方面，在第17条中银皮书与红皮书、黄皮书基本保持了一致（参阅前面红皮书第17条），这意味着，2017版银皮书比1999版银皮书对承包商要"宽爱（Pro-contractor）"一些。

1999版银皮书中，在业主承担的风险与责任方面，删除了前面所述的第（6）项、第（7）项与第（8）项。尤其是第（8）项"一个有经验的承包商无法预见或无法充分合理防范的自然力的作用"，这就意味着，除非达到"不可抗力"程度，否则，其他程度的自然力的影响都由承包商来承担。但在2017版中，则部分地又加上了这一项，也就意味着，这一自然力风险至少有一部分由业主承担。另外，在2017版中，明晰了业主对承包商的保障，其中规定，业主或业主人员的行为造成的财产损失和人员伤亡，业主应保障承包商免遭相关损失。这些规定的修订，使得承包商的风险在2017版中有了实质性的减少。

因此，我们可以得到一个基本结论，至少从风险分担和责任划分方面，FIDIC修订时所倡导"对等规则"是有利于承包商的。

这几条到此讲完了，请思考下面的问题：

1. 从这几条中银皮书与红皮书和黄皮书的不同规定，体现出了FIDIC编制新版合同条件时哪一基本思想？在实践中贯彻这种思想有可能遇到什么问题？

2. 总结2017版银皮书对1999版修订的内容，并加以评述。

银皮书的讲解到此结束，在学习绿皮书之前，请再回忆一下，银皮书中规定的主要内容，与红皮书和黄皮书中有哪些主要差别。如果基本掌握了，就接着阅读绿皮书吧。

FIDIC 绿皮书
（1999 版）

简明合同格式
Short Form of Contract

绿皮书中的合同与组织关系示意图：

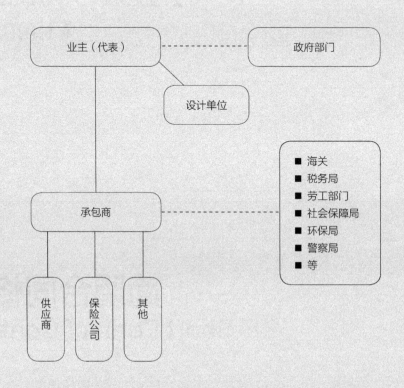

注　1. 实线表示合同关系和管理（或协调）关系；虚线只表示管理或协调关系。

　　2. 由于此类工作简单，承包商一般不雇用分包商。

　　3. 若设计大部分由承包商承担（第5条），承包商可能会雇用设计分包商。

　　4. 工程保险一般由承包商办理。

导读总说明:

在学习了红皮书、黄皮书以及银皮书后,我们发现,这三个版本编排格式十分接近,内容也大部分相同或近似,而FIDIC"简明合同格式"(绿皮书)在内容和编排格式上与前面的三本合同条件差异很大,其本身的特点十分突出:简明、灵活。因此,在正式讲解绿皮书之前,我们先对其作一总体介绍。

绿皮书主要内容分为四大部分:协议书、通用条件、裁决规则与裁定人协议书、使用指南。在本合同格式中,并没有包括专用条件,原因是,FIDIC认为,没有专用条件,本合同格式中的内容能够满足一般情况,但如果具体项目需要,可以在通用条件后面,加上附加的内容。

一、协议书

与其他三个版本不同,在本合同格式中,协议书是一个实质性文件,是合同格式的核心。其中的内容有:

- 业主的名称;
- 承包商的名称;
- 工程名称;
- 承包商的报价(Offer,要约);
- 业主对承包商报价的接受(Acceptance,承诺);
- 双方签字;
- 协议书生效日(为承包商收到业主签字的协议书正本的当日);
- 附录(将通用条件中的核心条款涉及的数据和内容按条款顺序,以清单的形式列出)。

二、通用条件

通用条件共包括15个条款,内容有:一般规定、业主、业主代表、承包商、承包商的设计工作、业主的责任、竣工时间、接收、修补缺陷、变更与索赔、合同价格与支付、违约、风险与责任、保险以及争议的解决。

三、裁决规则与裁定人协议书

裁决规则的编制原理与前面的三个合同条件所附的类似,但更简单些。内容包括:裁决员的任命和任命条件,裁决员报酬的支付方法,裁决员的工作程序。

裁定协议书是合同双方与裁定人签订的,内容包括:工程名称,业主名称与地址,承包商名称与地址,裁定人名称与地址,明确裁定人协议书包括简明合同条件中的裁定规则和争议的规定，支付裁定人的方法，协议书适用的法律等。

四、使用指南

这一部分不构成正式文件的一部分，只是供编制实际合同文件时参考，对一些条款的编制原则进行了解释，并说明，在特定情况下，其中的条款可以作相应改动。

我们在最前面的"导言"中，曾简单介绍了绿皮书适用的大致范围。在下面的内容中，我们主要对通用合同条件部分进行综合说明和解释。

在对绿皮书有了一个大致印象后，请看具体的合同条款。

FIDIC

第 1 条　一般规定（General Provisions）

学习完这一条，应该了解：

- 绿皮书中所定义术语的含义；
- 与前面三个合同术语的差别。

1.1 定义（Definitions）

共包括下列19个定义：

（1）合同（Contract）；

（2）规范（Specification）；

（3）图纸（Drawings）；

（4）业主（Employer）；

（5）承包商（Contractor）；

（6）当事方（Party）；

（7）开工日期（Commencement Date）；

（8）天（day）；

（9）竣工时间（Time for Completion）；

（10）费用（Cost）；

（11）承包商的设备（Contractor's Equipment）；

（12）工程所在国（Country）；

（13）业主的责任（Employer's Liabilities）；

（14）不可抗力（Force Majeure）；

（15）材料（Materials）；

（16）生产设备（Plant）；

（17）现场（Site）；

（18）变更（Variation）；

（19）工程（Works）。

其中，"合同"、"开工日期"、"变更"和"工程"的定义与前面三个合同条件中的定义不尽相同，"业主的责任"是新增定义。下面对这几个定义加以解释。

1.1.1 合同（Contract）

根据本款对"合同"的定义，它包括协议书以及协议书附录中所列出的文件。我们前面对协议书的内容作了简单的介绍。关于协议书的附录，在其范例格式里面列出了下列文件作为合同文件：

- 协议书；

- 专用条件；

- 通用条件；

- 规范；

- 图纸；

- 承包商提出的设计；

- 工程量表；

- 等。

当然，这里列出的只是一种范例而已，业主在编制招标文件时，可以根据实际情况进行修改。例如，如果业主不需要承包商设计，则"承包商提出的设计"就可以删除。有意思的是，虽然FIDIC在编制本简明合同文本时，并没有给出任何实质性的"专用条件"，而且声明，没有"专用条件"，一般情况下，"通用条件"本身就可满足要求，但在协议书附录中仍列出了"专用条件"一项。笔者认为，如果使用"简明合同格式"作为蓝本来编制具体合同时，恐怕绝大多数情况下是离不开"专用条件"一项的。

大家可以将本款规定的内容与前面的红皮书、黄皮书，以及银皮书中的所定义"合同"组成对比来学习。

1.1.7 开工日期（Commencement）

本款规定"开工日期"为"协议书生效日后的第14天或双方商定的其他日期"。

根据协议书中的规定，这里的协议书生效日期为"承包商收到业主签字的协议书正本的日期"。

与前面红皮书、黄皮书以及银皮书中的"开工日期"相比，这一规定要具体得多。红皮书和黄皮书规定，"开工日期"为承包商收到中标函后的42天内的某一天，具体日期由工程师提前7天以上通知承包商（参阅这两个文件的定义1.1.3.2"开工日期"和第8.1款[开工]）；银皮书规定的"开工日期"为合同生效日期后42天的某个日期，具体日期由业主提前7天以上通知承包商，银皮书下的合同生效日期按协议书中写明的日期（参阅银皮书定义"1.1.3.2开工日期"和第8.1款[开工]）。

1.1.13 业主的责任（The Employer's Liabilities）

这是一个新增定义，定义本身并没有给出实质性内容，只是说明，其内容在第6.1款[业主的责任]中列出。

实际上，这一定义覆盖了前面三个合同条件中的关于业主的风险以及违约方面内容。这样，在绿皮书中行文过程中能够更加简练些。详见第6.1款[业主的责任]。

1.1.18 变更（Variations）

本款规定"变更"为"业主根据变更条款（第10.1款）的规定下达指令，对规范或图纸做出的变动"。

本款将"变更"限制在"规范和图纸"的范围内；而新红皮书列出了六项可以变更的内容，因此，绿皮书似乎没有红皮书规定的内容广，但除了在红皮书中可以变更"工程实施的顺序和时间安排"外，其他内容均可以通过对"规范和图纸"的变动而实现（见红皮书"定义1.1.6.9变更"和第13.1款[有权变更]）。绿皮书将"工程实施的顺序和时间安排"没有明确列在变更之内，大概是考虑到，绿皮书所适用的都是简单工程，这类情况不太容易发生。

至于黄皮书和银皮书，其变更的范围更广，规定得也很笼统。

1.1.19 工程（Works）

本款规定"工程"为"承包商承担的所有工作（all the work）、设计（若合同规定有设计），包括临时工程和变更"。

根据此定义，凡本简明合同格式中提到"工程"这一术语，将包括：所有施工工作、设计工作以及相应变更工作。而前面的红皮书、黄皮书以及银皮书中规定，"工程"包括"永久工程"和"临时工程"或指二者之一，单从该定义上看，这两个合同条件中的"工程"并没有明确包括"设计"工作，而是通过其第4.1款[承包商的一般义务]（红皮书、黄皮书以及银皮书）和第5条[设计]（黄皮书和银皮书）来规定承包商的设计工作。

而绿皮书通过其定义中明确列入设计工作，则无须增加条款再来单独说明"设计"，从而达到简化合同条件的目的。

1.2 解释（Interpretation）

参考红皮书第1.2款[解释]。

1.3 文件的优先次序（Priority of Documents）

在此款下并没有具体列出绿皮书中合同文件的优先次序，而是规定按协议书附录中所列顺序来解释合同（见上面的"1.1.1合同"所列出的文件）。其他与红皮书的规定类似，参见红皮书第1.5款[文件的优先次序]。

1.4 法律（Law）

合同的适用法律在协议书附录中列出。

参见红皮书第1.4款[法律与语言]。

1.5 通信联络（Communications）

参阅红皮书第1.3款[通信联络]。

1.6 法定义务（Statutory Obligations）

参见红皮书第1.13款[遵守法律]。

本条到此讲完了，请检查一下自己是否达到了开始提出的要求，并思考下面的问题：

如果您是咨询工程师，负责编制小型简单工程的招标文件，您定义合同条件中的术语时，会从什么角度来考虑？

管理者言：

　　详细易导致繁琐，简单易导致疏漏，但就处理一项具体工作来说，若不能判断出两种方法的优劣，则宁简勿繁。

第2条　业主（The Employer）

学习完这一条，应该了解：

- 业主提供现场义务；
- 业主签发指令的权利；
- 业主的批准的含义。

本条共包括四个子条款，内容比较简单，主要规定的是业主的某些义务。

2.1 提供现场（Provision of Site）

本款规定，业主必须按照协议书附录中规定的时间向承包商提供现场以及进入现场的权利。

参见红皮书第2.1款[进入现场的权利]。

2.2 许可证与执照（Permits and Licenses）

本款规定，承包商可以要求业主协助其申请实施工程所需要的许可证、执照、批准等。

这是国际工程的惯例。参见红皮书第2.2款[许可证，执照或批准]。

2.3 业主的指令（Employer's Instructions）

本款规定，承包商应遵守业主发出的指令，包括暂停工程。

应注意，本款虽然规定承包商有义务遵守业主的指令，但并不是意味着被动和无偿地接受此类指令。如果该指令超过了合同的规定，则承包商有权依据变更和索赔条款要求补偿。

参见红皮书第3.3款[工程师的指令]。

2.4 批准（Approvals）

本款规定，业主或其代表的批准、同意、不发表意见等，不影响承包商的任何合同义务。

如何理解本款的规定，请参阅新红皮书第3.1款[工程师的职责与权力]中关于（C）项内容的解释。

本条到此讲完了，请检查一下自己是否达到了开始提出的要求，并思考下面的问题：

　　既然"业主或其代表的批准、同意、不发表意见等，不影响承包商的任何合同义务"，业主是否可以随意批准或同意承包商的工作？

> **管理者言：**
>
> 　　业主的管理水平是由承包商的工作所体现出来的。

第**3**条　业主的代表（The Employer's Repres-entatives）

学习完这一条，应该了解：

- 业主的"被授权人"和业主的代表的含义；
- 业主的"被授权人"和业主的代表的内在联系。

本条共包括两个子条款，规定了业主需要任命的项目负责人以及具体管理工程的业主的代表。

3.1 被授权人（Authorised Person）

本款规定，业主必须派一名自己的人员来负责项目工作。该被授权人应在协议书附录中指明，或业主另行通知承包商。

本款实际上是规定业主需要派出一个专门人员来负责项目的总协调。被授权人一般全权代表业主行使业主的权力。如果业主另外再派遣代表做项目管理的具体工作，那么，这类被授权人常常只负责业主的决策问题，而不负责具体事务，否则，该被授权人将会作为业主的全权代表，不但负责决策，也负责实际管理工作。大家可以结合下面一款来理解本款的规定。

3.2 业主的代表（Employer's Representative）

本款规定，业主同时可以任命一个公司或个人来行使某些职责。这一公司或人员可在协议书附录中书明，或由业主随时通知承包商，其职责和权力也应由业主通知承包商。

本款的规定具有不确定性，即业主可以派遣这样的代表，也可以不派遣。如果派遣，这一公司或人员往往是专业项目管理公司或专才，承担项目管理的具体工作，实际上与上面的被授权人员分工协作；如果业主不派遣业主的代表，上面的被授权人员则实际上是业主全权代表，同时又负责具体的项目管理工作。

从管理角度而言，绿皮书的这一规定与其所倡导的"简明"有点不符。此类简明合同适用的往往是小型和简单工程项目，其管理工作相对简单，任命唯一的"代表"来全权管理项目，可以减少管理环节，权责容易明确，也更易于提高管理效率。但FIDIC这样规定的原因，大概是考虑业主机构内部有时不具备管理项目的能力。

本条到此讲完了，请检查一下自己是否达到了开始提出的要求，并思考下面的问题：

如果您是业主，您将如何考虑组建业主的项目管理机构?

管理者言:

只有业主对承包商的工作评价高，承包商的管理水平才是真高。

第**4**条 承包商（The Contractor）

学习完这一条，应该了解：

- 承包商的一般义务；
- 业主对承包商任命代表的限制；
- 分包限制；
- 业主对履约保证的要求。

本条有四个子条款，规定了承包商的一般义务、承包商的代表、分包以及履约保证。

4.1 一般义务（General Obligations）

本款规定，承包商按照合同恰当完成工程，提供项目需要的管理人员、劳务人员、材料、生产设备、承包商的设备（施工设备）等，材料和生产设备运到现场后即被认为业主的财产。

本款覆盖了承包商的基本合同义务，与前面三个合同条件规定近似，请参阅相关条款。

4.2 承包商的代表（Contractor's Representative）

本款规定，承包商任命项目代表（承包商的项目经理）时，必须将该人员的简历送交业主，并取得业主同意。这一人员代表承包商接收业主的指示。

本款规定的实质是承包商派遣项目经理时需要业主的同意，若业主认为承包商提出的人选资质不够，可以否决承包商的提议。这是因为，承包商的项目经理的专业水平往往对项目顺利实施至关重要。

参见红皮书第4.3款[承包商的代表]。

4.3 分包（Subcontracting）

参见红皮书第4.4款[分包商]。

4.4 履约保证（Performance Guarantee）

本款规定，如果协议书附录中有规定，承包商应在开工日期后14天内，按业主批准的格式提交一份履约保证给业主，并应由业主批准的第三方开具。

本款的规定与前面合同条件的规定在时间上略有差异。红皮书和黄皮书规定，承包商提交履约保证的时间是在收到中标函后的28天内；银皮书规定的是在双方签订协议书后28天内。

参见红皮书第4.2款[履约保证]。

本条到此讲完了，请检查一下自己是否达到了开始提出的要求，并思考下面的问题：

一般情况下，从承包商得到业主签字的协议书算起，承包商最晚在哪一天必须提交履约保证？

管理者言：

公司总部对待工程项目经理政策：要宏观监督，而不要微观控制。

FIDIC

第**5**条　承包商的设计（Design by Contractor）

学习完这一条，应该了解：

■ 业主对承包商设计工作的管理程序；

■ 业主和承包商双方各自的设计责任。

本条包括两个子条款，规定了在承包商承担合同规定的设计义务时应遵循的原则以及承包商对其设计承担的责任。

5.1 承包商的设计（Contractor's Design）

本款规定，承包商按照合同规定的范围，进行设计。承包商完成设计后，应立即提交给业主，业主14天内将意见反馈给承包商。如果设计不符合合同，业主应拒绝，但需要说明理由。若设计被拒绝，或在等待业主批复的14天内，承包商不得进行相关永久工程实施。承包商应对被拒绝的设计进行改正，随后立即再提交给业主；对业主有意见的设计，承包商在进行了必要的修改之后，再立即提交给业主。

本款覆盖了承包商设计工作的执行程序，全面而简练。与黄皮书和银皮书相比，业主的批复时间也比较短，为14天。

遗憾的是，与黄皮书和银皮书类似，对承包商需要提交批复的次数没有限制。

参见黄皮书和银皮书第5.2款[承包商的文件]。

5.2 设计责任（Responsibility for Design）

本款规定，承包商对其投标书中给出的设计以及根据本条所做的设计负责，并保证其设计符合合同规定的预期目的，若承包商的设计涉及侵权，承包商也须自己负责。业主为其自己的图纸和规范负责。

在绿皮书下，业主可以负责全部设计，并在协议书附录中列出；有时他也可以将全部或部分设计工作委托给承包商。本款设想的是承包商承担部分设计工作的情况。对承包商与业主各自的责任进行了明确划分。

参阅黄皮书和银皮书第5.8款[设计错误]。

本条到此讲完了，请检查一下自己是否达到了开始提出的要求，并思考下面的问题：

您认为，FIDIC绿皮书将业主审核承包商的设计文件由黄皮书和银皮书中规定的

21天缩短为14天，是基于哪些因素？

> **管理者言：**
>
> "豪华设计"是有代价的，在符合合同的要求下，"实用、安全、简练"应成为技术人员的设计准则。

第6条 业主的责任（Employer's Liabilities）❶

学习完这一条，应该了解：

■ 业主的责任范围。

---

❶ 英文中的responsibility与liability 是近义词，虽然两者都可以翻译为"责任"，但前者常指"负责的工作或为其工作承担的相应责任"，后者常指"事件或行为造成的后果责任或经济责任"。

本条只有一个子条款，列出了16种业主承担后果责任的情况。

6.1 业主的责任（Employer's Liabilities）

本款列出了下面16种情况，由业主负责：

■ 战争以及敌对行为等；

■ 工程所在国内的起义、革命等内部战争或动乱；

■ 非承包商（包括其分包商）人员造成的骚乱和混乱等；

■ 放射性造成的离子辐射或核废料等造成的污染造成的威胁等，但承包商使用此类物质导致的情况除外；

■ 飞机以及其他飞行器造成的压力波；

■ 业主占有或使用部分永久工程（合同明文规定的除外）；

■ 业主负责的工程设计；

■ 一个有经验的承包商也无法合理预见并采取措施防范的自然力的作用；

■ 不可抗力；

■ 非承包商引起的工程暂停；

■ 业主任何不履行合同的情况；

■ 一个有经验的承包商也无法合理预见的在现场碰到的外部障碍等；

■ 变更导致的延误或中断；

■ 承包商报价的日期后发生的法律变更；

■ 由于业主享有工程用地权利所导致的损失；

■ 承包商为实施工程或修复工程缺陷造成的不可避免的损害。

从本款列出的业主承担的责任范围来看，绿皮书在处理风险分担的原则是对承包商有利的；甚至比红皮书和黄皮书更"亲承包商"（pro-contractor）。其中，最后两项是原红皮书第四版中的规定。前14种情况大致与红皮书中的下列条款相似：

第17.3款[业主的风险]；

第19条[不可抗力]；

第8.8款[工作暂停]；

第8.9款[暂停的后果]；

第4.12款[不可预见的外部障碍]；

第13条[变更与调整]；

第8.4款[竣工时间的延长]。

本条到此讲完了，请检查一下自己是否达到了开始提出的要求，并思考下面的问题：
绿皮书的风险划分合理吗？

管理者言：

　　项目管理中复杂的关系使得信息的传递十分重要，善于沟通是当代项目经理所必须具备的素质之一。

第 **7** 条 竣工时间（Time for Completion）

学习完这一条，应该了解：

- 对承包商开工以及实施工程的要求；
- 进度计划提交的时间；
- 承包商索赔工期的权利；
- 延迟完工的后果。

本条有四个子条款，包括工程实施、进度计划、延期以及延迟完工等四个方面的内容，对承包商完成工程的进度和时间进行控制。

7.1 实施工程（Execution of the Works）

本款规定，承包商应在开工日期开工，并行动迅速，不得延误；而且在竣工时间内完成工程。

本款从开工日期，开工和实施工程的过程，以及最后竣工的日期等三个方面，对承包商实施工程的方式在时间方面进行了控制。

如果承包商达不到这三项内容怎么办呢？参阅下面第7.4款[延迟完工]和第12.1款[承包商违约]。

7.2 进度计划（Programme）

本款规定，承包商应按协议书附录规定的时间和格式向业主提交一份进度计划。

在协议书附录中，给出的时间为开工后14天内，格式没有具体给出。在前面三个合同条件中，要求承包商提交进度计划的时间为开工后的28天内。显然，对于此类简明合同适用的小型工程，由于编制进度计划相对简单，所需时间比大型工程要少，在本款中规定较少的时间是合理的。

关于进度计划的解释，请参见红皮书第8.3款[进度计划]中的解释。

7.3 工期延长（Extension of Time）

本款规定，若工程因业主的责任导致了延误，承包商有权按程序索赔工期（第10.3款）；业主接到承包商的索赔申请后，结合承包商提供的证据，给予适当的延期。

根据本款，凡发生属于"业主的责任"的事件，导致工程延误，承包商有索赔工期的权利，但他需要遵循索赔程序，需要提供证明。

参见红皮书第8.4款[竣工时间的延长]的解释。

7.4 延迟完工（Late Completion）

本款规定，若承包商没有按期完工，需要按照协议书附录中规定的每天赔偿数额对业主进行赔偿。

在协议书附录中，同时规定了赔偿的限额，为合同金额的10%。

参见红皮书第8.7款[拖期赔偿费]的解释。

本条到此讲完了，请检查一下自己是否达到了开始提出的要求，并思考下面的
问题：
根据您的经验，认为拖期赔偿费的限额定为10%是一合理限额吗？

管理者言：
　　工作出了问题，有些人忙着找推卸责任的借口，有些人忙着找解决问题的方案，两类员工对工作的态度高下立判。

第8条 接收（Taking-over）

学习完这一条，应该了解：

- 工程竣工后，业主接收工程的程序。

本条有两个子条款，包括工程竣工和工程接收，给出了工程竣工后的验收程序。

8.1　竣工（Completion）

本款规定，当承包商认为工程已经竣工时，可以向业主发出通知。

本款的规定是一种管理程序上的规定，承包商可以依据本款的规定，在他认为工程竣工后通知业主。

8.2　接收通知（Taking-over Notice）

本款规定，若业主认为工程已经竣工，他应通知承包商，并注明竣工的日期；即使工程只是基本竣工，并没有完全竣工，业主也可以通知承包商，该工程达到接收的条件，并注明相应日期；发出此类通知后，业主应随即接收工程；承包商应立即完成扫尾工作，包括清理现场。

根据本款的规定，业主在两种情况下都可以接收工程：工程全部竣工，或工程基本竣工。但若属于后者，承包商必须立即完成扫尾工作。

本款的规定暗示，如果业主认为工程没有达到竣工的状态，则他可以不接收工程。此情况下，一般业主会通知承包商，说明仍须完成的工作。

参见红皮书第8.10款[业主的接收]的解释。

本条到此讲完了，请检查一下自己是否达到了开始提出的要求，并思考下面的问题：

依据本条的规定，试着编制一个具有操作性的工程竣工验收程序。

管理者言：

项目成功要靠团队精神，而团队往往更需要"教练"，而不是"老板"。

FIDIC

第 **9** 条　**修复缺陷**
（Remedying Defect）

学习完这一条，应该了解：

- 承包商在缺陷通知期的责任；
- 业主随时检查承包商的工作的权利。

本条有两个子条款，包括修复缺陷和隐蔽工程检查，规定了业主可以要求承包商在规定的期限内修复工程缺陷的权利以及检查隐蔽工程的权利。

9.1 修复缺陷（Remedying Defects）

本款规定，业主可以在协议书附录中规定的期限内，通知承包商修复缺陷或完成扫尾工作。若缺陷由承包商的设计、材料、工艺或不符合合同要求引起，则修复费用由承包商承担，其他原因引起的由业主承担。业主通知后，承包商没有在合理时间内修复缺陷或完成扫尾工作，业主有权自行完成相关工作，费用由承包商承担。

本款所说的通知的时间，实际上就是前面几个合同条件中的"缺陷通知期"。类似的说法还有"维修期"、"质保期"，在1987年红皮书第四版中被称为"缺陷责任期"。在本协议书附录中，该期限被规定为365天。

参见红皮书第11条[缺陷责任]中的解释。

9.2 剥离和检验（Uncovering and Testing）

本款规定，业主可以下达指令，剥离隐蔽工程进行检查。但如果检查结果证明该部分工程符合合同规定，则此类剥离和检查应按照变更工作处理，承包商应得到相应支付。

本款实际上是一个业主控制承包商的工作质量的条款，相当于前面三个合同条件中的质量控制条款第7条[生产设备、材料和工艺]。将这一内容包括在本条内，从编排结构上似乎不太合理。编者可能是为了避免条款编制的太琐碎，而将这两个关系不太大的条款合并在了一起。

问题讨论：

无论在本条，还是在第8条[接收]，绿皮书都没有给出表示承包商彻底完成工程的"履约证书"或"缺陷责任证书"。只是在第8条[接收]用了"接收通知"这一术语，表示承包商基本完成了工程，并在（缺陷）通知期内完成剩余的扫尾工作和有关缺陷的修复。在该期限结束后或在承包商完成扫尾工作和修复通知期内发现的缺陷后，本条并没有按照惯例，规定业主向承包商签发一份类似"履约证书"性质的文件。没有此类证书，怎样才能证明承包商完成了其合同义务呢？似乎从绿皮书得不到答案。

也许绿皮书的编制者认为，很多国家的法律规定，承包商对工程的责任并不限于一年的责任期。但这并不妨碍在绿皮书加入"履约证书"方面的规定，因为，履约证书所表示的是承包商完成了合同义务，但若业主国法律规定承包商承担的责任超过一年，当然应以法律为准。另外，根据具体情况，也可以在履约证书上注明法律的额外要求。事实上，在国际工程中，当法律要求承包商承担多年的责任时，通常用保险的手段来解决这一问题，如北非国家要求承包商办理"十年责任险"。

　　本条到此讲完了，请检查一下自己是否达到了开始提出的要求，并思考下面的问题：

　　承包商在接到业主修复缺陷的通知后，他的第一反应应该是什么？

管理者言：

　　项目管理中需要召开很多会议，但人数尽可能少，工作协调会一般不要超过6人，否则，肯定有人在浪费时间。

第10条 变更与索赔（Variations and Claims）

学习完这一条，应该了解：

- 工程变更权，估价方法以及变更程序；
- 承包商的索赔权以及索赔程序。

本条有五个子条款，覆盖了变更估价方法、变更程序、早期警告、索赔权利以及变更和索赔程序。

10.1 有权变更（Right to Vary）

本款规定，业主可以下达变更指令。

本款的原文只有五个词（The Employer may instruct variations.），赋予了业主变更的权利。这也许是最简单的一个合同条款了，的确体现出了本合同条件的特点："简明"。

10.2 变更估价（Valuation of Variations）

本款规定，估价变更工作可以采用下列5种方式之一：

（1）双方商定一个包干价；

（2）按合同中规定的适当的单价；

（3）若无适当单价，参照合同中的单价来估价；

（4）按双方商定的，或业主认为适当的新单价；

（5）业主可以指示按协议书附录中所列的计日工单价，此情况下，承包商应对自己的工时、机械台班以及消耗材料进行记录，以便估价。

根据不同的情况，双方可以选择一种适当的方法进行估价。在上述方式中，可以说，最理想的就是双方商定一个包干价。

10.3 预警通知（Early Warning）

本款规定，合同一方应将其觉察到的可能延误工程或导致费用索赔的任何情况尽早通知对方；承包商必须采取一切合理步骤减少此类影响。

在承包商迅速通知并采取合理措施的条件下，他有权获得工程延期和附加付款。

本款引入的"预警通知"机制，可以说是一种较好处理工程受到外部影响的方法，有助于合同双方（主要是承包商）采取防范措施，尽可能减少事件造成的损失。

10.4 索赔权利（Right to Claim）

本款规定，若由于业主的责任招致承包商额外开支，承包商有权索赔此类费用；若由于业主的责任必须变更工程，则此种情况应按变更处理。

本款明确赋予了承包商索赔费用的权利，却没有提到承包商有权索赔利润的情况，在这一点上，似乎没有红皮书中的某些规定更有利于承包商，因为红皮书中明确规定了承包商可以索赔利润的情况。

本款与第7.3款[工期延长]是两个核心索赔条款。

10.5 变更和索赔程序（Variation and Claim Procedure）

本款规定，承包商应在变更指令后的28天内，向业主提交一份包括变更各项内容的变更估价书，或在索赔事件发生后的28天内，提交列明各项索赔费用的索赔书。业主审查后，可以同意，若不同意，业主决定变更或索赔费用额度。

本款规定的变更估价与前面的三个合同条件的规定有所不同，本款规定变更估价先由承包商提出列明分项的变更估价书，然后由业主同意，若不同意，业主可以自行决定；但在红皮书和黄皮书中，工程师商定或决定变更价值，并明确包括一定利润；银皮书是由业主直接和承包商商定或决定变更的金额，也包括利润。由于在这三个合同条件下，都要求承包商在实施变更时记录费用，因此，工程师或业主决定变更金额时，也一般基于承包商的费用记录。但如果承包商对业主的决定有疑义，他可以按争议解决程序要求裁决或仲裁。

遗憾的是，在本款中，只规定承包商提交索赔的时间限制，却没有规定业主答复的时间限制，而前面三个合同条件给出了工程师/业主必须答复的时间限制（42天）。由于绿皮书也没有关于"业主/工程师的任何决定不得无故拖延"等规定，一旦业主对索赔或变更款迟迟不批复，承包商就会很被动。

参见红皮书、黄皮书、银皮书的第13.3款[变更程序]。

本条到此讲完了，请检查一下自己是否达到了开始提出的要求，并思考下面的问题：

从内容来看，本条的编制有哪些优缺点？

管理者言：

作为--个项目经理，你必须着眼项目的"大画面"，将之所以为将，就在于他能为其率领的队伍指出前行的方向。

FIDIC

第11条 合同价格与支付（Contract Price and Payment）

学习完这一条，应该了解：

- 工程的估价方法；
- 期中支付和最终支付的程序；
- 保留金的扣还程序；
- 支付货币以及延误支付的处理方法。

本条有八个子条款，覆盖了工程款估价与支付相关的方方面面，其核心内容主要涉及如何确定合同价格、如何申请进度款和最终结算款。

11.1 工程估价（Valuation of the Works）

本款规定，工程按协议书附录中的规定进行估价，同时遵守第10条[变更与索赔]的规定。

在协议书附录中，给出了如下5种确定价格的机制：

（1）纯包干合同价格；

（2）附费率表的包干合同价格；

（3）附工程量表的包干合同价格；

（4）附工程量表的重新测量合同价格；

（5）费用补偿形式的合同价格。

实际上，业主可以根据工程的具体情况和自己的工程建设策略选择其中一种价格方式，也可以根据工程各部分的具体情况来选择其中的几种。下面简单介绍这几种价格机制的特点和适用的条件。

纯包干合同价格：这种合同价格由承包商依据业主的招标文件报出，只是单纯的一个总价，一般固定不变，通常适用于工程量小、工期短、金额小、工种单一、工程量相对固定的工程，一般工程款一次或两次结清。

附费率表的包干合同价格：这种价格方式是承包商在报出总价的同时附有一个费率（单价）表，列明总价中各项工作单价供业主参考，但一般支付时仍按总价支付。所附费率表的主要作用是在工程变更时估价使用。因此，这种合同价格适用于合同额较大，发生变更的可能性较大，但业主在招标时又没有能力或不愿意编制工程量表的情况。

附工程量表的包干合同价格：这一种与上一种类似，主要不同是业主在招标文件中编入了工程量表，承包商所报的总价是基于此工程量表。这种方式要求业主在招标阶段的投入较大，但有利于减少合同执行过程中的矛盾。

附工程量表的重新测量合同价格：在这种方式下，承包商在工程量表中填入单价，并计算出总报价，但此总价一般只是一个名义价格，合同实际的最终结算价格将取决于实际完成的工程量和工程量表中的单价，因此，这种价格方式更适用于工程量在招标时不能确定的工程，这实际上是一种单价合同。

费用补偿形式的合同价格：这种价格方式实际上是一种"实报实销"的价格机制，但承包商的实际开支以及计算方式需要得到业主的认可。这种方式在实践中还有几种形式，如：成本加百分比酬金、成本加固定酬金、最大保证成本加酬金加奖金❶。如果业主在实施工程时无法确定工程范围以及工作内容，这种方式更为适用。

理解上面五种价格方式时，应考虑到这只是在"简明合同格式"的背景下的应用情况。实际上，这五种价格方式也是国际工程中常用的价格方式，不但可以单独使用，同时还可以根据工程的具体情况，对不同工程部分采用不同的价格方式。大家可以参见前面三个合同条件中与价格和支付相关的条款。

11.2 每月报表（Monthly Statement）

本款规定，承包商每月获得的进度款包括三部分：

（1）已实施的工程价值；

（2）已运到生产设备和材料费，具体计算方法按协议书附录规定；

（3）同时根据合同进行相应的增加或减扣。

承包商每月向业主提交报表，作为要求支付上述款额的付款申请。

在每月报表中，一般先列出截止到该月累计完成的工程价值，再列出在上一个支付证书已经支付的工程价值，将前者减去后者，即为该月所得到的工程的价值。

对于设备、材料费，一般是生产设备或材料运到现场后，按一定比例支付一次，等安装或使用到工程上，再支付剩余部分。在本书的协议书附录规定，运到现场后，材料支付80%，生产设备支付90%，但这些材料和生产设备必须属于协议书附录中列明的材料和设备。

11.3 期中支付（Interim Payment）

本款规定，业主在收到报表后28天内支付承包商，但可以从中扣除保留金以及不同意的款额。

业主应按照协议书附录中规定的比例来扣除保留金。在扣除其不同意的款额时，业主应向承包商说明不同意的原因。

---

❶ 请参阅何伯森主编，《国际工程合同与合同管理》第1章，中国建筑工业出版社，1999年。

业主不受以前决定支付给承包商期中款额的约束，即：如果业主认为以前他认为应支付承包商的款额有误，他有权进行修改。

业主在收到承包商应提交的履约保证之前，可以暂时扣发此类进度款。

在绿皮书中，似乎对保留金的规定不太充分，本款只规定按协议书附录中的比例（5%）进行减扣，没有说明应扣的保留金的限额。按此规定，似乎应对所有付款都扣除5%，直到业主接收工程为止（参阅第11.4款和第8.2款）。大家可以参见前3个合同条件关于扣发保留金的规定。

11.4 支付前一半保留金（Payment of First Half of Retention）

本款十分简单，只规定了业主归还承包商第一半保留金的时间：在业主颁发给承包商工程接收通知后的14天内。

本款的规定比较具体，给了14天的时间限制，而不是像前面三个合同条件，只是规定"当工程的接收证书签发后，第一半保留金即应退还给承包商（红皮书）"，或"当工程的接收证书签发并通过一切工程检验后，第一半保留金即应退还给承包商（黄皮书和银皮书）"。

实践中，也有在工程接收后将所有保留金都退还承包商的情况，但承包商此时向业主提供一份银行保函，保函金额等于保留金的一半，作为承包商在后期的担保，来替代后一半保留金，目的是加速承包商的资金周转。

11.5 支付后一半保留金（Payment of Second Half of Retention）

本款规定，剩余的保留金在协议书附录后规定的期限届满后14天内退还，或在承包商修复好缺陷通知期中应修复的缺陷或完成扫尾工作后的14天内退还，两个时间以较迟者为准。

本款的规定暗示，业主一旦归还了后一半保留金，即认为业主认可承包商完成了缺陷责任和扫尾工作。

遗憾的是，本款虽然提到"协议书附录后规定的期限"，但在协议书附录中并没有给出相应的条目。

11.6 最终结算款（Final Payment）

本款规定两个方面的内容，一是限定了承包商向业主提交最终账目和支持文件的时间，另一个是业主在收到账目和文件后应向承包商支付的时间限制。

结合第11.5款[支付后一半保留金]的内容，可以看出，承包商应在完成扫尾工作或修复各项缺陷后（以最晚者为准）42天内提交最终账目和支持文件。

业主在收到承包商提交的账目和文件之后的28天内支付承包商，若业主对某款项有疑义，可暂时扣发该部分，并向承包商说明理由。

现在我们来讨论一个问题：双方不遵守上述时间限制怎么办？

理论上讲，承包商有可能晚提交最终账目和相关文件，但在实践中，由于承包商提交的越早，拿到最终结算款的时间越早，因此，承包商一般不会拖延。如果碰到特殊情况，承包商万一拖延了时间，则由于吃亏的是承包商，本款并没有给出此情况下惩罚承包商的规定。

如果业主不遵守时间，则其应当承担相应的责任，参见下面第11.8款[延误支付]以及第12条[违约]。

11.7　货币（Currency）

本款规定，支付货币为协议书附录中规定的货币。

对于小型合同，一般来说，支付货币往往为一种，若超过一种，则应考虑兑换率的问题。

11.8　延误支付（Delayed Payment）

本款规定，如果业主延误支付承包商的任何应得款项，承包商有权获得利息，计算方法按协议书附录中的规定。

大家应注意，在业主延误支付工程款时，获得利息仅仅是承包商的权利之一，如果延误付款引起连锁反应，承包商还可以享有其他权利，如：减慢施工进度，暂停工程，甚至终止合同，由此造成的损失由业主承担。请大家参见第12条[违约]。

学习本条，大家可以参见红皮书、黄皮书以及银皮书中的相应条款中的解释。

本条到此讲完了，请检查一下自己是否达到了开始提出的要求，并思考下面的问题：

1. 承包商和业主在支付方面各享有哪些权利和义务？

2. 在业主延误支付工程款时，承包商应当怎样处理？

管理者言：

　　任何具体的职责都应落实到具体的人员。有时，所谓的集体负责，往往就是没有人负责。

第 **12** 条　违约（Default）

学习完这一条，应该了解：

- 承包商的违约情况和处理程序；
- 业主的违约情况和处理程序；
- 破产下的处理方式；
- 终止合同后的支付方法。

本条有四个子条款，包括承包商的违约、业主的违约、破产、终止时的支付等内容，规定涉及的是执行合同过程中出现问题的处理手段以及最终解决方法。

12.1 承包商违约（Default by Contractor）

本款规定，如承包商发生下列情况，业主可以通知其违约：

- 放弃工程；

- 拒绝接受业主的有效指令；

- 拖延开工和延误进度；

- 不顾书面警告，违反合同。

该通知应说明是根据本款发出的。若承包商收到通知后，没有在14天内对其违约采取一切合理措施进行补救，业主可以在随后的21天内，发出第二次通知，终止合同。承包商应从现场撤出，并应按第二次通知中业主的指示，将材料、生产设备以及承包商的设备留在现场，供业主使用，工程竣工后再另行处理。

本款列出了承包商在实施工程时的四种违约情况，并规定了整改期限，逾期业主可以终止合同，后果承包商自负。

请思考：

如果某些承包商的设备是承包商租赁的，终止合同后，业主是否有权将此类设备扣留在现场？

12.2 业主违约（Default by Employer）

本款规定，如业主发生下列情况，承包商可以通知其违约：

- 不按合同付款；

- 不顾书面警告，违反合同。

若业主收到通知后7天内不补救，承包商可以暂停一切工作。

若业主在收到通知后28天内仍不补救，承包商可以在之后的21天内发出第二次通知，终止合同，并撤离现场。

本款列出了业主违约情况和承包商处理程序，规定了业主补救的两次期限，以及承包商的在两种情况下的权利。

12.3　破产（Insolvency）

本款规定，若一方依据相关法律宣布破产，合同另一方可以立即通知对方，终止合同；若破产的是承包商，则他撤离现场时，将业主要求留下的承包商设备留在现场。

本款规定了合同一方破产情况的处理程序。同样，若承包商破产，为了保护业主的利益，他有权要求将承包商的设备扣留在现场，直到工程竣工。

12.4　终止时的支付（Payment upon Termination）

本款规定，终止合同后，承包商有权得到他已经完成的工程价值，以及合理运到现场的材料和生产设备的价值，并依据下列原则进行调整：

- 加上承包商应得到的索赔款；
- 扣除业主有权从承包商得到的款项；
- 若承包商违约或破产导致业主合同终止，业主可以再扣除等于在终止日仍没有实施的工程的价值的20%款额；
- 若业主违约或破产导致的承包商合同终止，承包商有权额外再获得等于在终止日仍没有实施的工程的价值的10%款额。

经过调整后，若业主欠承包商，业主应在通知终止后的28天内，支付承包商；若调整后承包商欠业主，则承包商应在通知终止后的28天内支付业主。

本款规定十分具体、简明，其中的数字，大概来源于编者的经验和国际工程承包市场具体情况。这样规定的最大好处就是能很快地清理终止后的一方对对方承担的付款义务，避免了一般合同条件规定的要等到工程竣工后再解决问题的漫长过程。

其中，在业主违约时，承包商获得的补偿等于终止日仍没有实施的工程的价值的10%款额；而在承包商违约时，业主获得的补偿等于终止日仍没有实施的工程的价值的20%款额。这样的规定是比较合理的，因为，通常在终止合同的情况下，业主蒙受的损失通常要比承包商大得多（您能说出一些原因吗？）。

涉及终止合同的情况时，问题有时往往不会像本款规定的这样简单。设想：如果业主宣布破产，怎样才能保证承包商拿到本款规定的应得的款项呢？本合同条件没有规定业主向承包商提供支付担保，就是提供了，承包商到开具担保的机构（一般是银行）索赔时，很有可能不会轻易成功。因为，业主破产后，其所有财产应按破产

法的规定来处理，承包商只是一个普通的债权人，其应得赔偿通常放在清偿次序的后面。❶

如果承包商破产，即使业主手中有承包商的履约保证和扣留在现场的承包商的设备，能不能顺利得到赔付，也往往取决于适用法律的规定。

因此，遇到此类特别情况时，业主或承包商应做好充分的准备，在采取行动之前，应了解相关法律的规定，最大限度地保护好自己的利益。

本条到此讲完了，请检查一下自己是否达到了开始提出的要求，并思考下面的问题：

如果您是承包商，在业主违约你有权终止合同的情况下，怎样做才能最大限度地保护好自己的利益？

管理者言：

只有什么工作都不干的员工才不会出错；但只有做任何工作都努力不出错的员工才是管理者最可信赖的员工。

---

❶ 如我国的破产法第三十七条规定的次序是：支付破产费；所欠工资和劳动保险费；税款；破产债权。

FIDIC

第13条 风险与责任（Risk and Responsibility）

学习完这一条，应该了解：

■ 工程照管责任的划分；

■ 不可抗力发生后的处理程序。

本条有两个子条款，包括承包商在工程实施工程中负责对工程的看管，以及不可抗力下的处理方法。

13.1 承包商对工程的照管（Contractor's Care of the Works）

本款规定，从工程一开工，到收到业主的接收工程的通知，承包商负责整个工程的照管。业主接收后，照管责任由业主方负责。若承包商照管工程期间工程遭受损害，承包商应修复，达到合同要求；除非由第6条[业主的责任]中所列出的情况导致，否则，承包商对工程的损害以及由于工程相关的所有赔偿要求负担全部责任，保证业主及其人员不因此而受到损害。

本款的规定包括两部分内容：一是工程的照管责任的划分；二是工程遭受损害时，各方应承担的责任的划分。这实际上是基于第6条[业主的责任]的进一步规定。

阅读本款应注意，即使在承包商负责照管的期间，如果工程遭受损害是业主的责任（见第6条规定）导致的，承包商虽然有义务修复被损害的工程，但有权向业主提出索赔。反过来，即使业主接收了工程，如果工程出现了问题，并证明是承包商的原因（材料、设备、工艺等方面），承包商仍应负责，至少在缺陷通知期内，业主有权要求承包商自费修复。

13.2 不可抗力（Force Majerure）

本款规定，若发生不可抗力，阻止一方无法履行合同义务，该方应立即通知对方；若必要，承包商应暂停实施工程，并在业主同意下，从现场撤离施工设备。

若不可抗力事件持续了84天，任一方都可以向对方发出终止合同的通知，并在通知发出28天后生效。

终止后，承包商应获得的剩余工程款包括：承包商完成的工作的价值仍没有支付的部分，运到现场的生产设备和材料的价值，承包商应得到的索赔款（第10.4款），暂停导致的费用和撤离现场费用。但从这些费用中，应扣除承包商应支付业主的款项。应支付的剩余款应在终止通知日起的28天内支付。

"不可抗力"在绿皮书中的定义由于与红皮书中的定义类似，没有讲解，参见红皮书第19.1款[不可抗力的定义]。

在发生不可抗力后，本条规定的处理程序与红皮书不完全一样，体现在下面几个方面：

- 不可抗力事件的通知：本款要求立即通知，但没有给出具体的时间限制，而红皮书要求遭受影响的一方在14天内通知对方；

- 适用范围：红皮书明确规定，不可抗力不适用于合同双方的付款义务，绿皮书没有明确规定；

- 补救行为：红皮书要求遭受影响的一方有尽可能降低不可抗力后果的义务，绿皮书没有明确规定；

- 红皮书对终止合同后合同款余额的支付时间没有明确的规定，而本款规定为终止通知后日起的28天内。

总的说来，绿皮书关于不可抗力的规定与前面三个合同条件的规定的原则是一致的。参见红皮书第19条[不可抗力]的解释。

本条到此讲完了，请检查一下自己是否达到了开始提出的要求，并思考下面的问题：

结合第6条[业主的责任]，您认为在绿皮书中的风险和责任划分是否合理？与前面的三个合同条件相比，绿皮书中的风险分担方法对承包商更有利，还是对业主方更有利？

管理者言：

不懂得用人的艺术，就不懂项目管理。

第14条　保险（Insurance）

学习完这一条，应该了解：

- 承包商投保的范围；
- 合同要求的保险条件。

本条有三个子条款，包括保险范围、保险的条件以及承包商没有办理保险的补救手段。

14.1 保险范围（Extent of Cover）

本款规定，

- 保险由承包商以双方联合名义在开工前办理；

- 必须保持保险的有效性；

- 保险的范围包括下面三大类：

（1）工程、材料、生产设备以及承包商的设备的损失或损害；

（2）双方对第三方财产损失和人员的伤亡所承担的责任（包括除工程外的业主的财产）；

（3）双方以及业主的代表对承包商的人员的伤亡所承担的责任，但由于业主、业主的代表或其雇员的渎职导致承包商的人员伤亡的情况除外。

本款规定的保险范围与1999版红皮书中第18.2款[工程和承包商的设备保险]、第18.3款[人员伤亡及财产损害保险]、第18.4款[承包商人员的保险]的规定类似，请参阅这三款的解释。

14.2 条件约定（Arrangements）

本款规定：所有保险都应遵守协议书附录中的要求；保险公司应以业主批准的保险条件签发保险单；承包商应向业主提供证据，证明合同规定的保险单一直保持有效，且保险费已经支付。

从保险公司收到的赔偿金，应由双方共同保有，用于修复工程或作为补偿。

根据项目的具体情况，业主可能提出有关保险要求，并在协议书附录中列出。

在协议书附录中，列出了保险的类型、每一类型的投保额、保险例外。

承包商在办理保险时，一定将合同中规定的保险条件向保险公司提出，以便保险公司按合同要求签发保险单，这样才能得到业主的批准。

参见红皮书第18.1款[保险的总体要求]中的解释。

14.3 未办理保险（Failure to Insure）

本款规定，若承包商没有办理合同要求的保险或提供相应证据，业主可以办理有关保险、支付保险费，并从承包商方收回该笔费用。

本款的规定与红皮书中的第18.1款[保险的总体要求]中的倒数第三段相同。

本条与1999版红皮书的第18条[保险]规定的内容类似，但在红皮书中，除承包商的人员的保险外，没有明确规定投保方是承包商，而本条明确了投保方为承包商。

本条到此讲完了，请检查一下自己是否达到了开始提出的要求，并思考下面的问题：

承包商需要为实施工程涉及的哪些方面投保？投保时应注意什么问题？

管理者言：

　　时代在变，管理工具在变，但管理的基本原则不变：让恰当的人去做正确的事。

第15条 争议的解决（Resolution of Disputes）

学习完这一条，应该了解：

- 合同争议的裁定方法和程序；
- 仲裁的程序和性质。

本条有三个子条款，包括争议的裁定、对裁定不满的通知程序以及仲裁的相关规定。

15.1 裁定（Adjudication）

本款规定，对于双方在执行合同中发生的争议，如果不能友好解决，双方任一方都可以要求将争议按照本合同条件所附的裁定规则来裁定；裁定人为双方所商定的任何人，若双方未能就任命裁定人达成一致意见，该裁定人按裁定规则任命。

本款规定的内容与1999版红皮书中第20.2款[争议裁定委员会的任命]的规定类似，只不过，本款规定裁定人为一名；而1999版红皮书中的争议裁定委员会可以由一名裁定人组成，也可以是三人。

15.2 通知不满意见（Notice of Dissatisfaction）

本款规定，若一方对裁定人的裁定不满，或者裁定没有按照裁定规则规定的时间内给出，该方可在收到裁定后28天内或裁定时间届满后发出不满通知。若没有给出此类通知，裁定即成为终局的，并对双方都有约束力。即使在规定的时间内一方发出了不满通知，双方也应立即执行裁定人的裁定，若随后的仲裁裁决改变了裁定，则以修改的裁决为准。

本款的规定与1999版红皮书中的第20.4款[获得争议裁定委员会的决定]类似，请参见该款。

本款中，有一点没有规定清楚，即：在一方不满意裁定人的决定时，该方应发出通知，但本款没有说明向何方发出通知，是向裁定人还是向合同另一方？1999版红皮书规定的是向合同另一方。但在向合同另一方发出通知的同时，拷贝给裁定人一份似乎是比较合理的做法。

15.3 仲裁（Arbitration）

本款规定，若裁定人的裁定没有被采纳，则争议最终以仲裁方式解决；仲裁由一名仲裁员按协议书附录中规定的仲裁规则进行。若双方对仲裁员的任命没有达成一致意见，则仲裁员应由协议书附录中规定的机构来任命。听证会应在协议书附录中规定的地点进行，语言按第1.5款[通信联络]规定的语言。

由于绿皮书适用的是小型合同，因此，本款规定，争议的仲裁裁决由一名仲裁员执行。在协议书附录中，建议的仲裁规则为联合国国际贸易法委员会仲裁规则（UNCITRAL Arbitration Rules），而前三个合同条件建议的是国际商会仲裁规则。参见1999版红皮书第20.6款[仲裁]中的解释。

本条到此讲完了，请检查一下自己是否达到了开始提出的要求，并思考下面的问题：

请列出本条中规定的仲裁程序。

管理者言：

最糟糕的友好解决，也胜过最好的仲裁结果。

绿皮书的讲解到此结束，至此，四个合同条件全部讲解完毕。请回忆一下4个的基本内容，并回答下列问题：

1. 业主和承包商有哪些基本权利和义务？

2. 在工期、质量以及支付方面是怎样规定的？

3. 业主和承包商各自承担哪些风险和责任？您对这样分担风险的原则是怎样理解的？

4. 承包商可以依据哪些条款向业主提出索赔？索赔成立的必要条件是什么？

5. 若您是承包商的项目经理（承包商的代表），您怎样看待合同管理？若您是业主的项目经理（业主的代表），又怎样看待合同管理？若您的角色是工程师呢？

6. 怎样理解合同管理与项目管理的关系的？

如果您能回答上述问题，说明您已经了解了工程合同管理的基本内容，并对合同管理有了一定的认识。希望您以此为起点，在实践中加以运用，将所学合同知识转化自己的合同管理能力，使自己的管理水平上升到一个新的台阶。

结束语

"一带一路倡议"为我国对外承包工程行业的大发展提供了更大的机遇，同时，近年来国际工程领域的发展又对我们提出了更高要求和新挑战，尤其是合规性经营方面。

如果把国际工程承包市场比作大海，则国际工程项目管理过程宛如一次去探索宝藏的航行，舵手就是项目管理者，而工程合同则是指引我们前行的航标，是照亮我们前行方向的灯塔。智慧者满载而归，平庸者空驶而返。

我们要想成为智者，就需要学习、思考、实践，再学习、再思考、再实践。学习仅仅是第一步，然而，这一步一旦跨出，也就标志着我们开启了智慧之门。

祝愿您成为一个优秀的工程合同管理专家！

祝愿您成为一个成功的管理者！

祝愿我们都能在事业的航程中成为一个智者！

谢谢您阅读这本书。

FIDIC

附录

附录1

红皮书1999版与2017版相关合同条款对照

1999版	2017版
第1条　一般规定	
1.1　定义	1.1
1.2　解释	1.2
1.3　通信联络	1.3
1.4　法律与语言	1.4
1.5　文件的优先次序	1.5
1.6　合同协议书	1.6
1.7　转让	1.7
1.8　文件的照管与提供	1.8
1.9　延误的图纸或指令	1.9
1.10　业主使用承包商的文件	1.10
1.11　承包商使用业主的文件	1.11
1.12　保密事项	1.12
1.13　遵守法律	1.13
1.14　共同及各自的责任	1.14
第2条　业主	
2.1　进入现场的权利	2.1
2.2　许可证、执照或批准	2.2
2.3　业主的人员	2.3
2.4　业主的资金安排	2.4
2.5　业主的索赔	20.1
第3条　工程师	
3.1　工程师的职责和权力	3.1, 3.2
3.2　工程师的委托	3.4
3.3　工程师的指令	3.5
3.4　工程师的更换	3.6
3.5　决定	3.7

1999版	2017版
第4条　承包商	
4.1　承包商的一般义务	4.1
4.2　履约保证	4.2
4.3　承包商的代表	4.3
4.4　分包商	5.1
4.5　分包合同权益的转让	专用条件5.1
4.6　合作	4.6
4.7　放线	4.7
4.8　安全措施	4.8
4.9　质量保证	4.9
4.10　现场数据	2.5，4.10
4.11　中标合同金额的充分性	4.11
4.12　不可预见的外部条件	4.12
4.13　道路通行权与设施使用权	4.13
4.14　避免干扰	4.14
4.15　进场路线	4.15
4.16　货物运输	4.16
4.17　承包商的设备	4.17
4.18　环境保护	4.18
4.19　电、水和燃气	4.19
4.20　业主的设备和免费供应的材料	2.6
4.21　进度报告	4.20
4.22　现场安保	4.21
4.23　承包商的现场作业	4.22
4.24　化石	4.23
第5条　指定分包商	
5.1　"指定分包商"的定义	5.2.1
5.2　对指定的反对	5.2.2
5.3　对指定分包商的付款	5.2.3
5.4　付款证据	5.2.4
第6条　职员和劳工	
6.1　雇用职员和劳工	6.1

1999版	2017版
6.2 工资标准和工作条件	6.2
6.3 正在服务于业主的人员	6.3
6.4 劳动法规	6.4
6.5 工作时间	6.5
6.6 为职员和劳工提供设施	6.6
6.7 健康和安全	6.7
6.8 承包商的管理工作	6.8
6.9 承包商的人员	6.9
6.10 承包商的人员和设备的记录	6.10
6.11 妨碍治安行为	6.11
第7条 生产设备、材料和工艺	
7.1 实施方式	7.1
7.2 样品	7.2
7.3 检查	7.3
7.4 检验	7.4
7.5 拒收	7.5
7.6 补救工作	7.6
7.7 生产设备和材料的所有权	7.7
7.8 矿产使用费	7.8
第8条 开工、延误及暂停	
8.1 开工	8.1
8.2 竣工时间	8.2
8.3 进度计划	8.3
8.4 竣工时间的延长	8.5
8.5 当局引起的延误	8.6
8.6 进展速度	8.7
8.7 拖期赔偿费	8.8
8.8 暂停工作	8.9
8.9 暂停的后果	8.10
8.10 暂停工作时对生产设备和材料的支付	8.11
8.11 持续的暂停	8.12
8.12 复工	8.13

1999版	2017版
第9条 竣工检验	
9.1 承包商的义务	9.1
9.2 延误的检验	9.2
9.3 重新检验	9.3
9.4 未能通过竣工检验	9.4
第10条 业主的接收	
10.1 工程和区段的接收	10.1
10.2 部分工程的接收	10.2
10.3 对竣工检验的干扰	10.3
10.4 地面需要复原	10.4
第11条 缺陷责任	
11.1 完成扫尾工程和修补缺陷	11.1
11.2 修补缺陷的费用	11.2
11.3 缺陷责任期的延长	11.3
11.4 未能修补缺陷	11.4
11.5 移除有缺陷的工作	11.4
11.6 进一步检验	11.6
11.7 进入权	11.7
11.8 承包商调查	11.8
11.9 履约证书	11.9
11.10 未履行的义务	11.10
11.11 现场清理	11.11
第12条 计量与估价	
12.1 工程计量	12.1
12.2 计量方法	12.2
12.3 估价	12.3
12.4 删减	12.4
第13条 变更与调整	
13.1 有权变更	13.1
13.2 价值工程	13.2
13.3 变更程序	13.3
13.4 以适用的货币支付	14.15

1999版	2017版
13.5 暂定金额	13.4
13.6 计日工	13.5
13.7 因立法变动而调整	13.6
13.8 因费用波动而调整	13.7
第14条 合同价格与支付	
14.1 合同价格	14.1
14.2 预付款	14.2
14.3 申请期中支付证书	14.3
14.4 支付计划表	14.4
14.5 拟用于工程的生产设备和材料	14.5
14.6 期中支付证书的签发	14.6
14.7 支付	14.7
14.8 延误的支付	14.8
14.9 保留金的支付	14.9
14.10 竣工报表	14.10
14.11 申请最终支付证书	14.11
14.12 结清单	14.12
14.13 最终支付证书的签发	14.13
14.14 业主责任的终止	14.14
14.15 支付货币	14.15
第15条 业主提出终止	
15.1 通知改正	15.1
15.2 业主提出终止	15.2
15.3 终止日的估价	15.3
15.4 终止后的支付	15.4
15.5 业主终止合同的权利	15.5～15.7
第16条 承包商提出暂停与终止	
16.1 承包商暂停工作的权利	16.1
16.2 承包商提出终止	16.2
16.3 停止工作以及撤离承包商的设备	16.3
16.4 终止时的支付	16.4

1999版	2017版
第17条　风险与责任	
17.1　保障	17.4，17.5
17.2　承包商对工程的照管	17.1，17.2
17.3　业主的风险	17.2
17.4　业主风险的后果	17.2，17.5
17.5　知识产权和工业产权	17.3
17.6　责任限度	1.15
第18条　保险	
18.1　保险的总体要求	19.1
18.2　工程和承包商的设备保险	19.2.1，19.2.2
18.3　人员伤亡及财产损害保险	19.2.4
18.4　承包商人员的保险	19.2.5
第19条　不可抗力	
19.1　不可抗力的定义	18.1
19.2　不可抗力通知	18.2
19.3　有责任将延误降低到最低限度	18.3
19.4　不可抗力的后果	18.4
19.5　不可抗力影响到分包商	无
19.6　可选择的终止、支付和解除履约	18.5
19.7　根据法律解除履约	18.6
第20条　索赔、争议与仲裁	
20.1　承包商的索赔	20.1，20.2
20.2　任命争议裁定委员会	21.1
20.3　未能就争议裁定委员会达成一致	21.2
20.4　获得争议裁定委员会的决定	21.4
20.5　友好解决	21.5
20.6　仲裁	21.6
20.7　未能遵守争议裁定委员会的决定	21.7
20.8　争议裁定委员会任期届满	21.8

备注：2017版红皮书新增了第1.16款[合同终止]、第3.3款[工程师代表]、第3.8款[会议]、第4.4款[承包商文件]、第4.5款[培训]、第6.12款[关键人员]、第8.4款[提前预警]、第11.5款[现场外缺陷修补]、第17.6款[共同保障]、第19.2.3款[职业责任险]、第19.2.6款[其他保险]、第21.3款[避免争议]，在1999版红皮书中无以上对应条款或内容。

附录2

FIDIC合同五项黄金准则（汉英对照）

准则1

所有合同参与方的职责、权利、角色以及责任必须与通用条件中的含义总体上保持一致，并且符合具体项目的要求。

GP1：The duties, rights, obligations, roles and responsibilities of all the Contract Participants must be generally as implied in the General Conditions, and appropriate to the requirements of the project.

准则2

专用合同条件的起草必须清晰，避免歧义。

GP2：The Particular Conditions must be drafted clearly and unambiguously.

准则3

专用合同条件不能改变通用合同条件规定的风险/激励分配的平衡原则。

GP3：The Particular Conditions must not change the balance of risk/reward allocation provided for in the GCs.

准则4

合同明确规定的各方履行合同义务的相关时段长度必须合理。

GP4：All time periods specified in the Contract for Contract Participants to perform their obligations must be of reasonable duration.

准则5

除非与合同的适用法律有冲突，否则，所有正式的争议必须首先提交争议避免/裁定委员会或争议裁定委员会，获得一个有临时约束力的裁定，这是将争议提交仲裁的前置条件。

GP5：Unless there is a conflict with the governing law of the Contract, all formal disputes must be referred to a Dispute Avoidance/Adjudication Board (or a Dispute Adjudication Board, if applicable) for a provisionally binding decision as a condition precedent to arbitration.

附录3

英国工程法学会（SCL）工期延误与干扰索赔准则
（第一版）
21条核心原则[❶]

1. 进度计划与记录

为了减少工期延误争议的次数，承包商应编制一份恰当的进度计划，表明承包商计划实施工程的方式和顺序，合同管理员应接受该计划。进度计划应不断更新，以记录工程实际进度以及批准的延期（EOTs）。若照此来做，进度计划就可以作为一个管理变更的工具，从而可以决定工程延期以及可以获得补偿的时间段。合同双方应对保持的记录类型清楚地达成一致意见。

2. 工程延期的目的

工程延期对承包商的好处，就是让承包商免于承担赔偿延期后新竣工日期前拖期那一段的赔偿费（常常缩写为"LD"）的责任。工程延期对业主的好处是，它可以确定一个新的竣工日期，从而避免工程竣工的时间成为"开口"日期。

3. 延期权利

当引起工期索赔的延误事件发生后，承包商应尽快提出工期索赔，业主也应尽快受理。只有当业主承担的风险和责任事件或原因（本准则中称为"业主风险事件"）发生时，承包商才有可能获得工程延期。合同双方应尽可能在工程正常继续进行的情况下，来处理业主风险事件造成的工期和费用影响。

4. 延期批准程序

应基于业主风险事件对当时工程竣工日期影响的合理预测，来确定批准延期时间。延期批准程序的目的，是根据合同确定恰当的工期索赔权，而不是基于承包商是否需要延期，以逃避支付延期赔偿费的责任。

---

❶ 本部分摘自：张水波，吕文学译：《英国工程法学会工期延误与索赔准则》，北京交通大学出版社，2012。

5. 延误造成的影响

对于延期的批准，并不一定等到业主风险事件已经开始影响了承包商的工程进度或者业主风险事件的影响已经结束。

6. 延期补充审查

若合同管理员初次评估时不能准确预测业主风险事件所造成的全部影响，它可以根据其当时预测到的影响，先批准一段延期，然后再根据业主风险事件在各个时段所展现出的实际影响，恰当增加新的延期，但不得缩短原延期，除非合同明文允许可以这样做。

7. 时差与工期索赔的关系

除非合同中有明确的相反规定，若业主风险事件发生时，进度计划中仍有剩余时差，则只有在预测到业主延误将工序路线上总时差减少到零以下时，才根据情况批准延期。

8. 时差与费用索赔的关系

若业主的延误阻碍了承包商按照其计划的竣工日期（比合同竣工日期早的一个日期）完成工程，则原则上，对于业主的延误直接造成的费用，应给与承包商补偿，尽管业主的延误对合同竣工日期没有影响（因而承包商无法获得工期补偿）。但条件是，双方在签订合同时，业主意识到了承包商早于合同竣工日期提前完成工程的意图，并且承包商的这一意图是现实的且可实现的。

9. 同期延误对工期索赔权的影响

若承包商自身竣工延误（包括影响后果）与业主自身竣工延误同期发生，则此情况不应减少承包商索赔的应得工期延期。

10. 同期延误对延期费用索赔权的影响

若承包商由于受到业主延误与承包商延误共同影响而招致额外费用，则只有在承包商将业主延误招致的费用从承包商延误招致费用识别出来的情况下，承包商才有权获得相应的补偿。若任何额外费用是由承包商延误引起的，则承包商无权获得此类额外费用的补偿。

11. 时差与延误同期性的识别

仅在有一个恰当的进度计划，并恰当更新的情况下，才能准确识别时差和延误的同期性。

12. 延误事件分析之后

本准则建议，在业主风险事件发生后，裁决员、法官或仲裁员确定延期索赔权时，应将自己置于合同管理员的立场来处理该问题。

13. 尽量减少延误和费用损失

在业主风险事件发生后，承包商有一个总体义务去尽量减少工期延误和工程费用损失。除非合同明文规定或双方明确达成相反的规定，否则，此类尽量减少之义务应以不要求承包商投入额外资源为限，或以不超过其计划工作时间为限。承包商尽力降低其损失的义务包含两个方面的含义：一是，承包商必须采取合理措施来降低其损失；二是，承包商一定不能采取增加其损失的不合理措施。

14. 延期与补偿之间的联系

有权获得延期并不意味着自动获得补偿，反之亦然。

15. 变更估价

在切实可行时，业主（合同管理员）与承包商应对变更造成的可能性影响提前商定，最好确定一个固定的变更总价。该总价不但包括直接费（人工、设备、材料），同时也包括与时间相关的费用，并考虑双方商定的延期以及对进度计划的必要修订。

16. 因延期而进行补偿的计算方式

除非另外规定，如按费率方式估价，否则，对因延期而进行的补偿仅应包括实际完成的工作量、实际消耗的时间，以及实际遭受的损失或开支。换句话说，除变更情况外，因延期而引起的费用补偿应基于承包商招致的实际额外开支。这样做的目的是将承包商置于假如业主风险事件没有发生的相同情景。

17. 投标价格所含间接费的相关性

在评估因违约或其他需要估价额外费用情况所造成的干扰和延期费用时，投标价格所含的间接费与费用补偿计算并无多大相关性。

18. 补偿估价的时段

一旦确定延期补偿是正当的，在评价应补偿金额时，应考虑业主风险事件实际影响被感知到的那一时间段，而不是合同结束时所给予的延期的那一时段。

19. 一揽子索赔

承包商在没有证明原因和影响的情况下而提出一揽子索赔是一种常见现象，但本准则不鼓励这种做法，法院也很少接受这种做法。

20. 赶工

若合同规定有赶工，则对赶工的支付应按合同规定。若合同没有规定赶工，但业主与承包商同意采取赶工措施，则应在赶工开始前商定赶工支付方法。本准则不推荐所谓的可推定性赶工，相反，在采取任何赶工措施之前，双方中任一方都应按照合同适用的争议解决程序，来解决工期索赔权方面的争议或分歧。

21. 干扰

干扰与延误不同，它指的是打搅、阻碍、扰乱承包商的正常工作方法，导致承包商的工作效率降低。若干扰是由业主造成的，按照合同或以违约为由，这将赋予承包商获得补偿的权利。

主要参考文献

[1] 何伯森主编. 国际工程合同与合同管理（第二版）. 北京：中国建筑工业出版社，2010.

[2] 何伯森编著. 建设工程仲裁案例解析与思考. 北京：中国建筑工业出版社，2014.

[3] 何伯森主编. 工程管理的国际惯例. 北京：中国建筑工业出版社，2007.

[4] 成虎编著. 工程合同管理（第二版）. 北京：中国建筑工业出版社，2011.

[5] 李启明，贾若愚，邓小鹏著. 国际工程政治风险的智能预测与对策选择. 南京：东南大学出版社，2017.

[6] 邱闯编著. 国际工程合同原理与实务. 北京：中国建筑工业出版社，2002.

[7] 崔军编著. FIDIC分包合同管理与实务. 北京：机械工业出版社，2010.

[8] 吕文学主编. 国际工程合同管理（第二版）. 北京：化学工业出版社，2015.

[9] 陈勇强，张水波. 国际工程索赔管理. 北京：中国建筑工业出版社，2010.

[10] 张水波，陈勇强编著. 国际工程合同管理. 北京：中国建筑工业出版社，2011.

[11] 梁鉴编著. 国际工程施工索赔. 北京：中国建筑工业出版社，1996.

[12] 雷胜强主编. 国际工程风险管理与保险. 北京：中国建筑工业出版社，1996.

[13] 方志达等译，土木工程师学会编. 工程施工合同与使用指南. 北京：中国建筑工业出版社，1999.

[14] 张水波，王佳伟等译. FIDIC系列工程合同范本——编制原理与应用指南（英）尼尔G.巴尼. 北京：中国建筑工业出版社，2008.

[15] 周可荣等译. FIDIC"电气与机械合同条件应用指南"（1988年第二版）. 北京：航空工业出版社，1996.

[16] 张水波等译. FIDIC设计-建造与交钥匙工程合同条件指南. 北京：中国建筑工业出版社，1999.

[17] 张水波等译. FIDIC招标程序（第二版）. 北京：中国计划出版社，1998.

[18] 张水波等译. FIDIC业主/咨询工程师标准服务协议书应用指南. 北京：航空工业出版社，1995.

[19] 对外贸易经济合作部条约法律司编译. 国际司法统一协会"国际商事合同通则". 北京：法律出版社，1996.

[20] FIDIC(2017). *Conditions of Contract for Construction.(Second edition)*.

[21] FIDIC(2017). *Conditions of Contract for Plant and Design-Build(Second edition)*.

[22] FIDIC(2017). *Conditions of Contract for EPC/Turnkey Projects(Second edition)*.

[23] FIDIC(1999). *Conditions of Contract for Construction*.

[24] FIDIC(1999). *Conditions of Contract for Plant and Design-Build*.

[25] FIDIC(1999). *Conditions of Contract for EPC/Turnkey Projects*.

[26] FIDIC(1999). *Short Form of Contract*.

[27] European International Contractors(2000). EIC *Contractor's Guide to the FIDIC Conditions of Contract for EPC Turnkey Projects*, European International Contractors e.V. Kurfürstenstr, Berlin, Germany.

[28] Brian W. Totterdill(2006). *FIDIC users' guide A practical guide to the 1999 Red and Yellow Books*, Thomas Telford Publishing, Thomas Telford Ltd.

[29] Axel-Volkmar Jaeger l Go¨tz-Sebastian Ho¨k(2010). *FIDIC-A Guide for Practitioners*, 1 Heron Quay, London E14 4JD: Springer.

[30] William Godwin(2013). *International Construction Contracts: A Handbook with commentary on the FIDIC design-build forms*, Oxford Wiley-Blackwell.

[31] Michael D. Robinson(2013). *An Employer's and Engineer's Guide to the FIDIC Conditions of Contract*, Oxford: John Wiley &Sons.

[32] Raveed Khanlari and Mahdi Saadat Fard(2015). FIDIC Plant and Design - Build Form of Contract Illustrated, Oxford: WILEY Blackwell.

[33] Andy Hewitt(2014). *The FIDIC Contracts Obligations of the Parties*, Oxford, Willey Black.

[34] Lukas Klee(2018). *International Construction Contract Law*, 2nd Edition, Oxford Wiley-Blackwell.

[35] Society of Construction Law(2017). *Delay and Disruption Protocol*(Second Edition).

[36] Dimitar Kondev(2017). *Multi-Party and Multi-Contract Arbitration in the Construction Industry*, Oxford: WILEY Blackwell.

[37] Andy Hewitt(2014). *The FIDIC Contracts Obligations of the Parties*, Oxford: WILEY Blackwell.

[38] Andrew Civitello, Jr(1996).*Complete Contracting*, McGraw-Hill.

[39] Brian Eggleston(1993).*The ICE Conditions of Contract: Sixth Edition A User's Guide*, Blackwell Science Ltd.

[40] Engineers Joint Contract Documents Committee(1996). *Standard General Conditions of the Construction contract*, Article 1(19), Issued and Published Jointly by American Consulting Engineers Council, National Society of Professional Engineers, and American Society of civil Engineers.

[41] G. A. & Barber, J. N(1992) . *Building and Civil Engineering Claims in Perspective*, ESSES CM20 2JE, England: Longman Scientific & Technical.

[42] Harold J. Rosen(1999). *Construction Specifications Writing: Principles and Procedures*, Fourth Edition, p6, John Wiley & Sons, Inc.

[43] John Murdoch and Will Hughes(2000). *Construction Contracts: Law and Management*(Third Edition) , E &FN SPON.

[44] R.F. Fellows(1991). *JCT Standard Form of Building Contract: A Commentary for Students and Practitioners*, (second edition), MACMILLAN EDUCCATION LTD.